油煤分析与技术

薛金凤 编著

武汉大学出版社

图书在版编目(CIP)数据

油煤分析与技术/薛金凤编著. —武汉:武汉大学出版社,2010.9
ISBN 978-7-307-08071-3

Ⅰ.油… Ⅱ.薛… Ⅲ.①电力系统—润滑油—分析 ②电厂燃料系统—煤—分析 Ⅳ.TE626.3

中国版本图书馆 CIP 数据核字(2010)第 150104 号

责任编辑:任仕元 于 涛　　责任校对:黄添生　　版式设计:马 佳

出版发行:武汉大学出版社　(430072　武昌　珞珈山)
(电子邮件:wdp4@whu.edu.cn 网址:www.wdp.com.cn)
印刷:湖北省金海印务有限公司
开本:787×1092　1/16　印张:14.25　字数:328 千字　插页:1
版次:2010 年 9 月第 1 版　　2010 年 9 月第 1 次印刷
ISBN 978-7-307-08071-3/TH·15　　定价:28.00 元

版权所有,不得翻印;凡购买我社的图书,如有缺页、倒页、脱页等质量问题,请与当地图书销售部门联系调换。

前 言

在我国电力装机总量中，火力发电所占比例最大，达75%以上。在未来30年内，这种以火电为主的状况不会发生很大改变。

煤炭和石油是火力发电厂赖以生存和发展的物质基础，其中煤炭是我国最主要的能源资源。由于现有能源生产技术落后，目前的煤炭利用效率仅在27%~28%之间，浪费严重。提高能源生产质量和能源生产率，加大煤电转化率，是火电厂的一项长期而艰巨的任务。

电力工业生产中对动力燃料和润滑绝缘油等的质量控制的好坏不仅直接影响设备的安全和寿命，而且影响煤炭能量的利用效率。为了建设节约型社会，为了我国工业的自身发展，避免事故发生，就必须充分利用石油、煤炭资源，切实做好各种煤样的采制和各项指标的化验以及电力用油的质量监督和运行维护工作。

本教材是根据电力用油和电力燃煤课程教学基本要求编写的。全书共分十章：第一章，石油及其产品的组成、分类和质量标准；第二章，油品的理化、电气性能；第三章，电力用油的运行监督和维护；第四章，充油电器设备潜伏性故障诊断；第五章，六氟化硫气体；第六章，煤炭的分类、组成和基准换算；第七章，煤样的采集与制备；第八章，煤的组成成分分析；第九章，煤的发热量检测与应用；第十章，煤的物理特性与检测。

本书编写的指导思想是立足于油、煤分析的基本原理、基本理论、基本知识、基本概念以及基本技能的培养和训练，力求理论联系实际，注重培养学生独立分析和解决油、煤分析中的问题的实际能力。全书适度地增加或反映了近年来油、煤分析中的新技术、新方法和新内容。

本书主要供电厂化学专业的学生使用，同时也可供从事油务工作、煤质检测工作的一线人员使用，对其他用油、用煤行业的相关人员也具有参考价值。

电厂化学油、煤分析监督技术对电力生产影响很大，其内容丰富而又庞杂，技术性强且变化又快，因此，书中难以一一尽述。此外，由于水平有限和编写时间仓促，书中错误和不妥之处在所难免，恳请读者批评指正，以期修订再版时加以更正。

编著者

2010年6月

目 录

第一章 石油及其产品的组成、分类和质量标准 1
 第一节 石油的分类和化学组成 1
 第二节 石油的炼制 4
 第三节 电力用油的分类和质量标准 10
 思考题 21

第二章 油品的理化、电气性能 22
 第一节 矿物油的物理性能 22
 第二节 矿物油的化学性能 42
 第三节 矿物油的电气性能 53
 第四节 磷酸酯抗燃油的性能 63
 思考题 64

第三章 电力用油的运行监督和维护 66
 第一节 汽轮机油的运行监督和维护 66
 第二节 抗燃油的运行监督和维护 76
 第三节 变压器油的运行监督和维护 82
 思考题 94

第四章 充油电器设备潜伏性故障诊断 95
 第一节 故障类型及其特征气体 95
 第二节 气体的产生机理和传质过程 97
 第三节 油中的溶解和游离气体分析 101
 第四节 潜伏性故障诊断方法 103
 思考题 110

第五章 六氟化硫气体 111
 第一节 六氟化硫气体的性质 111
 第二节 六氟化硫气体的作用 114
 第三节 运行六氟化硫设备的管理 117
 思考题 124

第六章 煤炭的分类、组成和基准换算 125
第一节 煤的形成与分类 125
第二节 煤炭的组成和特性指标 129
第三节 煤的基准及其应用 134
思考题 140

第七章 煤样的采集与制备 141
第一节 采样的基本概念和原理 141
第二节 煤样的采集 145
第三节 煤样的制备 151
思考题 156

第八章 煤的组成成分分析 158
第一节 水分的测定 158
第二节 灰分的测定 164
第三节 挥发分的测定 166
第四节 碳氢元素的测定 170
第五节 氮元素的测定 176
第六节 煤中硫元素的测定 178
第七节 现代分析技术 188
思考题 189

第九章 煤的发热量检测与应用 192
第一节 发热量的基本概念 192
第二节 发热量的测定 194
第三节 冷却校正和热容量标定 200
第四节 发热量的应用 206
思考题 207

第十章 煤的物理特性与检测 209
第一节 密度 209
第二节 煤粉细度 212
第三节 煤的可磨性 215
第四节 煤灰熔融性 218
思考题 221

参考文献 223

第一章 石油及其产品的组成、分类和质量标准

天然石油经过加工调和变成各类成品油。电力系统常用的汽轮机润滑油、变压器绝缘油及开关设备使用的断路器油等，都是由石油加工炼制而来的。石油是电力用油的主要来源。

本章将主要介绍石油的组成、分类，炼制加工技术，石油产品的分类和电力用油的分类与质量标准。

第一节 石油的分类和化学组成

天然石油又称原油，是一种黏稠的可燃性液体物质，通常呈黑色、褐色，密度一般小于 1g/cm^3，在 $0.77\sim0.96\text{g/cm}^3$ 之间。

一、石油的商品分类

石油分类的主要目的是为了便于判断石油的经济价值，促进石油加工和贸易。

石油的分类方法很多，常用的工业分类法主要有密度分类法、含硫量分类法、含蜡量分类法、族组成分类法和含胶量分类法等。这里主要介绍族组成分类法。

根据石油中烃类族组成，通常把以烷烃为主的石油称为石蜡基原油，把以环烷烃、芳香烃为主的石油称为环烷基原油，把介于二者之间的石油称为混合基（中间基）原油。

烃类族组成的分类方法主要有两种，即特性因数分类法和关键馏分特性分类法。

(1) 特性因数分类法。特性因数（K）是表征石油烃类组成的一种特性数据，用公式表示为：

$$K = \frac{T^{\frac{1}{3}}}{d_{15.6}^{15.6}}$$

式中：T——以热力学温度表示的烃类的沸点；

$d_{15.6}^{15.6}$——烃类的相对密度。

不同族类的烃，其特性因数 K 值是不同的，烷烃的 K 值最大。根据原油特性因数 K 值的大小，将原油大致分为三类，见表 1-1。

表 1-1 石油的特性因数分类

名称	石蜡基	中间基	环烷基
特性因数 K 值	>12.1	11.5~12.1	10.5~11.5

(2) 关键馏分特性分类法。首先，用特定的仪器将原油分别在常压和减压条件下蒸馏出两个馏分，常压蒸馏出的沸点范围为250~275℃的馏分称为第一关键馏分，减压蒸馏出的沸点范围为395~425℃的馏分称为第二关键馏分。然后，测定两关键馏分的密度和密度指数，并据表1-2中的密度分类标准分别确定两馏分的类别。最后据表1-3确定原油的类别。

表1-2　　　　　　　　　　　关键馏分的分类指标

关键馏分	石蜡基	中间基	环烷基
第一关键馏分	$\rho_{20}<0.8210g/cm^3$，密度指数>40	ρ_{20}为0.8210~0.8562g/cm^3，密度指数为33~40	$\rho_{20}>0.8562g/cm^3$，密度指数<33
第二关键馏分	$\rho_{20}<0.8723g/cm^3$，密度指数>30	ρ_{20}为0.8723~0.9305g/cm^3，密度指数为20~30	$\rho_{20}>0.9305g/cm^3$，密度指数<20

表1-3　　　　　　　　　　　关键馏分的特性分类

编号	第一关键馏分分类	第二关键馏分分类	原油分类	编号	第一关键馏分分类	第二关键馏分分类	原油分类
1	石蜡基	石蜡基	石蜡基	5	中间基	环烷基	中间—环烷基
2	石蜡基	中间基	石蜡—中间基	6	环烷基	中间基	环烷—中间基
3	中间基	石蜡基	中间—石蜡基	7	环烷基	环烷基	环烷基
4	中间基	中间基	中间基				

我国乃至世界上的石油当中，石蜡基原油居多，混合基原油次之，环烷基原油很少。我国克拉玛依油田是世界上少数环烷基油田之一。

二、石油的分子组成

石油的分子组成十分复杂，是由碳、氢、氧、氮、硫、磷及多种金属元素组成的混合物。但是基本化学元素主要是碳和氢，其中碳元素约占83%~87%，氢元素约占11%~14%；其次是氧、硫、氮三种元素，含量一般在1%以下，个别情况可高达5%~6%。

由碳、氢两种元素构成的化合物统称为烃类化合物。烃是石油中最基本的化合物，石油中的烃类化合物主要是由烷烃、环烷烃和芳香烃三大类组成。此外，石油中还含有少量的非烃类物质，主要是含氧化合物、含硫化合物、含氮化合物、胶质和沥青质等，它们主要是由氧、氮、硫与碳氢元素组成的化合物。这些烃类和非烃类物质具有不同的物理化学性质，对石油产品性能的影响各不相同。下面介绍烃类和非烃类物质的化学性质及其对成品油性能的影响。

1. 烷烃

烷烃是石油的主要烃类之一,化学通式为 C_nH_{2n+2}(n 为由 1 开始的整数),按结构可分为直链型烷烃和支链型烷烃两类。

直链型烷烃也称正构烷烃,由于大分子直链型烷烃与同分子量的支链烷烃相比,在较高的温度下易于凝固,形成石蜡,故俗称为石蜡烃,简称石蜡。

烷烃分子依其含碳原子个数的不同,即分子量的不同,其存在的形式也不同。在常温、常压下,含 1~4 个碳元素的烷烃呈气态,是石油天然气的主要成分;含 5~15 个碳元素的烷烃呈液态,是汽油、柴油、绝缘油、润滑油等液体石油产品的主要成分;含 16 个以上碳元素的正构烷烃呈固态,俗称石蜡,其熔点随分子量的增大而升高。

烷烃含量在 25%~30% 的石油称为石蜡基石油。石蜡基石油具有烷烃的一些性质,例如化学稳定性好、闪点和凝固点高、黏度高和黏温性好、对水和氧化产物的溶解能力较差等,特别适合炼制要求黏温性好、对凝固点要求不高的汽轮机润滑油。

2. 环烷烃

环烷烃几乎是一切石油的主要成分。它的结构较为复杂,有单环、双环和多环之分,并带有烷基侧链。单环环烷烃的化学分子通式为 C_nH_{2n},双环环烷烃的化学通式为 C_nH_{2n-2},依此类推。

环烷烃含量超过 75% 的石油称为环烷基石油。环烷基石油具有环烷烃的特性,化学稳定性及热稳定性都很好,且黏度低、凝固点低、低温流动性好,是炼制电气绝缘油的最好原油。

3. 芳香烃

在天然石油中芳香烃的含量相对较低,一般不超过 30%。芳香烃是具有环状结构的化合物,与环烷烃相似,也有单环、双环和多环之分,单环芳香烃的化学通式为 C_nH_{2n-6}。

芳香烃因具有独特的大 π 键结构,故其对成品油性能的影响也较为复杂。一般来说,单环芳香烃氧化稳定性较好,电气性能与环烷烃没有明显的差别;而多环芳香烃的氧化稳定性差,易于被氧化而形成酸、醛、酚等化合物,甚至形成油泥,使油品的酸值升高,颜色加深,通常是炼制电力用油时要去除的不良成分。

多环芳香烃虽然氧化稳定性差,且其中一些物质对人体具有致癌作用,但是对于电气绝缘油也有有益的一面。因为其氧化稳定性差,它是成品油中的一种天然的抗氧化剂,即通过自身的被氧化,而保护其他结构的烃类化合物;多环芳香烃的大 π 键的化学键能相对较低,在外界能量的作用下易于断裂,极易与运行充油电气设备产生的 $-H$、$-CH_3$ 等自由基发生加合反应,即具有一定的吸气性。另外,与烷烃、环烷烃相比,芳香烃化合物极性较强,具有一定的溶剂性,对运行使用中油品产生的极性氧化产物有较强的溶解能力,不易形成沉淀性油泥,这对电气设备使用的绝缘油来说非常重要。

4. 非烃类化合物

非烃类化合物在天然石油中的含量很低,但影响很大。

(1) 含氧化合物。原油中的含氧化合物大致可分为两种类型:一类是酸性含氧化合物，如脂肪酸、环烷酸、芳香羧酸、酚类和呋喃类化合物等，其中以环烷酸为最多，约占90%，通常把这类酸统称为石油酸；另一类是中性含氧化合物，如酮、醛和脂类等，它们在石油中的含量很少。

含氧化合物是形成酸性物质的基础，它的存在不仅使油品的安定性变差，其中的酸性组分还具有较强的腐蚀性。

(2) 含硫化合物。原油中的含硫化合物除少量以单质和硫化氢存在外，主要是以有机硫化物形态存在。有机硫化物可分为两类：非噻吩类硫化物和噻吩类硫化物。

非噻吩类硫化物包括硫醇（R—SH）、硫醚（R—S—R′）和二硫化物（R—S—S—R′）等。噻吩类硫化物是杂环硫化物，包括噻吩、苯并噻吩、二苯并噻吩、萘并噻吩及其烷基衍生物等。

含硫化合物常参与生成胶类物质的反应，对油品储存安定性影响较大，影响的递减顺序大致如下：

硫酚（芳基硫醇）≫脂肪族硫醇＞单质硫＞多硫化合物、二硫化物＞硫醚≫噻吩

其中，硫醇对油品安定性的危害最大，而噻吩的危害最小，某些噻吩和硫醚还具有抗氧化剂的作用。此外，元素硫、硫化氢和硫醇等一些活性较强的含硫化合物，又称为"活性硫"，易腐蚀金属；硫醚、二硫醚在较高温度下因分解产生硫化氢、元素硫或硫醇等，可腐蚀金属；噻吩类硫化物一般不腐蚀金属。

(3) 含氮化合物。原油中的含氮化合物根据碱性的强弱可分为碱性氮化物和非碱性氮化物。

胺系和吡啶系的氮化物属于碱性氮化物。胺系氮化物有二乙胺、四氢吡咯、苯胺和2,6-二甲基苯胺等，吡啶系氮化物有吡啶、2-甲基吡啶、喹啉、四氢喹啉和菲啶等。吡咯系和酰胺系氮化物属于非碱性氮化物。吡咯系氮化物有吡咯、2-甲基吡咯、吲哚、1-甲基吲哚和咔唑等，酰胺系氮化物有乙酰胺、苯甲酰胺和乙酰基苯胺等。

含氮化合物可参与成盐反应或聚合成胶质的反应，促使油品质量下降、安定性变坏；某些稠环芳香氮化物还具有致癌性。

(4) 胶质和沥青质。胶质和沥青质是由各种不同结构的高分子化合物组成的复杂混合物，集中了原油中的大部分硫、氮、氧以及绝大部分金属。

原油的颜色主要与胶质和沥青质的含量有关，它们的含量愈高，原油颜色愈深。

胶质和沥青质在石油加工，特别是在油品使用中的危害很大。

总之，非烃类化合物的化学稳定性、热稳定性及光稳定性都很差，是形成油泥沉淀的主要组分，必须去除。从原油中去除非烃类物质，制备成品油的过程称为原油的炼制。

第二节 石油的炼制

对于大多数炼油企业来说，电气设备使用的绝缘油和汽轮机使用的润滑油，一般仅占原油加工量的2%~3%。然而由于电力用油的特殊性，对炼制工艺的要求却很高，可以说，炼制工艺直接决定着油品的使用寿命和设备的运行安全。

在炼油企业中，从原油制取电力用油，一般经过五步工艺流程，即预处理、常压蒸馏、减压蒸馏、精制和调和。

一、预处理

原油预处理的主要目的是去除其中的水分，分离出原油中存在的机械杂质及无机盐类。

从地下开采出的石油，含有大量的水分、机械杂质和无机盐类等。虽然原油在开采出后，就地经过沉降和脱水，但水分、机械杂质的分离很不彻底，尤其是乳化水和悬浮物仍然较多，含盐量（主要是氯化物）也比较高。这样的原油不能直接投入炼油设备进行加工，否则这些物质会引起设备的腐蚀、结垢，故需在加工前脱除。

原油预处理的方法很多，一般常用热沉降法、离心分离法、化学药剂法和电脱盐法等，以经济实用为原则。

热沉降法是通过对原油进行加热，使其黏度降低，促使乳化水破乳，由于水分和机械杂质的比重较大，可通过自然沉降而分离。为加快分离速度也可使用离心机分离。

原油中含有的盐类和乳化水，通过热沉降法和离心分离法，往往难以取得满意的分离效果。此时，一般需要向原油中添加一定剂量的破乳化剂或絮凝聚剂等化学药品，促使乳化水破乳、盐类絮凝或溶于水中，再通过热沉降和离心分离的方法将其去除。

电脱盐是一种较新的用于去除石油中的水和盐类物质的技术。原理是在适当温度下，向原油中注入适量的新鲜水和破乳剂（某些生产装置还要注入适量脱钙剂），并进行充分混合，在高压电场和破乳剂的作用下，微小水滴逐步聚结成大水滴，借助重力从油中沉降分离。由于原油中的大部分盐类是溶解在水中的，因此，在脱水的同时可以达到脱盐的目的。向原油中加入新鲜水的目的是溶解残留在原油中的盐类，同时使原有的盐水得到进一步稀释。加入破乳剂的目的是破坏水的乳化状态。

二、蒸馏

蒸馏工艺分为常压蒸馏和减压蒸馏。常压蒸馏和减压蒸馏习惯上合称常减压蒸馏。常减压蒸馏又被称为原油的一次加工。

1. 常压蒸馏

常压蒸馏是在大气压力下，把石油加热至350℃左右后，送入炼油厂中细高的常压塔。"热油"中沸点较低的烃类汽化后，迅速上升，经过层层塔盘直达塔顶。由于常压塔塔体非常高，塔体内的温度自下而上是逐渐降低的，所以，被汽化的烃类气体在上升过程中，会被逐渐冷却。沸点高的组分行程较短，在温度较高的低位塔盘上冷凝成液体；而沸点低的组分则会继续上升，在温度较低的高位塔盘上冷凝为液体。

由此可见，常压蒸馏工艺可将石油中的低沸点烃类组分，按照沸点的高低进行分离，从常压塔塔体自上而下，依次得到沸点从低到高的馏分油，即燃料油馏分。我们生活中常用的汽油和柴油等产品，就是燃料油馏分进一步加工后的成品油。

常压蒸馏塔塔底余下的是 350℃ 以上的高沸点石油组分，通常被称为"重油"。分离重油必须采取减压蒸馏，因为原油在常温下被加热到 400℃ 以上时，馏分中的许多理想组分将会裂解成低分子烃，从而无法制得润滑油馏分。

2. 减压蒸馏

减压蒸馏是指在不提高热油温度的前提下，通过抽真空降低蒸馏塔内的大气压力，使石油化学组分的沸点随系统压力的降低而降低，从而像常压蒸馏那样被分离成不同沸点范围的馏分的工艺过程。

被送入减压蒸馏塔的重油，经过减压蒸馏，被分离成不同沸点范围的润滑油馏分。电力用油就是润滑油馏分进一步加工形成的产品。图 1-1 是从石油中获取润滑油馏分的炼油装置示意图。

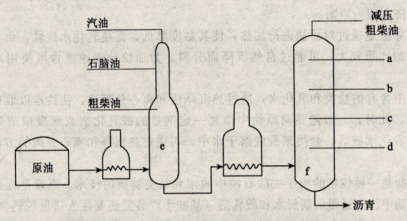

a—轻质锭子油；b—重质锭子油；c—轻质润滑油；d—重质润滑油；e—常压蒸馏塔；f—减压蒸馏塔

图 1-1　从石油中获取润滑油馏分的炼油装置示意图

三、精制

成品油精制的主要目的是提高油品的氧化安定性，改善其黏温性能和低温流动性等指标。

润滑油馏分与原油的族组成类似，主要含有烷烃、环烷烃和芳香烃。这三种烃类对油品性能的影响是不同的，如不控制其组成，往往难以获得符合要求的成品油。

对润滑基础油而言，最理想的烃类是含 20 个碳原子的异构烷烃，该类烷烃具有高黏度指数、低倾点和极好的抗氧化性能。带有长支链的烷烃、长侧链少环环烷烃也是非常理想的组分，这样的烷烃分子挥发度比芳香烃低。

正构烷烃虽然具有黏度指数高和抗氧化性能强的特点，然而由于其倾点高，并不是理想的基础油成分。一些分支多的异构烷烃、带有长烷烃支链的芳香烃化合物抗氧化性差，多环环烷烃和多环芳香烃的黏度指数低，氧化稳定性亦差，这些也不是理想的组分。

此外，减压蒸馏获取的润滑油馏分中仍含有原油中存在的非烃类化合物等不良组分，这些组分会使油品短期内产生颜色加深、酸值升高、黏度增大，甚至形成沉淀淤渣等现象。

因此，在生产高质量润滑基础油加工工艺中，希望对这些非理想化合物，用化学转化法将其转化为需要的分子结构，或用物理和（或）化学的方法将其除去，这就是精制工艺要解决的问题。

1. 酸碱精制

酸碱精制是电力用油加工过程中传统的经典工艺。酸碱精制工艺使用的主要化学物质有硫酸、发烟硫酸、氧化钙和苛性钠等。

酸碱精制工艺的过程是，馏分油首先与硫酸进行混合反应，分离出反应形成的酸渣；然后再与碱溶液或氧化钙混合，中和油中残存的硫酸和（或吸附）反应形成的酸性产物；最后经过水洗，去除油品中碱性产物。

酸碱精制工艺的特点是，利用硫酸与馏分油中的不良组分进行化学反应。如硫酸与馏分油中含氧、硫、氮等的非烃化合物、特定结构的芳香烃、不饱和烯烃等不稳定化合物起化学反应，形成磺化酸渣而被去除，从而显著改善成品油的抗氧化安定性。

在酸碱精制过程中，由于除去了密度较大的非烃化合物和部分芳香烃，使油品的密度有所下降，而黏度指数有所升高。

另外，由于在酸碱精制过程中除去了馏分油中大部分天然降凝剂，提高了油品的凝固点。该工艺对油品的闪点指标几乎没有影响。

酸碱精制过程中，硫酸的浓度及用量，精制的温度及硫酸与馏分油接触时间的长短，对精制深度有很大的影响。因此，应根据馏分油的组成及成品油的技术要求，通过试验来选定工艺条件。

该工艺的主要缺点是硫酸反应物的选择性差，馏分油损耗大，既浪费资源，又产生大量难以处理的、没用的酸渣，污染环境。因此，在现代油品加工中，该工艺已极少采用，基本被淘汰。

2. 溶剂精制

溶剂精制是一种物理液-液抽提工艺，现在被世界上大多数基础油生产商所采用。

溶剂精制就是利用不同溶剂对润滑油馏分中的芳香烃及其他不良组分选择性萃取的原理，进行分离去除。

芳香烃虽然溶解性好，但由于芳香烃是天然油品中最活泼的成分，容易被氧化而大大缩短润滑油的使用寿命，因此是溶剂精制所要除去的主要组分。

适合作润滑油精制的溶剂很多，主要有糠醛、N-甲基-2-吡咯烷酮（NMP）和苯酚等。

溶剂精制除了可以获得低芳香烃含量的油品外，其抽提液蒸去溶剂后，还可得到橡胶工业和印刷工业等需要的高芳香烃含量的工艺用油。

经溶剂精制获得的低芳香烃含量的油品与原料油相比，抗氧化安定性显著提高，其密度和黏度则有所降低。精制过程抽出的液量越大，即精制深度越深，黏度指数提高越多。精制油的凝固点有所上升，硫含量大幅度降低，颜色变浅，闪点几乎不变。

溶剂精制与酸碱精制相比，其主要优点是能有控制地萃取馏分油中的芳香烃，并可有效地予以利用，不产生无用而又污染环境的废渣，馏分油几乎没有损耗。

溶剂精制的主要缺点是溶剂萃取不能彻底除掉所有馏分油中的不良组分，去除率仅为杂质（芳香烃、极性物质、含硫及含氮化合物）的50％～80％。

溶剂精制的基础油一般称为Ⅰ类基础油，其饱和烃含量小于90％（芳香烃含量大于10％），硫含量低于300μg/g。

3. 白土精制

白土精制是利用吸附材料的物理吸附性能，除去液体中的少量极性杂质。在油品加工过程中，常使用漂白土作为吸附剂。由于该工艺一般不独立使用，而常在酸碱精制和溶剂精制后，用来去除油品中残留的胶质和沥青组分，故又称为白土补充精制。

白土精制的优点是可以明显地改善油品的颜色、气味，提高油品的氧化安定性；其缺点是吸附剂选择性差，产生大量污染环境的废渣，且油品的损耗大。

为了尽可能地减少油品损耗及工业废渣，该工艺一般只作为润滑油精制加工的最后一道工序，以降低白土的用量和馏分油的损耗。

4. 加氢技术

加氢技术主要有三种：加氢精制、加氢处理和加氢裂化。

(1) 加氢精制。加氢精制是指在保持原料油分子骨架结构不发生变化或变化很小的情况下将杂质脱除，以达到改善油品质量为目的的加氢反应，即"在有催化剂和氢气存在下，将石油馏分中含有硫、氮、氧及金属的非烃类组分加氢脱除以及烯烃、芳烃发生加氢饱和反应"。

该工艺主要用于去除非烃类化合物，使含有硫、氮、氧等的非烃化合物通过加氢反应生成硫化氢、氨、水等气体从油中分离出来，从而使油品的颜色变浅，安定性提高，产品质量提高。

加氢精制与白土精制相似，常作为润滑油加工的最后一道工序，但产品收率比白土精制收率高，没有白土供应和废白土处理等问题，是取代白土精制的一种较好的方法。

(2) 加氢处理。加氢处理是介于加氢裂化和加氢精制之间的一种工艺，是指在比加氢精制苛刻一些的条件下，除了加氢精制的各种反应以外，还有多种加氢裂化反应，使大部分或全部非理想组分经过加氢变为环烷烃或烷烃，并转化为理想组分。例如，多环烃类加氢开环，形成少环长侧链的烃。因此，加氢处理生成油的黏温性能较好。

该工艺不仅能改善油品的颜色、安定性和气味，而且可以提高黏温性能，可以代替溶剂精制-白土精制联合处理工艺，具有一举两得的作用。

(3) 加氢裂化。加氢裂化是指通过催化加氢反应，使原料油中10％及以上的分子变小的一些加氢过程，包括馏分油加氢改质、渣油加氢改质、减压瓦斯油加氢改质生产润滑基础油料和其他加氢工艺（催化脱蜡和异构脱蜡）等。根据压力的高低可分为三类：常规（高压）加氢裂化、缓和加氢裂化和中压加氢改质。

加氢裂化可改善原料油中的分子组成，去除大部分硫、氮和芳香烃化合物；使部分芳香烃通过加氢开环，形成烷烃；大分子正构烷烃被裂化，变成小分子烷烃或异构烷烃。该工艺操作灵活，可按产品需求调整，但不属于润滑油精制的工序。加氢裂化的尾油可以作为精制润滑油的原料。例如，加氢裂化尾油经溶剂脱蜡-加氢精制工艺可得到润滑基础油。

5. 脱蜡精制

脱蜡的主要目的就是降低成品油的凝固点或倾点，改善其低温流动性指标。

成品油凝固点高、低温流动性差的主要原因是馏分油中含有高熔点的石蜡。因此，含蜡量过高的润滑馏分油不适合加工电力用油。因为低温流动性好是电力用油的共同特点，尤其对绝缘油而言，该指标在使用上具有重要意义。因此，尽管石蜡不是馏分油中的不良组分，但对石蜡基馏分油来说，在电力用油的加工工艺中，脱蜡是一道必不可少的工序。

脱蜡工艺方法主要有冷冻脱蜡、溶剂脱蜡和加氢脱蜡等。

(1) 冷冻脱蜡。冷冻脱蜡属于物理分离工艺方法，适用于黏度低、脱蜡深度要求不高的成品油加工。

该工艺是人为地降低馏分油的温度，促使油品中的大分子正构烷烃——石蜡结晶析出，然后通过低温过滤将其去除。

(2) 溶剂脱蜡。溶剂脱蜡（SDW）也属于物理分离工艺，传统工艺采用的溶剂主要有糠醛、甲基乙基酮/甲苯、甲基乙基酮/甲基丁基酮、甲基乙基酮/丙酮（MEK）等。

实际上，溶剂脱蜡是冷冻脱蜡工艺的改进和发展。由于冷冻法析出的石蜡机械过滤性很差，滤除效率很低。为了提高石蜡的滤除效率，人们先将溶剂与馏分油混合，然后再将稀释油冷却到$-10 \sim -20$℃，使蜡形成结晶并沉积，最后经过滤将其去除，以降低成品油的倾点或凝固点。

溶剂脱蜡获得的产品是脱蜡基础油（SDWO）和含油蜡。溶剂脱蜡与冷冻脱蜡工艺相比，石蜡的含量更低，倾点或凝固点改善更加明显。

(3) 加氢脱蜡。与冷冻脱蜡和溶剂脱蜡不同，加氢脱蜡是一种化学反应技术。目前加氢脱蜡主要有两种：催化脱蜡和异构脱蜡。

催化脱蜡是使蜡原料油通过催化剂，油中的一些蜡组分进入催化剂孔道发生裂化反应，转变成非蜡组分；油中的一些非蜡组分不进入催化剂孔道中，从而保持不变；最终使蜡发生选择性转化，从而达到分离的目的。与溶剂脱蜡相比，催化脱蜡具有投资省、操作费用低的优点。但在某些情况下，产品收率低一些，主要是因为催化脱蜡脱除了更多的烷烃的缘故。尽管如此，催化脱蜡的成本优势依然大于收率降低的损失。因此，催化脱蜡自问世以来，在工业上便得到了广泛的应用。例如目前常用溶剂精制-溶剂脱蜡-催化脱蜡或溶剂精制-催化脱蜡联合处理工艺生产Ⅰ类或Ⅱ类基础油。

异构脱蜡是面向21世纪生产高质量的Ⅱ类、Ⅲ类基础油的一项新技术。它是把油中的蜡通过异构化反应转化为润滑油基础油。该工艺加氢程度高，明显改变了馏分油的族组成，使残留的绝大部分芳香烃饱和，除掉了绝大部分含氮及含硫化合物，且通过异构化将直链分子等转化为理想的带支链的分子。通过此工艺生产的基础油无色，饱和度高，纯度高，倾点、黏度指数及氧化安定性都得以有效控制和提高。它不像溶剂脱蜡那样把蜡与油分开，也不像催化脱蜡那样，把蜡裂化为气体和石脑油。该技术与溶剂脱蜡和催化脱蜡相比，得到的基础油收率最高，黏度指数也较高。采用异构脱蜡的原料油必须是经加氢裂化或加氢处理的尾油、蜡油或软蜡,最好是加氢裂化尾油(去除了硫和氮)。目前应用的加氢裂化/加氢处理-异构脱蜡-加氢精制工艺不仅可获得性能优良的Ⅱ类、Ⅲ类基础油,生产能力也比其他工艺高。

四、调和

经过蒸馏和适当的精制工艺获得的油品,基本上不含有不良组分,且其闪点、黏度、黏度指数、凝固点等技术指标也调整到一定的范围,通常把这种油称为"基础油"。石油加工企业常说的一、二、三、四线油,指的就是图1-1中所示的减压蒸馏出的a、b、c、d馏分油分别通过精制而得到的基础油。

美国石油学会(API)根据基础油组成的主要特性把基础油分成5类:Ⅰ类为溶剂精制基础油,有较高的含硫量和不饱和烃(主要是芳香烃)含量;Ⅱ类主要为加氢处理基础油,其硫氮含量和芳香烃含量较低,烷烃(饱和烃)含量高;Ⅲ类主要是加氢异构化基础油,不仅硫、芳香烃含量低,而且黏度指数高;Ⅳ类为聚α—烯烃(PAO)合成基础油;Ⅴ类则是除Ⅰ～Ⅳ类以外的各种基础油。

从前文的介绍中可知,基础油的品质是受石油加工工艺限制的。因此,从固定工艺获得的基础油一般不能直接作为成品油使用,因为单一的基础油技术指标往往难以满足用户的使用要求。

目前,国内外通常在现有工艺条件下,采用调和的方法来解决:①把两种或两种以上的基础油,根据成品油的指标要求,按照一定的比例调和而成,如三线基础油的黏度或黏度指数较成品润滑油要求的指标低,就可加入适量黏度或黏度指数更高的四线基础油;②在基础油中加入适量品种的专用添加剂,满足成品油的某些特殊指标要求,如要提高油品的抗氧化安定性,可加入抗氧化剂,如要提高油品的防锈性能,则可加入防锈剂等。

基础油的调和温度一般为50~60℃。在该温度下,一方面,基础油与添加剂的黏度均较低,容易快速、充分地混合;另一方面,基础油和添加剂受到的热应力小,不会引起基础油的氧化及添加剂的分解。

基础油经过调和后形成的产品才是商用成品油。我国生产的绝缘油,基本上都在调和时添加了抗氧化剂,在汽轮机油中,同时添加了一定量的抗氧化剂和防锈剂。

由此可见,基础油质量和添加剂技术的突破,是生产高品质成品油的关键。

第三节 电力用油的分类和质量标准

一、石油产品的分类

我国参照ISO/DIS 8681国际标准,制定了石油产品及润滑剂的分类标准GB 498—1987《石油产品及润滑剂的总分类》,见表1-4。该标准把电力用油分在"润滑剂和有关产品"的L类中。

表 1-4　　　　　　　GB 498—1987 石油产品及润滑剂的总分类

类　　别	类别含义	类　　别	类别含义
F	燃料	S	溶剂和化工原料
L	润滑剂和有关产品	W	蜡
B	沥青	C	焦

为了使用方便，根据应用领域，GB/T 7631.1—2008《润滑剂和有关产品（L类）的分类第1部分：总分组》又把L类的产品分成19个组别，见表1-5。该标准把变压器油、断路器油、电容器油、电缆油一起归并为电器绝缘——N组，将抗燃油列入液压系统——H组，将汽轮机油划到汽轮机—T组。

GB/T 7631.1—2008 还对润滑剂和有关产品（L类）分类当中的各个组别，作了进一步的详细分类，至今尚未全部颁布，如N组中的产品代号未定，而H组、T组的分类代号已经实施。在H组分类标准中，电力系统广为使用的磷酸酯无水合成液——抗燃油的代号应为L-HFDR；在T组分类标准中，电力系统蒸汽机组使用的矿物汽轮机油的标准代号应为L-TSA。

表 1-5　　　GB/T 7631.1—2008 润滑剂和有关产品（L类）的分类
第1部分：总分组

组别	应用场合	组别	应用场合	组别	应用场合
A	全损耗系统	H	液压系统	U	热处理
B	脱膜	M	金属加工	X	用润滑脂的场合
C	齿轮	N	电器绝缘	Y	其他应用场合
D	压缩机（包括冷冻机和真空泵）	P	气动工具	Z	蒸汽气缸
E	内燃机油	Q	热传导液		
F	主轴、轴承和离合器	R	暂时保护防腐蚀		
G	导轨	T	汽轮机		

根据 GB 498—1987 石油产品及润滑剂的分类标准可知，我国石油产品及润滑剂的产品编码形式为：

$$\boxed{类别}-\boxed{品种}\quad\boxed{产品规格}$$

例如 L-TSA 32 汽轮机油，则可解释为：L——润滑剂类（类别）；TSA——一般用途汽轮机油（品种）；32——汽轮机油品牌牌号为32号（产品规格）。

二、电力用油分类和质量标准

按照 GB 498—1987 石油产品及润滑剂的分类标准，电力用油使用的绝缘油、汽轮机油、抗燃油均属于 L 类，因此，电力用油的分类代码第一位均应为 L，其组别代码分别应为 N、H、T。然而由于我国推广实施该标准的力度不够及标准本身的不完善等原因，目前在这三种油品中，唯有汽轮机油标准按照规范标准得到实施。

我国的电力用油基本上按照用途划分为汽轮机油（属于润滑油）、抗燃油（属于液压油）、绝缘油三大类。

1. 汽轮机油

润滑油主要用于机械转动设备，其在转动部件间形成油膜，避免部件间直接接触，防止设备磨损，减少摩擦损耗。

我国电力行业使用的主要润滑油是汽轮机油。目前使用的汽轮机油主要是精制矿物油调和而成的成品油，其基础油属Ⅰ类，也有少量加氢精制的Ⅱ类、Ⅲ类基础油调制的润滑油。

我国两个现行汽轮机标准油，即 GB 2537—1981《汽轮机油》和 GB/T 11120—1989《汽轮机油》，均是用Ⅰ类基础油调和后的产品。二者的主要区别是，GB 2537—1981 标准油在调和时添加了抗氧化剂，属抗氧化汽轮机油；而 GB/T 11120—1989 标准油在调和时不但添加了抗氧化剂，而且还添加了防锈剂，属抗氧化、防锈汽轮机油。

GB 2537—1981(1988) 标准，按 50℃时运动黏度的中心值，将新油分为 HU-20、HU-30、HU-40、HU-45 和 HU-55 五个牌号。

GB/T 11120—1989 标准，按 40℃时运动黏度的中心值，将新油划分为 32、46、68 和 100 四个牌号，其中每个牌号按油品的泡沫性、抗氧化安定性和空气释放值等指标上的差异，又细分为优级品、一级品和合格品三个等级。电力系统常用的 32 号、46 号油的技术标准见表 1-6。

表 1-6   GB/T 11120—1989 L-TSA 汽轮机油

项　目	优级品		一级品		合格品		试验方法
黏度等级	32	46	32	46	32	46	GB/T 3141
运动黏度（40℃，mm^2/s）	28.8~35.2	41.4~50.6	28.8~35.2	41.4~50.6	28.8~35.2	41.4~50.6	GB/T 265
黏度指数[①]	90	90	90	90	90	90	GB/T 1995
倾点[②]（℃）≤	−7	−7	−7	−7	−7	−7	GB/T 3535
闪点（开口，℃）≥	180	180	180	180	180	180	GB/T 267
密度（20℃，g/cm^3）	报告	报告	报告	报告	报告	报告	GB/T 1884
机械杂质	无	无	无	无	无	无	GB/T 511

续表

项　　目		优级品		一级品		合格品		试验方法
水分		无	无	无	无	无	无	GB/T 260
中和值（mgKOH/g）≤		0.3	0.3	0.3	0.3	0.3	0.3	GB/T 264
破乳化时间③（54℃，min）≤		15	15	15	15	15	15	GB/T 505
起泡试验④（mL/mL）	24℃≤	450/0	450/0	450/0	450/0	600/100	600/100	GB/T 12579
	93.5℃≤	100/0	100/0	100/0	100/0	100/25	100/0	
	24℃≤	450/0	450/0	450/0	450/0	600/100	600/100	
氧化安定性⑤	Ⅰ总氧化产物(%)	报告	报告	报告	报告	报告	报告	SH/T 124
	沉淀物（%）	报告	报告	报告	报告	报告	报告	
	Ⅱ氧化后酸值达 2.0mgKOH/g 的时间（h）≥	3000	3000	2000	2000	1500	1500	
液相锈蚀试验（合成海水）		无锈	无锈	无锈	无锈	无锈	无锈	GB/T 11143
铜片腐蚀（100℃，3h，级）≤		1	1	1	1	1	1	GB/T 5096
空气释放值⑥（50℃，min）≤		5	6	5	6	—	—	SH/T 0308

① 对由中间基原油生产的汽轮机油，L-TSA 合格品黏度指数允许不低于 70；一级品黏度指数允许不低于 80。根据生产和使用实际，经与用户协商，可不受 GB/T 11120—1989 限制。

② 倾点指标，根据生产和使用实际，经与用户协商，可不受 GB/T 11120—1989 限制。

③ 作为军用时，破乳化时间由部队和生产厂双方协商。

④ 测泡沫稳定性时，只要泡沫未完全盖住油的表面，结果报告为"0"。

⑤ 氧化安定性为保证项目，一年抽查一次。

⑥ 一级品的空气释放值根据生产和使用实际，经与用户协商可不受本标准限制。

为了适应电力生产的发展要求，20 世纪 80 年代英美等国相继提出或修订了汽轮机油标准，国际标准化组织（ISO）也在 1986 年提出了新的汽轮机油标准 ISO/DIS 8068，见表 1-7。

表 1-7　　　　　　　　　　**ISO/DIS 8068 汽轮机油标准**

项　目		黏 度 等 级			试验方法
		32	46	68	
运动黏度（40℃，mm²/s）		28.2～35.2	41.4～50.6	61.2～74.8	ISO 3104
黏度指数≥		80	80	80	ISO 2909
倾点（℃）≤		−6	−6	−6	ISO 3019
密度（15℃，g/cm³）		报告	报告	报告	ISO 3675
闪点（℃）	开口杯≥	177	177	177	ISO 2592
	闭口杯≥	165	165	165	ISO 2719
总酸值（mgKOH/g）		报告	报告	报告	DP 6618
抗泡沫试验（mL）	24℃≤	450/0	450/0	450/0	DP 6274
	93.5℃≤	100/0	100/0	100/0	
	24℃≤	450/0	450/0	450/0	
空气释放值（50℃，min）≤		5	6	8	DIN 51381
破乳化试验	第一种方法（s）≤	300	300	360	DIN 51589
	第二种方法（40-37-3）(50℃，min) ≤	30	30	30	ISO 6614
液相锈蚀试验（15 号钢棒 24h，合成海水）		通过	通过	通过	DIS 120 中 B 法
铜片腐蚀（100℃，3h，级）≤		1b	1b	1b	ISO 2160
氧化安定性	第一种方法总酸值（mgKOH/g）≤　油泥（%）≤	1.8　0.4	1.8　0.4	1.8　0.4	DP 7624
	第二种方法总酸值达 2.0mgKOH/g 的时间（h）≥	2000	2000	1500	DIS 4263

除了国际标准化组织 ISO/DIS 8068、美国 ASTM D4304 标准外，国际上有代表性的汽轮机油规格还有英国 BS 489、德国 DIN 51515—2 标准等，虽然主要性能要求相当，但其技术指标要求各有侧重。

由于各国对汽轮机油指标的要求不同，各大发电机组制造商都制定了公司的企业标准，来指导油品的选择和管理。其中最有代表性的美国 GE 公司，于 2001 年 5 月发布了一个燃气-蒸汽联合循环（CCGT）汽轮机油标准 GEK 107395。该标准把汽轮机油旋转氧弹 RPVOT（Rotating Pressure Vessel Oxidation Test，ASTM D2272）氧化时间标准提高到1 000min,把抗氧化安定性TOST（ASTM D943）试验时间提高到7 000h。这一指标要求不仅超出了当时所有汽轮机油技术规范的要求,而且也远远超出了GE公司已发布的对汽轮机油氧化寿命的要求。

为满足汽轮机制造商对汽轮机油规格的苛刻要求,汽轮机油的基础油加工技术发生了标志性的变化,原老三套溶剂精致工艺生产的Ⅰ类基础油已不能满足其质量要求,正在被全加氢异构化工艺生产的Ⅱ类、Ⅲ类基础油所替代。在全球汽轮机油市场上,Ⅱ类、Ⅲ类基础油以其优异的性能,在汽轮机油中得到普遍应用。

为此,我国企业在传统的TSA汽轮机油的基础上,也采用新工艺相继推出了高性能系列产品,产品指标不仅远高于现行GB/T 11120 TSA标准,而且普遍达到或超过了美国通用电气公司GEK 107395标准的要求。可见,我国的汽轮机油不仅在炼制工艺上发生着深刻的变化,而且质量指标也随着机组制造商的要求而不断提高。

2. 抗燃油

液压油在液压设备中主要起着传递能量、减少机械的摩擦和磨损、防止机械生锈和腐蚀、对液压设备内的一些间隙的密封等作用。

抗燃油属于合成液压油,不属于前文介绍的矿物油范畴,主要有水-醇、磷酸酯和硅油三大类。其中,磷酸酯抗燃油不仅具有良好的润滑性和氧化安定性,而且没有易燃和维持燃烧的分解产物,不沿油流传递火焰,甚至分解产物构成的燃烧气体燃烧后不会引起整个液体着火,从而在电力系统得到了最广泛的应用。磷酸酯中通常只有叔磷酸酯适合做抗燃液压油,其通式为:

$$\begin{matrix} & O \\ & \parallel \\ R'O- & P-OR'' \\ & | \\ & OR \end{matrix}$$

磷酸酯抗燃油可分为芳基磷酸酯、烷基磷酸酯和芳基-烷基磷酸酯。电力工业主要采用三芳基磷酸酯。

在国标石油产品分类中,磷酸酯抗燃油属于润滑液压（L类H组）油中的L-HFDR类,在GB 7631.2附录A中,将L-HFDR类油按其运动黏度的中心值分成15、22、32、46、68和100六个牌号。目前,国内外普遍使用的是46号磷酸酯型抗燃油。

磷酸酯抗燃油的技术规范基本上都是磷酸酯生产厂商的企业标准,或者大型发电设备制造企业的要求标准,而没有像汽轮机油和绝缘油那样形成统一的国家标准或行业标准。近几年国际标准化组织和国际电工委员会（ISO/IEC）才制定出抗燃油新油的标准草案。美国的AKZO公司、日本的COSMO公司、英国的FMC公司都有抗燃油的企业标准,美国的发电设备制造商GE公司、西屋公司则分别提出了抗燃油的质量要求标准。我国的抗燃油标准是电力部的行业标准。

由于我国近年来进口发电机组和引进技术制造的机组较多,因此,使用的抗燃油多为进口品牌。为了便于进口抗燃油的新油验收和运行油的监督维护,现把我国电力部的抗燃油新油标准、ISO/IEC草案标准以及世界上主要的抗燃油企业标准列入表1-8中。

表 1-8　　磷酸酯抗燃液压油的技术规范

试验项目		美国 GE 公司	美国西屋公司	美国 AKZO 公司	ISO/IEC DP10050	COSMO 公司	中 国
颜 色		1.5	1.5	1.5	—	—	淡黄或无色，透明
闪点（℃）≥		235	235	235	—	260	240
燃点（℃）≥		352	352	352	300	350	—
自燃点（℃）		566	593	566	500	590	530
着火试验（s）≤		—	—	—	10	—	—
密度（20℃，g/cm³）		1.13	1.142	1.13～1.17	≤1.2（15℃）	1.14	1.13～1.17
运动黏度（37.8℃，mm²/s）		43.2～49.7	47.4	44.2～49.8	41.4～50.6	40.2	41.4～50.6（40℃）
倾点（℃）≤		−17.8	−17.8	−17.8	—	−17.5	−18
电阻率（20℃，Ω·cm）		5×10^9	—	$\geq1\times10^{10}$	$\geq5\times10^9$	$\geq5\times10^9$	$\geq1\times10^{10}$
酸值（mg/g）≤		0.1	0.1	0.05	0.1	—	0.05
氯含量（mg/kg）≤		100	50	50	50	—	50
水分（体积分数，%）		0.1	0.1	0.1	0.1	—	≤600mg/L
颗粒污染度 ≤（SAE 749D级）		6	—	3	15/12（ISO 4406）	—	6（NAS 1638）
空气释放度（50℃，min）≤		—	—	—	6	5	3
泡沫特性（mL）	24℃	—	25	25	150/0	—	50/0
	93.5℃	—	—	—	25/0	—	10/0
	24℃	—	—	—	150/0	—	50/0
破乳化时间（s）≤					600		
抗氧化性能酸值（mgKOH/g）≤ Fe 含量变化（mg）≤ Cu 含量变化（mg）≤					1.5 1.0 2.0		
水解安定性 酸值 mgKOH/g				0.5			油层酸值增加≤0.02 水层酸度≤0.05 铜试片失重 ≤0.008mg/cm²

3. 绝缘油

绝缘油主要用于充油电气设备，起介电作用。由于充油电气设备种类较多，且各有其使用特点和要求，因此，又把绝缘油分为变压器油、超高压变压器油、电容器油、高压充油电缆油、断路器油等多种产品。

新中国成立以来，我国有关部门对新的和运行变压器油标准曾进行了若干次修订和修改。随着电气设备向高电压、大容量方向的发展，对变压器油的质量要求越来越高，如 500kV 设备所用的变压器油，不仅要求其理化、电气性能更加优越，而且还提出了析气性、含气量等新的指标要求。近几年来，我国变压器油的技术规范逐步向国际标准靠拢，其试验方法和技术指标也基本与国际标准接轨。

我国变压器油按其使用的电压等级分为普通变压器油和超高压变压器油。普通变压器油适用于 330kV 以下的变压器和其他充油电气设备。超高压变压器油则适用于 500kV 以上的变压器和有类似要求的电气设备。

普通国产变压器油新油标准为 GB 2536—1990《变压器油》，见表 1-9。它是参照 IEC 60296—82 标准制定的。标准根据变压器油的凝点将其分为三个牌号，即 10、25 和 45 号变压器油。它们表示变压器油的凝点分别是 $-10°C$、$-25°C$ 和 $-45°C$。

表 1-9　　　　　　　　　GB 2536—1990 变压器油技术条件

项　目		质　量　指　标			试验方法
牌　号		10	25	45	
外　观		透明、无悬浮物和机械杂质			目测①
密度（20℃，kg/m³）不大于		895			GB/T 1884、GB/T 1885
运动黏度 (mm²/s)	40℃　不大于	13	13	11	GB/T 265
	−10℃　不大于	—	200	—	
	−30℃　不大于	—	—	1800	
倾点（℃）　不高于		−7	−22	报告	GB/T 3535②
凝点（℃）　不高于		—	—	−45	GB/T 510
闪点（℃）　不低于		140		135	GB/T 261
酸值（℃）　不大于		0.03			GB/T 264
腐蚀性硫		非腐蚀性			SH/T 0304
氧化安定性③	氧化后酸值 (mgKOH/g) 不大于	0.2			SH/T 0206
	氧化后沉淀（%）不大于	0.05			

续表

项 目	质 量 指 标	试 验 方 法
水溶性酸或碱	无	GB/T 259
击穿电压（间距2.5mm交货时）④（kV）不小于	35	GB/T 507⑤
介质损耗因素（90℃） 不小于	0.005	GB/T 5654
界面张力（mN/m） 不小于	40　　　　38	GB/T 6541
水分（mg/kg）	报告	SH/T 0207

① 把产品注入100mL量筒中，在20±5℃下目测，如有争议时，按GB/T 511测定机械杂质，含量为无。
② 以新疆和大庆原油生产的变压器油，测定倾点或凝点时，允许用定性滤纸过滤。
③ 氧化安定性为保证项目，每年至少测定一次。
④ 击穿电压为保证项目，每年至少测定一次。用户在使用前必须进行过滤并重新测定。
⑤ 测定击穿电压允许用定性滤纸过滤。

在20世纪80年代，我国500kV国产变压器用油出现介损不稳定和析气性问题。为了满足500kV国产变压器的用油需要，通过在普通变压器油中加入抗析气添加剂（例如浓缩芳烃），试制了超高压用油，制订了超高压变压器油的标准SH 0040—1991《超高压变压器油》。该标准主要是参照ASTM D3487—82标准制定的，根据凝点将超高压变压器油分为25和45两个牌号。标准虽然考虑了析气性要求和适当严格电气性能（击穿电压和介质损耗），但是降低了氧化安定性的要求，以至于超高压变压器油的应用并未得到普及，在国内超高压变压器上，基本上使用的是普通变压器油，而不是超高压油。目前《电力变压器用绝缘油选用指南》（DL/T 1094—2008）中明确规定不再采用SH 0040—1991《超高压变压器油》，500kV及以上变压器用油性能指标除应符合GB 2536标准（表1-9）要求外，还应符合IEC 60296—2003，两者不一致时以IEC 60296为准。

为适应断路器对油品的特殊要求，国内外都单独制订了断路器油标准。断路器油除应具有优异的绝缘性能外，还应具有良好的低温流动性，即低黏度、低凝点。我国断路器油标准为SH 0351—1992《断路器油》，见表1-10。从表1-10中可知，断路器油的最大特点是黏度低，其40℃时的运动黏度比普通45号油低一倍以上，−30℃的运动黏度仅为45号油的1/9。

表 1-10　　SH 0351—1992 断路器油技术规范

项目		指标	试验方法
外观		透明、无悬浮物和沉淀物	
密度（20℃，g/cm³）	不大于	0.895	GB/T 1884、GB/T 1885
运动黏度（mm²/s）　40℃	不大于	5	GB/T 6541
－30℃	不大于	200	
倾点（℃）	不高于	－45	GB/T 6541
酸值（mgKOH/g）	不大于	0.03	GB/T 5096
闪点（闭口，℃）	不低于	95	GB/T 261
铜片腐蚀（T₂铜片，100℃，3h）	不大于	1	GB/T 5096
水分（mg/kg）	不大于	35	SH/T 6541
界面张力（25℃，mN/m）	不小于	35	GB/T 6541
介电强度（电极间隙2.5mm，kV）	不小于	40	
介质损耗因素（70℃）	不大于	0.003	GB/T 5654

随着我国改革开放步伐的加快和电力事业的发展，电力系统引进了许多高电压、大容量的充油电气设备。按照国际惯例和设备制造厂家的要求，一般进口设备都使用设备厂家指定或带来的进口油。为了便于进口油的质量验收和运行监督，也便于与国家标准进行比较，现列举国外变压器油的质量标准供参考。2003年正式颁布的IEC 60296—2003标准见表1-11。

从以ASTM D3487和IEC 60296为代表的国外主要变压器油的规格来看，变压器油不是按电压等级分类，更没有按照变压器的低温流动性划分牌号，而是按抗氧剂的加入量来分类的。因此，在这些标准中，除了与抗氧化性相关的技术指标外，其他项目各类油的指标都基本相同，没有特殊要求。

IEC 60296—2003标准按抗氧剂含量将变压器油分为三类：U类——抗氧剂含量检测不出；T类——抗氧剂含量小于0.08%；I类——抗氧剂含量在0.08%～0.4%之间。

与IEC 60296—2003变压器油标准相似，ASTM D3487（00）标准按抗氧化剂含量将变压器油分为两类：Ⅰ类变压器油抗氧剂含量不大于0.08%；Ⅱ类变压器油抗氧剂含量不大于0.3%。此外，国外主要变压器制造商SIEMENS、ABB公司都分别发布了变压器油标准要求。它们根据变压器油氧化、老化性能的优劣，将变压器油分为普通级别和高级别两类。

表 1-11　　　　　IEC 60296—2003 变压器油标准（通用规格）

性　质		试验方法	指　标	
			变压器油	低温开关油
1. 功能性				
黏度	40℃	ISO 3104	最大 12mm²/s	最大 3.5mm²/s
	−30℃	ISO 3104	最大 1800mm²/s	—
	−40℃	IEC 61868	—	最大 400mm²/s
倾点		ISO 3016	最大 −40℃	最大 −60℃
水含量		IEC 60814	最大 30mg/kg/40mg/kg	
击穿电压		IEC 60156	最大 30kV/70kV	
密度（20℃）		ISO 3675/ISO 12185	最大 0.895g/mL	
DDF（90℃）		IEC 60274/IEC 61620	最大 0.005	
2. 精制/稳定性				
外观			透明无沉淀和悬浮物质	
酸值		IEC 62021—1	最大 0.01mgKOH/g	
界面张力		ISO 6295	无通用要求	
总硫含量		BS 2000第373部分或ISO 14596		
腐蚀性硫		DIN 51353	无腐蚀性	
抗氧剂		IEC 60666	U（未加剂油）：检测不出 T（加微量剂油）：最大 0.08% I（加剂油）：0.08%～0.40%	
2-糠醛含量		IEC 61198	最大 0.1mg/kg	
3. 性能				
氧化安定性		IEC 61125C 法试验时间 U（未加剂油）：164h T（加微量剂油）：332h I（加剂油）：500h		
总酸值			最大 1.2mgKOH/g	
沉淀			最大 0.8%	
DDF（90℃）		IEC 60247	最大 0.500	
析气性		IEC 60628	无通用要求	
4. 健康、安全和环境				
闪点		ISO 2719	最小 135℃	最小 100℃
PCA 含量		BS 2000 第 346 部分	最大 3%	
PCB 含量		IEC 61619	检测不出	

注：DDF——介质损耗因素；PCA——多环芳烃；PCB——多氯联苯。

思 考 题

1. 石油按族组成分类分为哪几种？
2. 石油由哪些主要元素组成？其含量如何？
3. 石油及其馏分由哪些主要烃类组成？
4. 石油中有哪些主要非烃化合物？有何危害？
5. 简要说明石油的化学组成对其性质的影响。
6. 生产电力用油选用哪种石油为好？为什么要从高沸点馏分中制取电力用油？试简述生产电力用油的程序。
7. 精制的目的是什么？有哪些方法？
8. 何谓溶剂精制和白土精制？
9. 加氢技术主要有哪些？它们有何异同点？
10. 脱蜡工艺方法主要有哪些？它们之间有何不同？
11. 对基础油进行调和的方法有哪些？
12. 我国的电力用油基本上按照用途划分为哪几种？它们的牌号是如何划分的？
13. 下列地区的极低气温为：哈尔滨－31.8℃；广州 0.0℃；上海－9.4℃；拉萨－16.5℃。问这些地区分别应使用哪种牌号的变压器油？

第二章 油品的理化、电气性能

由矿物油炼制而成的电力用油主要是由烃类物质组成，这些烃类有机物在储运、运行中受温度、空气、金属、电场等多种因素的影响会逐渐氧化（或称劣化、老化），如遇高温过热等设备故障，则油质老化加速。老化的油品将会给用油设备带来严重的危害，因此，电力系统要求油品要具有良好的物理性能、化学性能和电气性能等。通常按检测方法分类，矿物油的物理性能项目有：外观颜色、透明度、密度、黏度和黏度指数、凝点和倾点、闪点和燃点、界面张力、机械杂质和颗粒物染度、破乳化时间、泡沫特性、空气释放值等。化学性能项目有：水溶性酸或碱、酸值和中和值、液相锈蚀、腐蚀性硫、水分、氧化安定性等。电气性能项目有：击穿电压（绝缘强度）、介质损耗因数、体积电阻率、相对介电常数、析气性等。合成磷酸酯虽然也具有上述的一些物理化学性能，但是作为一种合成油，它的组成和某些特性与矿物油的差别是很大的，因此，本章对其性能进行单独介绍。

第一节 矿物油的物理性能

只有化学纯净的均匀物质才具有恒定的物理性质。众所周知，水在常压下，0℃时即结冰，100℃时开始沸腾。

矿物油不是化学纯净的均匀物质，而是由很多不同的液态烃分子组成的混合物，因而其物理性质并不是恒定的，而是随其所含各种不同物质而变化的。如原馏分油沸程偏高，含重质油的部分多，则炼出成品油的比重、黏度等就会相应的偏高。但油品的物理性质，经多年实践证明，在运行中的变化还是有一定规律的。

油的物理性质是评定新油和运行油重要指标的一部分。但由于油是各种烃类化合物的复杂混合物，不能测定单体组分的物理性质，只能把油的物理性质理解为各种烃类化合物的综合表现。故测定油的物理性质，通常采用条件试验的方法，即使用特定的试验仪器，并按照规定的试验条件和步骤进行测定，通过测定了解其物理性能。

一、密度

1. 表示方法

目前，国内外表示密度的方法主要有三种：密度、相对密度和密度指数。

（1）密度。油品的密度与温度有关。在规定温度下，单位体积内所含油品的质量称为油品的密度。其单位为 kg/m^3、g/cm^3 或 g/mL，以符号 ρ_t 表示。规定油品在20℃时的密度为标准密度，以符号 ρ_{20} 表示。在实际应用中表示密度时必须标明温度，或换算成标准密度。

(2) 相对密度（又称比重）。相对密度的定义是物质在给定温度（t）下的密度与标准温度（t_0）下标准物质的密度之比值，通常以符号 $d_{t_0}^{t}$ 表示，是无因次的，没有单位。对油品而言标准物质是水。

我国规定油品的相对密度是在 20℃ 下油品的密度与 4℃ 纯水的密度之比，以符号 d_4^{20} 表示。纯水在 3.98℃ 时的密度为 $0.99997\text{g}/\text{cm}^3$，所以工程上将 4℃ 纯水的密度也视为 $1\text{g}/\text{cm}^3$。这样，油品的相对密度在数值上与标准密度是相同的。但是，相对密度与标准密度在概念上具有本质的不同：前者是相对值，无量纲；后者是绝对值，有单位。

英、美等国通常以 15.6℃ 时油品的密度与 15.6℃ 时纯水密度之比表示相对密度，符号为 $d_{15.6}^{15.6}$。

(3) 密度指数（API°）。密度指数又称比重度，为欧美各国采用，是美国石油协会（API）制定的一种方法，其与 $d_{15.6}^{15.6}$ 的关系，可用式 (2-1) 进行换算。

$$\text{API}° = \frac{141.5}{d_{15.6}^{15.6}} - 131.5 \tag{2-1}$$

由式 (2-1) 可以看出，密度指数与相对密度成反比，即相对密度愈大，则密度指数愈小。由表 2-1 也可以看出这种关系。

表 2-1　　　　　　　　　　石油及其产品的相对密度和密度指数范围

油品	比重（$d_{15.6}^{15.6}$）	比重度（API°）	油品	比重（$d_{15.6}^{15.6}$）	比重度（API°）
原油	0.65~1.06	86~2	柴油	0.82~0.83	41~31
汽油	0.70~0.77	70~50	润滑油	>0.85	<35
煤油	0.75~0.83	50~39			

2. 影响因素

(1) 油品的组成。组成油品的不同烃类物质密度是不同的。对于相同碳数的烃类物质，烷烃的密度最小，环烷烃居中，芳香烃的密度最大。油品的烃类组成不同时，密度也不相同。一般来说，油品中芳香烃含量较多时，密度较大；烷烃含量较多时，密度较小。

当油品含有水分、机械杂质和游离碳等时，由于这些物质的密度大于油品的密度，油品的密度会增大。

(2) 温度。温度对油品密度的影响较大，温度升高时，油品体积膨胀，因而密度减小（相对密度也减小），反之则增大。t℃ 下油品的密度与标准密度之间的关系为：

$$\rho_{20} = \rho'_t \pm \Delta\rho \tag{2-2}$$

式中，ρ_{20} 是油品的标准密度；ρ'_t 是油品在 t℃ 时的密度；$\Delta\rho$ 为密度修正值。当油品温度大于 20℃ 时，取"+"号计算，当油品温度小于 20℃ 时，取"-"号计算。

另外，油品在任意温度 t℃ 时，相对密度 $d_{15.6}^{15.6}$ 与相对密度 d_4^t 的换算关系如下：

$$d_4^t = 0.9990 d_{15.6}^{15.6} \tag{2-3}$$

3. 密度的测定

测定油品的密度有密度计法、韦氏天平法和密度瓶法等。方法的选用应视要求的精度、试油量等而定。密度计法的精度不太高，但操作简便、易掌握，一般用于生产和使用现场的质量控制。密度瓶法的精度较高，需油量少，一般用于油品的组成分析和科研试验。

4. 测定意义

测定油品的密度，在生产上主要的意义为：

(1) 鉴定油品的密度是否合格。如国际电工委员会及我国制定的矿物绝缘油标准中，规定密度不大于 0.895g/cm^3，就是考虑到在极低的温度下，室外运行的设备中，油会出现结晶浮冰的最小可能性。另外密度小也有利于变压器自然循环散热。

(2) 计算容器中油品的质量时，都是先测定油品的密度 ρ 和体积 V，再根据相同温度下体积和密度的乘积，计算油品的质量。当密度和体积的测定温度不同时，应换算成同温度时的密度和体积，可以采用式 (2-2) 进行换算，也可以用不同温度下油品的体积之间的关系式 (2-4) 换算：

$$V_t = \frac{V_{20}}{1-f(t-20)} \tag{2-4}$$

式中，V_t 是 t℃时油品的体积；V_{20} 是 20℃时油品的体积；f 是油品体积的温度系数，单位 ℃$^{-1}$；t 为油品温度。

(3) 鉴别不同密度的油品是否相混。

二、黏度和黏温性能

1. 黏度

(1) 表示方法。当液体流动时，液体内部产生阻力，此种阻力是由于组成该液体的各个分子之间的摩擦力所造成，因此称为黏度或内摩擦力。任何液体都具有黏度或内摩擦力。黏度的大小是由液体的组成成分及其他因素，如液体温度、作用于液体的压力及运动初速等决定的。馏分油的分子量愈大，黏度也愈大；也可以说馏分油的黏度随着沸点的增高而增大。黏度是石油产品主要质量指标之一，尤其是表征汽轮机油润滑性能的重要技术指标。

黏度根据测定方法的不同，一般分为三种：动力黏度、运动黏度和恩氏黏度。

动力黏度，又称绝对黏度，通常以 η 表示之，是指液体在一定剪切应力下流动时内摩擦力的量度，其值为加于流动液体的剪切应力和剪切速率之比，单位是 Pa·s 或 cP（厘泊）。1cP = 10^{-3} Pa·s。

动力黏度应用于科学研究工作。

运动黏度，又称内摩擦系数，通常以 ν 表示，是液体在重力作用下流动时内摩擦力的量度，其值为相同温度下液体的动力黏度与其密度之比，单位是 m²/s 或 St（斯托克斯）。1St = 10^{-4} m²/s = 1cm²/s = 100mm²/s。运动黏度较普遍用于工业计算润滑油管道、油泵和轴承内的摩擦等。目前电力用油也采用运动黏度作为其质量特征之一。

恩氏黏度又称条件黏度，是指在规定条件 50℃下，200mL 油流出恩格勒黏度计所需时间与温度为 20℃ 时 200mL 水的流出时间的比值,以恩格勒度表示。其中 20℃ 时 200mL 水流出恩格勒黏度计所需的时间称为黏度计水值。

(2) 运动黏度的测定。运动黏度通常用品氏毛细管黏度计测量。

运动黏度 ν_t 与动力黏度 η_t 之间具有以下的关系:

$$\nu_t = \frac{\eta_t}{\rho_t} = \frac{\pi r^4}{8VL} gh\tau \tag{2-5}$$

式中,ρ_t 是油品在 t℃ 时的密度,g/cm³;r 是毛细管半径,m;V 为时间 τ 内流出试油的体积,m³;L 为毛细管长度,m;g 是重力加速度,m/s²;h 是油柱高度,m;τ 为流出 V 体积的试油所需时间,s。可以看出,在规定实验条件(即一定温度、一定体积的油品和一定的毛细管黏度计)下,$\frac{\pi r^4}{8VL} gh$ 为常数,称为品氏毛细管黏度计常数,简称黏度计常数,用 C 表示,则

$$\nu_t = C\tau \tag{2-6}$$

可见,在规定实验条件下,运动黏度与油品流经品氏毛细管黏度计的时间成正比。

当黏度计常数已知时,通过测定在某一恒定温度时,一定体积的油品在重力作用下,流过品氏毛细管黏度计的时间 τ,根据式(2-6)便可计算得到油品的运动黏度。

黏度计的常数的确定是在 20℃ 时,测定已知运动黏度 ν_{20} 的标准油品流经品氏毛细管黏度计的时间 τ_{20},用 $C = \frac{\nu_{20}}{\tau_{20}}$ 计算得到。

(3) 使用意义。油品的黏度大小是影响油品冷却散热效果的重要指标。黏度较小时,油品的对流散热和流动性能好,因此,对注入变压器中的油,其黏度尽可能低一些较好。因油在变压器运行中,贴近绕组的油变热而上升,而温度较低的油,则从器壁向器底流去,这样就产生了油的对流现象,使绕组散出热量。黏度愈低,变压器的冷却效果愈好。油开关内的油的流动性也必须大,黏度低;否则,接触点断开时电弧火花持续时间延长,易于损坏开关。总之,在任何情况下,都希望用低黏度的绝缘油。

黏度是汽轮机油重要的物理性能指标之一。选择适当黏度的汽轮机油,对保证机组的正常润滑是一个重要的因素。如选用的油黏度过大时,会造成功率损失;反之黏度过小时,则会引起机组的磨损。

2. 黏温性能

(1) 表示方法。油品的黏温性能是指油品的黏度随温度变化的性质。黏度随温度变化越小,油品的黏温性能越好。

评定润滑油的黏温性能,通常有黏度比、黏温系数和黏度指数三种表示方法。

黏度比是指润滑油 50℃ 时的黏度与 100℃ 时黏度的比值。不难看出,此比值愈小,则其黏温性能愈好。

黏温系数是大致评定 0~100℃ 范围内,油品黏度温度曲线斜率的黏温参数,即温度每变化 1℃ 时黏度的平均变化。计算公式如下:

$$\text{黏温系数} = \frac{\nu_0 - \nu_{100}}{100} \tag{2-7}$$

式中 ν_0 是 0℃ 时的运动黏度,mm²/s;ν_{100} 是 100℃ 时的运动黏度,mm²/s。上式说明,

如汽轮机油的黏温系数愈小,则其黏温性能就愈好。

黏度指数是用来表示油品黏温性能的一个工业参数,也是目前国际上工业润滑油通用的一种黏温参数。如国际标准化组织、国际电工委员会及一些国家均把黏度指数作为一个指标,放入汽轮机油的规格标准中。

黏度指数选用两种原油作为比较的基准(基准油),一种是黏温性很好的油,指定其黏度指数为100;一种是黏温性很差的油,指定其黏度指数为0。测定黏度指数时,首先要测定试油在100℃和40℃时的黏度;然后将两个基准油都分成若干窄馏分,并选出两基准油在100℃时的黏度都与试油在100℃时的黏度相同的窄馏分作为一对,如图2-1中A点所示,分别测定其在40℃时的黏度。由于两个基准油的黏温性不同,故虽然它们在100℃时的黏度是相同的,但温度降低到40℃时它们的黏度并不相同。设在40℃时黏温性好的油的黏度为H,黏温性差的油的黏度为L,则试油的黏度指数为

$$VI = \frac{L-U}{L-H} \times 100 \tag{2-8}$$

式中:VI——试油的黏度指数;

U——试油在40℃时的黏度,mm^2/s;

L——差基准油在40℃时的黏度,mm^2/s;

H——好基准油在40℃时的黏度,mm^2/s。

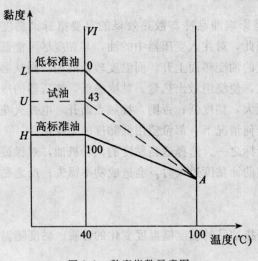

图2-1 黏度指数示意图

由式(2-8)可知,如果$L-U$的数值和$L-H$的数值一样时,则试油的黏度指数为100,相当于黏温性好的基准油;如果$U>H$,则试油的黏度指数必然小于100。说明试油的黏度指数愈大,其黏温性能愈好。

黏度指数在生产应用中,H、L可查表计算,也可从黏度指数计算图上直接查到(见GB 2541—81及GB 1995—88"石油产品黏度指数计算法")。

(2)重要性。油品的黏温性对润滑性能有着重要的影响。因油品的黏度会随油温的升高而降低,随油温的降低而增大。为保证机组能在不同的温度下,均能得到可靠的润滑,则要求油品的黏度随温度变化愈小愈好,即油的黏温性好,不随温度的急剧升降发生较明显的变化。

3. 黏度指数改进剂

黏度指数改进剂亦称增黏剂,是加入到油品中的少量用于改善油品黏温性能的链状高分子聚合物。

黏度指数改进剂在烃基基础油中具有"热胀冷缩"的特性。当温度升高时，链状高分子溶胀，流体力学体积和表面积增大，使基础油内摩擦显著增加，致使基础油黏度显著增大，弥补了基础油由于温度上升引起的黏度的降低，从而改善了油品的黏温性；当温度降低时，链状高分子卷曲，使基础油的内摩擦相对减小，起到"润滑"作用，使油品黏度减小，同样改善了油品的黏温性。

我国电力用油常用的黏度指数改进剂是聚甲基丙烯酸烷基酯（PMA），代号T602，它不仅具有良好的增黏能力和黏温性能，而且具有降凝作用。

三、凝点、倾点和低温流动性

1. 基本概念

任何一种单一的物质（包括化合物）都具有恒定不变的凝点，如0℃是纯水结冰的温度。然而石油产品是由多种烃分子组成的复杂混合物，因此没有固定的凝点。它们从一种形态转变成另一种形态，不是在一个固定的温度下改变，而是逐渐改变的。例如将固体石油产品溶解成液体，不能在一个固定的温度下实现，而要经过一段较长的溶化期；同样，使油品凝固，也不是一下子就可以实现的，而是随温度的逐渐降低，油品将经过失去流动性的中间期。液体在低温下其流动性逐渐减小的特性，称为低温流动性。石油产品的"凝点"、"倾点"就是用于评价油品低温流动性的指标。

石油产品的凝点是指试油在规定条件下冷却至停止流动时的最高温度，单位为℃；倾点是指在规定条件下被冷却的试样能流动的最低温度。石油产品这一混合物由于没有固定的凝点和倾点，凝点和倾点的数值必然随试验条件的变化而变化，因此，凝点和倾点的测定必须在规定试验条件下进行。油品凝点的测定是将试样装在规定的试管中，并在规定试验条件下冷却到预期的温度时，将试管倾斜45°角并保持1min，然后取出垂直放置，观察液面是否移动。倾点的测定是将试样预热后，在规定速度下冷却，从高于预期倾点12℃时，每降低3℃取出试管并倾斜观察试样的流动性，记录观察到试样能流动的最低温度作为倾点。倾点与凝点之间不存在一定的对应关系，一般来说倾点比凝点高2～5℃。很多国家采用倾点作为评价油品低温流动性的指标。

2. 凝固机理

含蜡油品的凝点决定于其中石蜡的含量，含蜡愈多，油品的凝点就愈高。含蜡的油品在降温时，蜡将逐渐结晶，开始产生少量的极微细的结晶，分散在油中，使油品出现云雾状的浑浊现象，失去了透明性。如继续降低温度，蜡的结晶就逐渐扩大，并进一步连接成网，形成石蜡结晶网络。该石蜡结晶网络吸附液态的油并将其包在内部，使整个油品失去了流动性，这种现象称为"构造凝固"，其相应的温度即为凝点。事实上这种"凝固"的油品非全部变为固体，因在石蜡结晶网络中，包有液态油品。

当油品中含蜡很少或几乎不含蜡时，它将随温度的逐渐降低，黏度渐渐增大，当达到一定程度时，油品将变成凝胶体，失去流动性，这种现象通常称为"黏温凝固"。

油品在炼制过程中，蜡状物不可能被全部去除，因此，构造凝固是主要的。

3. 意义

油品的低凝点、低倾点对绝缘油在较低环境温度下保持正常的油循环，确保绝缘和冷却效果具有重要意义。一般使用于寒冷地区的绝缘油，对其凝点有较严格的要求。变压器油的牌号就是根据凝点进行划分的，如国产 10 号、25 号和 45 号变压器油，是指该油凝点分别为－10℃、－25℃、－45℃。

此外，低凝点和低倾点的油品便于运输、储存、保管。因此，尽管汽轮机油是在厂房内的机组中使用，不像在室外电气设备中使用的、特别是在寒冷地区使用的绝缘油，对凝点要求较宽，但是考虑到运输、储存、保管以及使用中可能遇到的低温极限，我国在国家标准中规定汽轮机油的凝点是：低于－7℃。

4. 降凝剂

为改善绝缘油的低温流动性，降低其凝点，使油品能在低温下正常运行，除了油品在炼制过程中进行脱蜡外，还可往油品中添加少量的具有降低凝点的高聚物，使油品在低温下可以正常使用，这类高聚物称为降凝剂。

对于降凝剂的作用机理，尚未取得完全一致的看法。但大多数人所认同的机理是表面吸附和共晶作用。

表面吸附的观点认为：当油品冷却时，降凝剂即被油中析出细小的石蜡晶体所吸附，吸附在石蜡晶体表面上的降凝剂，能够阻止石蜡体进一步增大形成网状构造，使石蜡只能成为细小的晶体。同时由于被吸附在石蜡晶体表面的降凝剂，还能阻止石蜡和油间的吸附，这样就能防止油和蜡生成油蜡凝胶体，因而降低了油品的凝点。

从以上吸附观点可以看出，当石蜡结晶已经形成，或石蜡结晶已吸附一层油后，即当油的温度降低到接近浑浊时，再加入降凝剂，就很难改变石蜡结晶的状况，所以加入降凝剂的温度是很重要的。

共晶作用的观点认为：降凝剂中的长烷基链与油品中的石蜡共晶，由于共晶的结果，降低了石蜡结晶的温度，从而阻碍了石蜡网状结构的形成，从而使油品的凝点降低。

我国常用的降凝剂主要为烷基萘和聚甲基丙烯酸烷基酯。烷基萘代号 T801，具有阻止石蜡结晶形成网状结构的作用，主要适用于石蜡基润滑油。聚甲基丙烯酸烷基酯代号 T602，除了具有降凝作用以外，还具有增黏作用，应用较为广泛。这两类降凝剂不能混合使用，否则会影响降凝效果，并使油品颜色变浑。实践证明，往油中添加降凝剂之前，必须进行小型试验，以确定添加量、添加条件。

四、闪点、燃点和自燃点

1. 闪点

（1）含义。石油产品被加热时，其蒸发作用加速，随着加热温度的升高，蒸发出来的油汽量愈来愈多。当油蒸汽和空气混合比达到一定比例时，如有火焰接近，则出现短暂的蓝色火焰，并伴有轻微的爆鸣声，此现象称为油品的"闪火"。在规定条件下，加热油品所逸出的蒸汽和空气组成的混合物与火焰接触发生瞬间闪火时的最低温度，称为闪点。

油品闪火的必要条件是：混合气体中的油蒸汽含量必须达到一定的浓度范围。若低于此浓度范围，油汽不足，高于此浓度范围，则氧气不足，这两种情况下均不能发生闪火。因此，只有当油蒸汽浓度达到一定范围，外界引火时才能发生闪火，此浓度范围称为"爆炸极限"。其下限浓度称为"爆炸下限"，即闪火时油蒸汽的最低浓度；其上限浓度称"爆炸上限"，即闪火时油蒸汽的最高浓度。油品的闪点也可认为是相当于爆炸下限的油品温度。

(2) 影响因素。影响油品闪点的主要因素是化学组成。液态石油产品含有的挥发性组分越多，闪点就越低。因为此类油品在加热时易于挥发，在较低的温度下就能发生闪火。相反，油品含有的高沸点组分越多，闪点就越高。例如汽油的蒸汽在0℃以下，亦能发生爆燃；柴油闪点约为90℃；而新汽轮机油的闪点一般大于180℃。当高沸点油中混入了低沸点油品时，闪点将会大大降低。例如变压器油在使用中，因高温和电场作用会分解产生可燃气体，并部分溶于油中，从而使其闪点大为降低。

(3) 测定。根据石油产品的性质及使用条件，测定油品闪点的方法分为两类：开口杯法和闭口杯法。开口杯法测定的闪点称为开口闪点，使用开口杯式闪点仪测定；闭口杯法测定的闪点称为闭口闪点，使用闭口杯式闪点仪测定。一般开口闪点要比闭口闪点高约20～30℃，因为开口闪点在测定时，有一部分油蒸汽挥发掉了。

对于在非密闭的系统中使用的润滑油，即使有少量的轻质掺合物，也将会在使用过程中挥发掉，不至于构成着火和爆炸的危险，故这类油品多采用开口杯测定法。例如汽轮机油的闪点，就是用开口杯测定的开口闪点。因为汽轮机油是在非密闭的设备内和温度不太高的条件下使用的，一般不易构成着火或爆炸的危险。

我国目前生产的汽轮机润滑油，是由石油炼制的矿物油。其主要组成成分是碳氢化合物，是各种烃类的混合物，具有可燃性。此外，在使用开口杯测定油品的闪点时，油蒸汽能自由扩散到空气中而消散掉，致使测试过程中必须提高温度以提高油分子的蒸汽压才能闪火。因此，测定开口闪点时应注意安全。

绝缘油是在变压器、电容器、断路器等密闭容器内使用的。在使用过程中常由于设备内部发生电流断路、电弧等作用，或其他原因引起设备局部过热，而产生高温，使油品可能形成轻质分解物。这些轻质成分在密闭容器内蒸发，一旦遇空气混合后，有着火或爆炸的危险。如用开口杯测定时，可能发现不了这种易于挥发的轻质成分的存在。故规定绝缘油的闪点要采用闭口杯法进行测定。

(4) 意义。闪点是电力用油的一项较重要的物理性能指标，从储运和运行意义上来说，闪点是保证安全运行、防止火灾的重要监督指标。闪点的高低反映了油品着火性的难易及其中含轻质馏分的多少。通常闪点愈低，轻质馏分含量愈多，挥发性愈大，着火愈容易，安全性愈小。电力系统要求油长期在高温下运行时应安全稳定可靠。

对于新油、新充入设备及检修处理后的油，测定其闪点可防止或发现是否混入了轻质馏分的油品，以确保充油设备安全运行。例如，运行中绝缘油闪点降低时，往往是由于电气设备内部有故障，造成过热高温，致使绝缘油热裂解，产生了易挥发可燃的低分子碳氢化合物。因此，通过测定运行油闭口闪点，可以及时发现设备内部是否有过热故障，并且防止闪点过低引起设备火灾或爆炸事故。虽然近几年来，采用气相色谱测定油中气体组分，对检查充油电气设备内部潜伏性故障是行之有效的，能够更快地判断设备内部过热的问题。但对在常温下不易挥发的轻质碳氢化合物，则难以用气相色谱检测出来，而测定油品的闪点却可以较容易地进行判断。故气相色谱法并不能完全代替闪点的测定。

2. 燃点和自燃点

燃点又称着火点，是指在规定条件下，当火焰靠近油品表面的油气和空气混合物时即会着火，并持续燃烧至规定时间所需的最低温度，单位为℃。

自燃点是在规定条件下，油品不接触火焰时自发着火的温度。

由于油品在接触火焰时着火的温度低于不接触火焰时的着火温度，因此，油品的燃点低于自燃点。与燃点相比，闪点因不需要持续燃烧至规定时间，所以油品的闪点低于燃点。

自燃点和燃点主要是评价抗燃油的指标，其中自燃点是评价抗燃油性能的一项最重要指标。

随着装机容量的提高，大机组的高压蒸汽温度已高达550℃以上。为适应蒸汽参数的变化，改善液压调节系统的动态响应特性，必须缩小液压执行机构的尺寸，这就需要提高液压调节系统工作介质的额定压力，从而大大增加了介质泄漏的可能性。如果油品的自燃点低于高压蒸汽温度，那么在运行中，油品一旦泄漏至主蒸汽管道或阀门等部位上就会自燃，酿成火灾事故。为了有效防止这种潜在的火灾隐患，保证机组安全运行，大型发电机组必须监督液压系统用油即抗燃油的自燃点。

由于矿物油的自燃点较低，例如矿物汽轮机油三角瓶法的自燃点仅为350℃左右，热板法的自燃点仅为450℃左右，已经无法满足大机组对油品自燃点的要求。因此，目前汽轮机液压调节系统使用的是成本较高的合成磷酸酯抗燃油，这种油品三角瓶法的自燃点大于500℃，热板法的自燃点为700~800℃。

五、固体颗粒物（颗粒污染度、机械杂质）

1. 基本概念

油品中的固体颗粒物是用颗粒污染度或机械杂质来表示的。

机械杂质是指存在于油品中所有不溶于规定溶剂的杂质。这类杂质是由不溶于油的颗粒状物质，如焊渣、氧化皮、金属屑、纤维、灰尘等组成。测定方法是，取一定量试油用溶剂例如汽油稀释后，用恒重滤纸过滤，再用溶剂例如1:4的乙醇-苯溶液洗涤至滤纸上无油迹，最后将滤纸烘干至恒重后称重。

目前我国的汽轮机润滑油 L-TSA 的标准中对油品的机械杂质做出了规定，即油品的机械杂质应为无。除此以外，国外的汽轮机润滑油和国内外的抗燃油使用的都是清洁度或颗粒污染度这一指标。

颗粒污染度简称颗粒度，又称清洁度、洁净度，指的是存在于油品单位体积内不同粒径的固体微粒的个数。与机械杂质相同的是，它也是由焊渣、氧化皮、金属屑、纤维、灰尘等固体颗粒物构成；不同的是颗粒度测定的固体微粒的粒径远远小于机械杂质，这是由测定方法的差异决定的。因此，标准中给出的颗粒度不是"无"，而是与一定颗粒数目相对应的级别数值。

2. 监督意义

汽轮机润滑系统中,油品的清洁度、机械杂质是保证发电机组安全经济运行的必要条件。固体颗粒污染物虽不会明显影响油品的理化性能指标,但会对运行系统中的装置、部件构成直接危害。如在润滑、液压调速共用的汽轮机油系统中,固体颗粒会使液压调速特性恶化,导致滑负荷、事故保护控制装置拒动等事故;汽轮机在盘车时油膜厚度非常小,约为 $13\mu m$,机组运行过程中,轴承、轴颈间油膜厚度在 $10\sim150\mu m$ 之间。因此,固体颗粒的存在将会造成轴承、轴颈的表面磨损划伤,导致轴承承载能力降低和温度上升,严重时酿成化瓦事故。小于最小油膜厚度的固体颗粒,因其数量很大,高速流动时具有磨料的作用,会导致精密部件的磨蚀和磨损。

另外,微小的固体金属颗粒对油品具有一定的催化裂解作用,会加速油品的老化,从而影响油品的理化性能指标。

美国每年电力系统因传动机械、轴承损坏造成的维修和停工损失约为 2 亿美元。国外研究报告认为,汽轮机、泵、风机、辅机和旋转轴承损坏的主要原因是油系统污染造成的,见表 2-2。

表 2-2　　　　　汽轮机、泵、风机、辅机和旋转轴承损坏主要原因

油系统污染	54%
备用油泵系统故障	34%
不规范安装和维修	5%
轴承磨损导致油膜震荡	2%
其他轴承故障	3.5%
其　　他	1.5%

要求运行汽轮机油中不含固体颗粒杂质,从技术角度来说是难以实现的,在经济上也是不合理的。针对不同润滑油系统的特点,制定和控制合理的清洁度指标,建立标准化的油质检测体系,采用配套的油品净化设备,确保油品清洁度合格,是油务监督管理者的一项重要职责。

3. 颗粒污染控制标准

目前,我国尚未制定出运行汽轮机油系统固体颗粒杂质的控制标准,因此,在 GB/T 7596—2000《电厂用运行中汽轮机油质量标准》的注释中,提出参照美国 NAS 1638 和 MOOG 标准执行的相应要求。

颗粒污染杂质控制标准很多,这里仅介绍国外广泛使用的三种颗粒杂质控制标准。

(1) 美国宇航(NAS 1638)标准。NAS 1638 标准是美国国家科学院宇航协会制定的液压油颗粒污染等级标准,见表 2-3。该标准是测定每 100mL 油品中含有不同粒径范围的固体颗粒个数,并据不同颗粒个数划定不同的颗粒污染等级,然后按使用设备的要求不同,进行相应的等级控制的标准。该标准不但为美国各部门广泛采用,而且西欧、日本等国也大量引用。

(2) 美国穆格（MOOG）标准。穆格（MOOG）标准是美国飞机工业协会（ALA）、美国材料试验协会（ASTM）、美国汽车工程师协会（SAE）联合提出的标准，见表2-4。该标准与 SAE 749D 标准相同。标准中共有 7 级，其应用范围是：0 级——很难实现；1 级——超清洁系统；2 级——高级导弹系统；3 级、4 级——一般精密装置（电液伺服机构）；5 级——低级导弹系统；6 级——一般工业系统。

表 2-3　　美国 NAS 1638 污染等级标准

等级\颗粒大小	100mL 油中的颗粒数				
	5～15μm	15～25μm	25～50μm	50～100μm	>100μm
00	125	22	4	1	0
0	250	44	8	2	0
1	500	89	16	3	1
2	1000	178	32	6	1
3	2000	356	63	11	2
4	4000	712	126	22	4
5	8000	1425	253	45	8
6	16000	2850	506	90	16
7	32000	5700	1012	180	32
8	64000	11400	2025	360	64
9	128000	22800	4050	720	128
10	256000	45600	8100	1440	256
11	512000	91200	16200	2880	512
12	1024000	185400	32400	5760	1024

表 2-4　　MOOG 污染等级标准（100mL 油中的颗粒数）

等级\颗粒大小	5～10μm	10～25μm	25～50μm	50～100μm	100～150μm
0	2700	670	93	16	1
1	4600	1340	210	28	3
2	9700	2680	380	56	5
3	24000	5360	780	110	11
4	32000	10700	1510	225	21
5	87000	21400	3130	430	41
6	128000	42000	6500	1000	92

(3) ISO 4406 标准。ISO 4406《液压传动-油液-固体颗粒污染等级代号法》标准中，涵盖了自动颗粒计数仪和显微镜两种测量方法的代号。代号是根据每毫升油样中的颗粒数确定的，见表 2-5。代号每增加一级，污染水平一般增加一倍。

使用代号的目的，是通过将颗粒个数转换成范围较宽的等级，从而简化颗粒计数分析报告。

ISO 4406 标准中，分析报告是以两种粒径的颗粒数来表示的，即 $\geqslant 5\mu m$ 和 $\geqslant 15\mu m$。例如表 1-8 中的颗粒度标准 ISO 4406 的代号就是分别与这两种粒径相对应的。

例如：19/16 的意义是：$\geqslant 5\mu m$ 的颗粒数代码是 19，每毫升油样的颗粒数在 2 500～5 000 之间；$\geqslant 15\mu m$ 的颗粒数代码是 16，每毫升油样的颗粒数在 320～640 之间。

该分级标准与 NAS、MOOG 分级标准之间的等量关系见表 2-6。

表 2-5　　　　　　　　　不同校准方法测得的颗粒粒径对比

每毫升的颗粒数		代码	每毫升的颗粒数		代码
大于	小于 等于		大于	小于 等于	
2500000		>28	80	160	14
1300000	2500000	28	40	80	13
640000	1300000	27	20	40	12
320000	640000	26	10	20	11
160000	320000	25	5	10	10
80000	160000	24	2.5	5	9
40000	80000	23	1.3	2.5	8
20000	40000	22	0.64	1.3	7
10000	20000	21	0.32	0.64	6
5000	10000	20	0.16	0.32	5
2500	5000	19	0.08	0.16	4
1300	2500	18	0.04	0.08	3
640	1300	17	0.02	0.04	2
320	640	16	0.01	0.02	1
160	320	15	0.00	0.01	0

表 2-6　　ISO 分级标准与 NAS、MOOG 分级标准之间的等量关系

ISO 标准	NAS 标准	MOOG 标准	ISO 标准	NAS 标准	MOOG 标准
26/23			14/12		
25/23			14/11	5	2
23/20			13/10	4	1
21/18	12		12/9	3	0
20/18			11/8	2	
20/17	11		10/8		
20/16			10/7	1	
19/16	10		10/6		
18/15	9	6	9/6	0	
17/14	8	5	8/5	00	
16/13	7	4	7/5		
			6/3		
15/12	6	3	5/2		
			2/0.8		

ISO 4406 标准中的数据是采用 ACFTD（AC Fine Test Dust particle counter calibration method）粉尘校准的自动颗粒计数仪测定得到的。

目前，ACFTD 法已被新的 NIST（National Institute of Standards and Technology traceable particle counter calibration method）校准法替代，所测量的颗粒粒径相应也发生了变化，见表 2-7。采用 NIST 的新标准 ISO 11171 中采用三种粒径的颗粒数来表示，即 $\geqslant 4\mu m$（c）、$\geqslant 6\mu m$（c）、$\geqslant 14\mu m$（c）。从表 2-7 中可以看出，新标准中的 $6\mu m$（c）、$14\mu m$（c）两种粒径，分别相当于原标准的 $\geqslant 5\mu m$ 和 $\geqslant 15\mu m$。μm（c）的意思是指使用经过 ISO 11171 NIST 校准过的自动颗粒计数仪测得的颗粒粒径。使用代号表示三种粒径的颗粒数时，代码按 $\geqslant 4\mu m$（c）、$\geqslant 6\mu m$（c）、$\geqslant 14\mu m$（c）的顺序书写，中间用"/"分隔。

表 2-7　　ACFTD 和 NIST 的粒径对应关系

ACFTD 与 NIST 粒径换算		NIST 与 ACFTD 粒径换算	
ACFTD 粒径 (ISO 4402:1991) (μm)	NIST 粒径 (ISO 11170:1999) [μm (c)]	NIST 粒径 (ISO 11171:1999) [μm (c)]	ACFTD 粒径 (ISO 4402:1991) (μm)
1	4.2	4	<1
2	4.6	5	2.7

续表

ACFTD 与 NIST 粒径换算		NIST 与 ACFTD 粒径换算	
ACFTD 粒径 (ISO 4402:1991) (μm)	NIST 粒径 (ISO 11170:1999) [μm (c)]	NIST 粒径 (ISO 11171:1999) [μm (c)]	ACFTD 粒径 (ISO 4402:1991) (μm)
3	5.1	6	4.3
5	6.4	7	5.9
7	7.7	8	7.4
10	9.8	9	8.9
15	13.6	10	10.2
20	17.5	15	16.9
25	21.2	20	23.4
30	24.9	25	30.1
40	31.7	30	37.3

例如 22/18/13 的意义是每毫升油样中 $\geqslant 4\mu m$（c）的颗粒数在 20 000～40 000 之间，包括 40 000；$\geqslant 6\mu m$（c）的颗粒数在 1 300～2 500 之间，包括 2 500；$\geqslant 14\mu m$（c）的颗粒数在 40～80 之间，包括 80。

4. 检测方法

颗粒污染的检测方法有三种：自动颗粒计数仪法、显微镜法和称重法。

(1) 自动颗粒计数仪法。自动颗粒计数仪法一般采用激光作光源。当样品通过毛细管或检测池时，扫描的激光束的透过率、消光值、折射系数等参数会发生变化。其变化的幅度与样品中含有的颗粒大小成正比。连续记录，累计这种变化量，就得到了固体颗粒的粒径大小和数量。

激光束的透过率、消光值、折射系数等参数的变化量，与颗粒大小的比例关系，通过含有已知粒径的标准颗粒样品进行标定。标定的方法不同，其测量的结果也不同。较早采用的是 ACFTD 粉尘校准方法，目前该校准方法已被 NIST 微小粒子方法所取代。

由于油品中不可避免地含有一定量的空气，测定过程中，油中溶解的空气在进入毛细管或检测池时，会因产生气泡而影响激光束的参数，导致测定结果偏大。故在测定前，必须对样品进行脱气处理。

该方法的优点是仪器自动化程度高，检测操作简便，分析速度快；缺点是仪器昂贵，水分、空气对测定结果有影响，且需要进行定期标定。

(2) 显微镜法。该法是将 100mL 样品倒入装有 $5\mu m$ 滤膜的赛氏漏斗中，然后用清洁的玻璃片盖上，启动真空泵，使油滴滴入过滤瓶内。油滴过滤的快慢取决于油品的运动黏度和清洁度。过滤完成后，关闭真空泵，拆开赛氏过滤器，用镊子轻轻将滤膜夹放在清洁的玻璃片上，再在上面放上另一片清洁的玻璃压紧，放在 100 倍的显微镜或投影仪下，计数一定面积内不同颗粒粒径（因颗粒不规则，按颗粒的最大直径作为颗粒粒径）的颗粒数。根据滤膜的总面积分别计算不同粒径的颗粒总数。

该方法的优点是颗粒粒径测量准确，仪器无须校准，价格相对低廉；缺点是人工计数颗粒困难，尤其是清洁度差的样品，因颗粒过多更难计数。

为了克服这种方法的缺点，目前现场多采用显微镜对比法，即仪器厂商按 ISO 标准、NAS 和 MOOG 标准的污染等级，做出相应等级的标准模板。测定时，在显微镜下把测量样品与标准模板进行对比，找出与样品清洁度接近的标准模板，该标准模板的污染等级就是样品的污染等级。

（3）称重法。该方法与显微镜法类似，需对样品进行过滤，其过滤方法也基本相同。不同的是滤膜的孔径更小，过滤器上同时装两片滤膜，上面的滤膜称为检测滤膜 A，下面的滤膜称为校正滤膜 B。其操作步骤是，用已过滤合格（一般应达到 MOOG 0 级）的石油醚冲洗漏斗，待溶剂抽干后，取出滤膜放在清洁的培养皿内，置于恒温 80℃的烘箱内 30min，取出滤膜置于干燥器内冷至室温，用分析天平称准至 0.1mg，得两片滤膜的质量分别为 m_{A1}、m_{B1}；将称重过的两片滤膜按相同的方法再次装到过滤器上，把 100mL 样品倒入漏斗过滤，样品滤完后用约 50mL 石油醚冲洗样品容器及漏斗，并淋洗到滤膜无油渍，再取出滤膜，按前述相同的方法烘干、称重，分别得到滤膜的质量 m_{A2}、m_{B2}。100mL 样品所含固体颗粒污染物的质量 m 按式（2-9）计算，即

$$m = (m_{A2} - m_{A1}) - (m_{B2} - m_{B1}) \tag{2-9}$$

需要说明的是，该方法之所以采用两片滤膜，是为了消除滤膜本身在过滤过程中可能发生的质量变化。

在测定时应注意以下一些问题：（a）采样的代表性是分析测定中的首要问题。油品中的固体颗粒因重力沉积，易造成油品中颗粒分布的不均匀，所以样品必须在系统正常循环流动的状态下从冷油器采集。静态采集的样品代表性较差。（b）采取正确的方法采集样品，防止外界污染。颗粒的外界污染主要来自三个方面：首先是环境空气的污染。因空气中悬浮着大量的固体尘埃，在没有采取空气隔离措施的情况下，采集的样品会受到空气中浮尘的污染，使样品的代表性变差。其次是采样容器的污染。采样容器必须在试验室内用经过滤合格的水或溶剂彻底清洗，密封保存，使用时再用样品油冲洗 1~2 次。最后是取样阀门的污染。采样前必须把取样阀门周围的灰尘擦净，开启阀门排放少量油冲洗后再采集样品。（c）测定前样品要摇匀。为防止容器内样品因颗粒沉积造成分布不均，进行测定前，必须把样品摇匀，然后再取样检测。（d）用自动颗粒计数仪进行测定时，要注意样品中溶解的空气和含有的游离水带来的测定误差。

5. 颗粒污染控制和等级评定

（1）汽轮机油颗粒污染控制标准。理论上，应根据汽轮机油系统中最小油膜厚度的要求，滤除全部大于 $10\mu m$ 的固体颗粒。但由于固体颗粒形状的不规则性和系统的复杂性以及过滤技术的限制，要达到这一要求是不现实的。

为了最大限度地降低大直径的颗粒数量，多数发电公司在润滑系统轴承进油口前安装 $100\mu m$ 的滤网，在推力轴承前安装 $50\mu m$ 的滤网加以保护。美国 Hiac 公司收集汇总了 8 个国家（美国、加拿大、日本、澳大利亚、英国、瑞典、法国、联邦德国）的 85

份汽轮机油清洁度资料，推荐汽轮机润滑系统采用 NAS 1638 标准 5 级。

美国 Allegheny 电力系统规定：对有顶油泵的运行汽轮机油，执行 MOOG 4 级标准；对无顶油泵的运行汽轮机油，执行 MOOG 6 级标准。

我国在 GB/T 7596—2008《电厂运行中汽轮机油质量》中，规定执行美国 NAS 1638 标准 8 级。

因 NAS 8 级标准相当于 MOOG 5 级标准，由此可见我国的汽轮机油颗粒污染控制标准还是较低的。为了确保设备运行的安全性和监督从严的原则，《火力发电厂用油技术》一书中建议运行汽轮机油采用 MOOG 4 级或 NAS 7 级标准，新建机组和大修后的机组颗粒污染相应提高 1 级，采用 MOOG 3 级或 NAS 6 级。

（2）油品颗粒污染的等级评定。NAS 和 MOOG 污染等级标准是按颗粒度粒径的大小，分成了五个区间，每个区间都有特定的颗粒个数要求。在实际检测中，所检测的结果不可能正好与表中所列的每个等级中的每个区间颗粒个数一一对应，所以就存在着如何根据检测结果正确判定污染等级的问题。

一般评定颗粒污染等级的原则是：若测试数据在两个等级之间，按下一个污染等级定级；若测试数据在每个区间颗粒度数的污染等级不同，按照其中的最大等级定级。

由于油品中的颗粒污染物粒径越大越容易被去除掉，因此，一般来说，颗粒度的检测数据符合小颗粒个数多于大颗粒个数的规律，即小颗粒的污染等级高，大颗粒的污染等级低。

例：某电厂在一次检测中得到表 2-8 的颗粒度数据，其定级方法为：因 $5 \sim 15\mu m$ 和 $50 \sim 100\mu m$ 颗粒个数介于 $7 \sim 8$ 级之间，应定为 8 级；$15 \sim 25\mu m$ 和 $25 \sim 50\mu m$ 颗粒个数均介于 $6 \sim 7$ 级之间，应定为 7 级；$>100\mu m$ 颗粒个数介于 $3 \sim 4$ 级之间，应定为 4 级；综合判定该样品的颗粒度污染等级应为 NAS 8 级。

表 2-8　　某电厂颗粒度检测结果

100mL 油中颗粒数				
$5 \sim 15\mu m$	$15 \sim 25\mu m$	$25 \sim 50\mu m$	$50 \sim 100\mu m$	$>100\mu m$
56320	3200	920	260	3

六、界面张力

绝缘油的界面张力是指油与不相溶的水之间的界面产生的张力。通常油品的界面有：油-气、油-液、油-固等，绝缘油的界面张力是属于油-液范围的。物理学分子运动论认为，液体的表面存在着一层厚度均匀的表面层，而位于液体表面层上的分子和位于液体内部分子的受力状况是不同的。这是因为在液体内部的每个分子都被同类分子所包围，即其所受周围分子的吸引力是相等的，所受的力可彼此相互抵消，合力等于零；而位于液体表面或两相交界面上的分子，除了受到来自内部的相邻的同类分子的吸引力以外，还受到来自与其不相溶的另外一相的相邻的非同类分子的吸引力，所受的合力不为零，此合力即为界面张力，单位为 N/m 或 mN/m。

一般液体相界面处分子受非同类分子的引力往往小于其内部同类分子的引力，因此，其合力即界面张力的方向是垂直于界面并指向液体内部，使液体表面产生了自动缩小的趋势。同样，对于油-水界面，因界面上的油分子受到油内部分子的吸引力大于水分子对它的吸引力，所以油表面在表面张力的作用下也具有自动缩小的趋势。

油品的界面张力受温度的影响较大，通常是随油温的升高而降低。因此，在表示界面张力时应当注明温度。

此外，油品界面张力的大小主要取决于油中溶解的极性物质含量的多少。溶解于油中的极性物质一方面有亲水的极性基（如—COOH、—OH 等），另一方面还有憎水的（或亲油的）非极性基（如烃基 R—），因此属于表面活性物质。这些表面活性物质，在油水两相极性不同的界面上，其分子的极性基向极性相水转移；而分子的非极性基则向非极性相油转移。由于这些表面活性物质在油水两相交界面上形成定向排列的结果，改变了原来界面上分子排列的状况，因而促使界面张力明显降低，如图 2-2 (a) 所示。

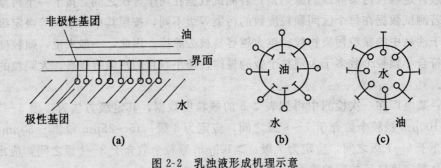

图 2-2 乳浊液形成机理示意

绝缘油是多种烃类的混合物，在精制过程中，一些非理想组分，包括含氧化合物等极性分子应全部被除掉。故新的、纯净的绝缘油具有较高的界面张力，一般可以高达 40～50mN/m，甚至 55mN/m 以上。目前国际上某些国家将界面张力列为鉴定新绝缘油质量的指标之一。我国提出的超高压用绝缘油技术标准中，界面张力的指标为不小于 40mN/m。

运行中的绝缘油受温度、空气、光线、水分、电场等因素的影响，油质将逐渐老化、变坏，油质老化后生成各种有机酸（—COOH）及醇（—OH）等极性物质，因而使得油质的界面张力也逐渐下降。老化油的界面张力一般在 25～35mN/m 左右。可见，测定运行中绝缘油的界面张力，可用于判断油质的老化深度，它是检查油中含有因老化而产生的可溶性极性杂质的一种间接有效的方法。实践说明，当油的界面张力降至 19mN/m 以下时，油中就会有油泥析出。因此，界面张力的大小与油老化后产生的酸值、油泥等有着密切的关系。用界面张力可对生成油泥的趋势做出可靠的判断，油在初期老化阶段，界面张力的变化是相当迅速的；到老化中期，其变化速度相应降低，油泥生成则明显增加。

界面张力还可用于监督变压器热虹吸器的运行情况。一般来说，如热虹吸器运行正常，吸附剂未失效，油的 pH 值大于 4.6，则油的界面张力约在 30~40mN/m；如热虹吸器失效，油的 pH 值低于 4.6，则油的界面张力约在 25~30mN/m。

七、破乳化性能和破乳化时间

1. 含义

破乳化性亦称抗乳化性，指的是油品和水形成的乳浊液分为上下两层的能力。油品破乳化性的好坏通过破乳化试验确定。破乳化试验是指在规定的条件下，测定油水乳浊液分离能力的试验。若油水分层快，说明该油品的抗乳化性能好；反之，则表明抗乳化性能差。试验中油水完全分离的时间称破乳化时间。

破乳化时间亦称破乳化度，是汽轮机油的一个特有指标。破乳化度的测定方法是，用特定的仪器，在一定的温度下，将一定量的试验油与纯水混合，通过一定时间的机械或蒸汽搅拌后，油水乳浊液达到油、水完全分离所需要的时间，以 min 表示。

GB/T 11120—1989 中，破乳化度是用等体积的油和水，在 54℃ 时经机械搅拌下乳化的油品，在停止搅拌后，油水分离的时间。而 GB 2537—1981（1988）中的破乳化度，是依据蒸汽鼓泡搅拌法而制订的。GB/T 11120 中的机械搅拌法，其试验条件易于控制，测试数据重复性好，与现行运行标准接轨，且与国际标准方法接近；GB 2537 中的蒸汽鼓泡搅拌法，虽然其试验条件较好地吻合了汽轮机实际使用环境状况，但因鼓泡的蒸汽流量难以控制，测试数据重复性差，所以运行标准中没被采用。

2. 乳状液的形成和危害

形成乳状液的条件主要有三个：一是必须有互不相溶（或不完全互溶）的两种液体；二是两种混合液体中应有乳化剂存在；三是要有形成乳状液的能量，如强烈的搅拌、循环流动等。

新油中不含水分，不可能形成乳浊液，但油品在储运和使用中，水汽有可能混入油中，特别是经常与水汽接触的某些用油设备。如火电厂的汽轮机，在运行中水汽不可避免地会进入系统中的汽轮机油中，使得汽轮机油中存在互不相溶的两相即油相和水相，因此容易形成油-水乳状液。

油-水乳状液分为油包水型（W/O）和水包油型（O/W）两大类，如图 2-2（c）和图 2-2（b）所示。油、水共存时究竟形成何种乳状液，主要由以下两种因素决定：

（1）两相浓度的影响。将少量的水加入大量的油中，当形成 W/O 型乳状液时，若再继续增大水的浓度至某一点时，则 W/O 型乳状液可变成 O/W 型；若再增大油的浓度，O/W 型乳状液又有可能变成 W/O 型。

（2）乳化剂的亲水亲油平衡值（HLB）。乳化剂属于表面活性物质，其分子由极性和非极性基团组成。极性基团主要为 $-OH$、$-COOH$、$-SO_2OH$ 等典型的亲水性基团，易"溶入"水相。非极性基团主要是长链烃基（$-R$），为典型的亲油性基团，易"溶入"油相。在油-水界面处的这类物质，若超过某一饱和浓度后便溶入油相（或水相），形成稳定的"胶束"，结构类似图 2-2（b）或图 2-2（c）所示。油中胶束愈多，乳化愈严重。

乳化作用是由乳化剂分子中亲水基和亲油基两者的作用所引起的，两者的平衡称为

"HLB"。其定义式为：

$$\text{HLB} = \frac{\text{亲水基质量（摩尔质量）}}{\text{表面活性剂质量（摩尔质量）}} \times 20 \tag{2-10}$$

可以看出，完全没有亲水基的 HLB 值为零，完全是亲水基的 HLB 值为20。当 HLB 值为 3.5~6 时，乳化剂的非极性较强（有两个以上的—R），可大大降低油的表面张力，从而易形成 W/O 型乳状液，例如高价金属（Ca、Mg、Al、Zn 等）皂化物和磷酸、核酸的衍生物以及酚类等。当 HLB 值为 8~18 时，乳化剂的极性较强，易溶入水中，可大大降低水的表面张力，此时水为外相将油滴包住，从而易形成 O/W 型乳浊液，例如一价金属（K 和 Na 等）皂化物。

汽轮机油在运行中将不可避免地会含有一定数量的乳化剂。乳化剂的来源主要有：新油中含有炼制时残留的一定数量的环烷酸、皂类等表面活性剂；油品在运输过程中，混入了如金属锈蚀产物、油漆及尘埃等杂质；汽轮机油在运行中发生老化、劣化而产生的一系列氧化产物、胶质、树脂等；汽轮机油新油中含有某些极性添加剂。

含水和乳化剂的汽轮机油，在调速、润滑系统中不断地循环使用，致使汽轮机油很容易发生乳化。在汽轮机油中，由于乳化剂的极性较弱，水的含量也很少，所以运行汽轮机油容易形成油包水型乳状液。当油品本身氧化较严重，有较多氧化产物生成或受外界污染较严重时，油的乳化特别突出，且不易分离。

乳化较严重的汽轮机油将造成许多危害。乳状油进入轴承润滑系统可能析出水分，引起油膜的破坏，使部件间的摩擦增大，导致局部过热，以致损坏机件。严重乳化的油有可能沉积于油循环系统的某一部位，致使运行油不能畅通流动，起不到良好的润滑、调速作用，若不及时处理可能造成重大事故。油-水乳浊液还会锈蚀有关金属部件（如汽轮机的调速机件、轴和轴瓦的光滑表面等），锈蚀严重时，危害极大。

3. 循环倍率

为保证机组的良好润滑、正常调速，要求循环的汽轮机油在油箱内停留的这段时间内，乳浊液可以自动地分离，水从油箱底部排掉，而不含水的油品则再次投入循环，故油品要有良好的破乳化性能，破乳化时间应当不大于停留时间。

汽轮机油在油箱内的停留时间是由循环倍率决定的。油品在润滑系统中的循环倍率 α 就是每小时通过冷油器的油量（Q）与油箱总油量（V）的比值，即：

$$\alpha = \frac{Q}{V} \tag{2-11}$$

油品的循环倍率愈大，停留时间愈短，不利于油品破乳化。但是，循环倍率增大，油品在用油系统中的循环将加快，冷却散热的效果变好。因此，油品应具有适当的循环倍率。

在进行润滑油系统设计时，为了保证油品的长期使用，又不显著地增加油箱的体积和用油数量，一般把油的循环倍率确定为 8，即油箱中的全部油量每小时循环 8 次，约 7.5min 循环一次。GB 2537—1981（1988）规定用鼓泡法测定的破乳化时间不大于 8min，就是基于上述原则制定的。达到该指标的油品就能保证油、水在油箱中得到较好的分离，从而保证机组得到良好的润滑；反之，将乳浊液送入润滑系统将危及设备的安全。

4. 监督意义

由于油品在精制时可能残存乳化剂，在储运时可能受污染，运行中会逐渐氧化，因此，汽轮机油的破乳化度是鉴别油品的精制深度、受污染及老化程度等的一项重要指标。

此外，破乳化度是保证润滑系统不遭受腐蚀、不发生磨损的一项重要指标。

八、抗泡沫性质

抗泡沫性质（或称泡沫特性）是评定润滑油（当然包括汽轮机油）、液压油、齿轮油等生成泡沫的倾向及泡沫的稳定性的重要指标，以泡沫体积 mL 表示。

油品生成泡沫的倾向和形成泡沫后泡沫的稳定性称为油品的起泡性。油品生成泡沫的倾向愈大、泡沫愈稳定，起泡性愈大，而抗泡沫性愈差。

抗泡沫性的测定是在 24℃ 时，向试样中以一定的流速吹空气 5min，然后静止 10min，分别测定吹气 5min 后和静止 10min 后的泡沫体积；另取一份试样在 93.5℃ 下重复上述试验并记录泡沫体积，当泡沫消失后，再在 24℃ 下重复试验并记录泡沫体积。试验方法可参阅 GB/T 12579"润滑油泡沫特性测定法"。

油品中形成泡沫的条件和机理与形成乳浊液的条件和机理基本相同。不同的是乳浊液的表面活性剂产生的保护膜，保护的是油水界面，而泡沫则保护的是油和空气的界面。

对于润滑油、液压油而言，油品的起泡性危害是很大的。对液压调速系统来说，由于泡沫的形成和存在，使本来不可压缩的液体有一定的可压缩性，易造成液压调速系统的失灵或滞后，甚至引起系统的振动；对润滑系统而言，由于泡沫的存在，容易造成气蚀，使供油不畅，摩擦增大，能耗增加，甚至损坏部件。泡沫在油箱的积累，易使油品大量溢出，形成火灾隐患等。故汽轮机油必须具有良好的抗泡沫性能。

九、空气释放值

空气释放性是用于评价润滑油分离雾沫（弥散）空气的能力的一项指标。油品释放分散在其中空气泡的能力称为空气释放性。油品空气释放性能的好坏用空气释放值来表示。空气释放值是指在规定的条件下，试油中所形成雾沫空气的体积减少到 0.2% 时所需的时间，单位为 min。空气释放值越大，空气释放性越差。

空气释放值是目前国内外汽轮机油、液压油、抗燃油等的监控指标之一。其中密封油系统对油品的此项特性的要求最为严格。

空气释放值的测定是将试油加热到 25℃、50℃ 或 75℃，于试油中通入过量的压缩空气，并使试油激烈搅动，以使空气在油中形成小气泡，即雾沫（弥散）空气。停气后记录试油中雾沫空气体积减少到 0.2% 的时间。试验方法，可参阅 SH/T 0308"润滑油空气释放值测定法"。

空气在矿物油中的溶解度一般为 10% 左右。如果汽轮机油的空气释放值大，表明空气释放性较差，油在运行中溶解的空气不易释放出来而滞留于油中，就会增加油的可缩性，影响调节系统的灵敏性，引起机组振动，降低泵的有效容量。同时油中溶有空气,在运行中受温度、压力、金属催化等的影响,会加速油的老化,缩短油的使用寿命。

十、苯胺点

苯胺点是指油品在规定条件下和等体积的苯胺完全混溶时的最低温度,单位为℃。试验方法代号为 GB/T 262。

苯胺点的测定是将等体积的苯胺和试油置于试管(或 U 形管)中,用机械搅拌使其混合。混合物以控制的速度加热直至两相完全混合。然后将混合物在控制速度下冷却,当两相分离时,记录的温度即为苯胺点。

油品主要是由烷烃、环烷烃和芳香烃组成的。据相似相容原理可知,这三种烃类物质中芳香烃与苯胺的互溶性最好,其次是环烷烃。互溶性越好,完全混溶所需最低温度(临界溶解温度)就越低,因此,这三种烃类的苯胺点由低到高依次为芳香烃、环烷烃、烷烃。由此可见,苯胺点可用于判断油的大致结构组成,常作为超高压变压器油的监督指标之一。

第二节 矿物油的化学性能

按检测方法分,油品的化学性能主要包括水溶性酸或碱、酸值和中和值、液相锈蚀和坚膜试验、腐蚀性硫、水分和氧化安定性。

一、水溶性酸或碱

水溶性酸或碱是指油中溶解于水的酸性或碱性物质及其衍生物。一般用 pH 值表示。水溶性酸或碱主要是由一些低分子的有机酸或碱性含氮化合物组成。

油中水溶性酸的测定方法主要有滴定法、比色法和电位法(又称酸度计法)。滴定法测定水溶性酸的过程是,首先用无 CO_2 的热水抽提出试油中所含的酸性组分,然后以酚酞为指示剂,用碱标准溶液滴定水抽出液。

新油应该不含水溶性酸碱,pH 值在 6.0~7.0 之间。如果超出此范围,则说明油品精制工艺不当,没有除尽馏分油中的酸碱组分。在油品储运过程中,这些酸碱的存在,不仅会腐蚀与其接触的金属部件,而且会加速油品老化。因此,新油中的水溶性酸碱应为无。

运行油中通常不存在水溶性碱,多存在水溶性酸。当运行油中出现水溶性酸时,说明油品开始老化。因为油品在氧化、老化初期,产生的往往是低分子有机酸,例如甲酸、乙酸等。这些低分子有机酸极性强,易溶于水,并对设备有较强的腐蚀作用。如果油中水存在,那么这些低分子有机酸的腐蚀作用将更加强烈。其化学反应如下:

$$2Fe + 2H_2O + O_2 \longrightarrow 2Fe(OH)_2$$
$$Fe(OH)_2 + 2RCOOH \longrightarrow (RCOO)_2Fe + 2H_2O$$

油在氧化过程中,不但产生酸性物质,同时也有水分生成,因此腐蚀作用很强。

此外,运行绝缘油中的水溶性酸能够严重降低油的绝缘性能,并且对变压器的固体绝缘材料老化影响很大。根据有关资料介绍，同种油如没有水溶性酸时，在温度95℃、720h的条件下，进行绝缘老化试验，棉织物的强度仅降低1%；而含有0.01mgKOH/g水溶性酸的油，在同样条件下进行绝缘老化试验，则棉织物强度降低30%～40%。总之，油中水溶性酸的存在，会直接影响变压器的运行寿命。

二、酸值

1. 含义

酸值是表示石油产品中的酸性物质的指标。中和1g试油中含有的酸性组分所需要氢氧化钾的毫克数称为酸值，单位是mgKOH/g。从试油中所测得的酸值，是水溶性酸和非水溶性酸的总和，故也称总酸值（简写为TAN）。

碱值是表示石油产品中的碱性物质的指标。中和1g试油中含有的碱性组分所需要的酸量，以相当的氢氧化钾毫克数表示即为碱值，单位是mgKOH/g。从试油中所测得的碱值，是水溶性碱和非水溶性碱的总和，故也称总碱值（简写为TBN）。

中和值是酸值和碱值的习惯统称，指的是以中和一定量的油品所需要碱或酸的相当量来表示的数值。理论上中和值应为总酸值和总碱值之和。但是在实际应用中，除非另有注明，否则"中和值"仅指总酸值，单位为mgKOH/g。

2. 测定和监督意义

油品的酸值多采用非水溶液中的滴定测得。方法主要有碱兰6B法和BTB法两种。碱兰6B法和BTB法都是首先采用沸腾乙醇抽提试油中的酸性组分，然后用氢氧化钾乙醇溶液进行滴定。不同的是滴定时，碱兰6B法以碱兰6B或甲酚红作指示剂，而BTB法则以溴百里香草酚蓝（BTB）作指示剂。

酸值是评定新油质量和判断运行中油质氧化程度的重要化学指标之一。新油的酸值很低，几乎为零。对新油而言，酸值的高低在一定程度上表明了油品精制程度的好坏。酸值越低，酸性物质越少，油品精制程度越深。油中存在的少量酸性物质几乎都是有机酸、有机酚、脂肪酸、硫化物和沥青质酸等杂质化合物。

运行油中的酸值主要来源于油品的老化、裂化。运行油酸值升高的快慢与油品的组成及其氧化安定性，即油品的精制深度密切相关。一般来说，油品中芳香烃、杂质化合物含量高，油品的安定性就差，油品就易于氧化，油的酸值升高就快。此外，运行油酸值升高的快慢，还受环境条件的影响。例如当油品使用的温度较高、有金属等催化剂存在、与氧气有较大接触面积时，老化将加剧，从而引起酸值的升高。

油品的酸值与油品的老化程度有关。当运行中酸值开始增大时，表明油中有机酸开始增多，油品老化程度加深。因此，油的酸值是判断油品老化程度的指标之一。此外，酸值大的油品，对设备的危害性也大。例如当汽轮机油的酸值增加时，油中的酸性组分作为一种表面活性剂，会使油品的破乳化性能大大降低，从而引起油的乳化。相应地带来诸如破坏润滑性能，引起机件磨损发热，造成机组腐蚀振动，调速系统卡涩等一系列的影响，严重威胁机组的安全运行。绝缘油中酸值增加时，会提高油的导电性，使绝缘油的绝缘性能大大降低，促使固体纤维绝缘材料产生老化现象，进一步降低电气设备的绝缘水平，缩短设备的使用寿命，引起充油电器设备故障。还有，酸值大的油品，腐蚀性也大。

油中的高分子酸通常有两种腐蚀方式：一种是金属首先被油中具有腐蚀性的酸性物质或油老化生成的过氧化物氧化为金属氧化物，再溶于高分子酸中，其化学反应通式如下：

$$M + ROOR \longrightarrow ROR + MO$$
$$MO + 2RCOOH \longrightarrow (RCOO)_2M + H_2O$$

式中，M 为二价金属；ROOR 为过氧化物；RCOOH 为有机酸；ROR 为酮或过氧化物的还原产物；MO 为金属氧化物。

另一种腐蚀方式是，当有水存在时，水中的氧就可直接把金属氧化为氢氧化物，再与有机酸起作用，其化学反应通式如下：

$$2M + O_2 + 2H_2O \longrightarrow 2M(OH)_2$$
$$M(OH)_2 + 2RCOOH \longrightarrow (RCOO)_2M + 2H_2O$$

三、液相锈蚀与坚膜试验

汽轮机油本身应是无腐蚀性的，但在运行中由于水分的存在，会促使油质乳化，引起油系统产生锈蚀，锈蚀严重时，可造成调速系统卡涩，机组磨损、振动等不良后果。因此，汽轮机油应具有良好的防锈性能。液相锈蚀与坚膜试验就是为检验油品的防锈蚀性而设计的指标项目。

所谓液相锈蚀试验，是将一个有一定规格的碳钢试棒，浸入一定体积的汽轮机油与一定体积的蒸馏水（或合成海水）组成的混合液中，在规定的温度和搅拌速度下搅拌试样，维持一定的时间后，取出试棒，目视检查试棒的锈蚀程度。

坚膜试验实际上是液相锈蚀试验的继续，它是将液相锈蚀试验无锈的试棒，在不经任何处理的条件下，立即插入一定体积的蒸馏水中，在规定的条件下，继续试验，试验结束后，再目视检查碳钢试棒有无锈蚀。

液相锈蚀试验主要用于检验汽轮机油的防锈蚀性能。无论油品是否添加防锈剂，都可以进行该试验，只是试验条件略有不同。一般来说，对未加防锈剂的油品，用油品与蒸馏水的混合液进行试验；而对添加了防锈剂的油品，则用油品与一定浓度的合成海水混合液进行试验。

坚膜试验主要用于检验在液相锈蚀试验过程中，防锈剂在碳钢试棒上的预膜状况，评价防锈剂的防锈效果。通常添加了防锈剂的油品，才继续此试验。

四、腐蚀性硫

硫通常是从原料石油中转移到油品中来的，它可能是很稳定的化合物，也可能是不稳定的化合物，后者在油品中是不允许有的。所谓不稳定的硫化物是指能腐蚀金属的活性硫化物或游离态硫单质，通常称为腐蚀性硫。

腐蚀性硫包括：元素硫、硫化氢、硫醇、多硫化物和二硫化物、二氧化硫、三氧化硫、磺酸和酸性硫酸酯等。二氧化硫多数是用硫酸精制及蒸馏时，残留的中性或酸性硫酸酯分解生成的。

腐蚀性硫的测定是用一定规格的铜片，在规定条件下，与试油接触一定时间后，目视观察铜片的颜色。如果铜片呈有黑色、黑灰色、深褐色或有任何程度的剥落，则表明油样具有腐蚀性；否则为无腐蚀性。该试验非常灵敏，一般油品中含有十万分之一至百万分之一，或更少一些的腐蚀性硫，在规定的条件下，都可经铜片试验检测出。

绝缘油中不允许有腐蚀性硫，哪怕只有十万分之一，都会对导线绝缘产生腐蚀作用。因此，腐蚀性硫是绝缘油的重要监督指标之一。对于硫酸白土再生后的再生油，必须进行腐蚀性硫试验，合格后方能使用。

五、水分

1. 来源

油品在出厂前一般不含水分。油品中的水分主要来源于外部侵入和内部自身氧化两个方面。具体表现为：(1) 在运输和储存过程中，因管理不当使得水分进入油中。(2) 用油设备在安装过程中，由于干燥处理不彻底，或在运行中由于设备缺陷，例如汽轮机轴封不严密或变压器呼吸系统漏入潮气等，而使水分侵入油中。(3) 油品因吸潮致使水分进入油中。(4) 油品在使用过程中，由于运行条件的影响，会逐渐氧化，从而产生微量的水分。

虽然油品的水分主要来自于外部侵入，属于物理变化，但是检测方法属于化学性能，因此，本书按测定方法将其归于化学性能中。

2. 存在形态

水在油品中通常以下列几种形态存在：

(1) 溶解水。这种形态的水是以极度微细的颗粒溶于油中，通常是从空气中进入油内的，在油中分布较均匀。通常绝缘油中不含有水分。但是当油品老化或呼吸系统发生故障时，绝缘油中会含有微量的水分。这些水通常是溶解于油中的，即是溶解水。这类水能够急剧降低油的击穿电压，使油的介质损耗因数增大。当变压器绕组和铁芯之间产生高温时，溶解水会转变为蒸汽状态；当水蒸气与冷油接触时，又重新变成溶解水。欲除去溶解水，可在一定的温度下，用高度真空雾化法除掉，即通常所谓的"真空"滤油。

(2) 游离水。当水分的含量超出了其在油中的溶解度时，就会从油中析出，以游离态存在。游离水多为外界侵入的水分，如不搅动不易与油结合，常以水滴形态游离于油中，可沿器壁沉降于设备、容器的底部。通常汽轮机油中含有较多的游离水，这类水分要及时处理掉，否则容易引起油品的乳化。

(3) 乳化水。油品因精制不良、长期运行导致老化，或被乳化剂污染都会降低油水之间的界面张力，形成油水乳浊液，存在于乳浊液中的水即为乳化水。

3. 影响因素

油品中水分的含量主要受油品的化学组成、温度、暴露于空气中的时间，以及油的老化深度等因素的影响。

油品的含水量与化学组成有关。油品中各种烃类对水分的溶解能力是不同的。一般烷烃、环烷烃溶解水的能力较弱，芳香烃溶解水的能力较强。因此，油中芳香烃含量愈高，油的吸水能力愈强。

油品中的含水量与温度的变化关系也非常明显，即温度升高时油中含水量增大，温度下降时，溶于油中的水分会过饱和而分离出来，沉至容器底部。

油品在空气中暴露的时间愈长，大气中相对湿度愈大时，则油吸收的水分就愈多。故测定绝缘油中含水量时，必须密封取样，密闭测定，其目的就是避免试油与空气接触，以测定出试油中的真实含水量。

此外，新绝缘油对水的溶解能力还与其精制程度有关，运行油则与其老化程度有关。例如，当新油精制比较粗糙，油中含有未除尽的酚类、酸类、皂化物等时，油品的吸湿性会增加，含水量增大。反之，含水量降低。运行油在自身氧化的同时，会产生一部分水分，以 C_nH_{2n+2} 型的纯烷烃的氧化为例，其化学反应如下：

$$2C_nH_{2n+2} + 3O_2 \longrightarrow 2C_nH_{2n}O_2 + 2H_2O$$

反应的结果得到脂肪酸和水。也就是说随着油的深度氧化，酸值的升高，所产生的水分也增加。油品深度氧化后，不仅生成酸和水，还有酮、醛、醇等，并在一定的条件下，进行聚合、缩合等反应而生成胶质、沥青质等。这些物质增加了油的吸潮性，使运行油含水量增大。

4. 监督意义和测定

油中水分的危害性是非常大的。存在于运行汽轮机油中的水分能够使金属部件发生锈蚀，加速油品的老化，如不及时除去，还会导致油品乳化，从而破坏油膜，影响油的润滑性能，严重者会引起机组磨损、振动等。绝缘油中的水分能够降低油品的电气性能，促使绝缘纤维老化，引起金属部件的腐蚀，从而严重影响用油设备的安全运行和使用寿命。因此，监督油中的水分，及时清除油中水分对保证机组安全运行具有重要意义。

绝缘油中的微量水分的监督可采用露点法、库仑法、气相色谱法、流体压力计法、湿度百分比法等。库仑法是根据法拉第电解定律的原理测定水分的，采用的电解液称为卡尔-弗休试剂，简称卡氏试剂。它是由碘、二氧化硫（液态）、吡啶和甲醇组成的混合试剂。在无水条件下，试剂中的碘、二氧化硫将分别和吡啶发生以下的反应：

$$C_5H_5N + I_2 \longrightarrow C_5H_5N \cdot I_2 （碘吡啶）$$

$$C_5H_5N + SO_2 \longrightarrow C_5H_5N \cdot SO_2 （二氧化硫吡啶）$$

当有水存在时，卡氏试剂中与水的反应为：

$$C_5H_5N \cdot I_2 + C_5H_5N \cdot SO_2 + C_5H_5N + H_2O \longrightarrow 2C_5H_5N \cdot HI + C_5H_5N \cdot SO_3$$

(2-12)

反应式中的 $C_5H_5N \cdot SO_3$ 是一种极不稳定的中间产物，它易与甲醇反应，生成稳定的甲基硫酸氢吡啶：

$$C_5H_5N \cdot SO_3 + CH_3OH \longrightarrow C_5H_5N \cdot HSO_4 \cdot CH_3$$

(2-13)

如果反应体系中没有甲醇，由于 $C_5H_5N \cdot SO_3$ 可以与活泼氢的化合物（如水）进一步反应致使试油中水的反应不唯一，从而影响测定的准确度。因此，试剂中必须有甲醇的存在。

合并式（2-12）和式（2-13）式，总反应式为：

$$C_5H_5N \cdot I_2 + C_5H_5N \cdot SO_2 + C_5H_5N + CH_3OH + H_2O \longrightarrow$$
$$2C_5H_5N \cdot HI + C_5H_5N \cdot HSO_4 \cdot CH_3 \qquad (2\text{-}14)$$

反应中 1mol I_2 消耗 1mol 水被还原为 2mol I^-。

电解时，试油中的水首先与卡氏试剂发生式（2-14）中的反应，然后产生的 I^- 在电解池阳极表面放电：

$$2I^- - 2e \longrightarrow I_2$$

2mol I^- 转移 2mol 电子氧化为 1mol I_2，生成的碘又与试油中的水反应，由此反复进行，直至油中水分反应完全为止。反应结束时，电解液中的碘浓度恢复到初始浓度，此时，电解自行停止。

由于反应中 1mol 水引起 2mol 电子的转移，根据法拉第电解定律，电极上每转移 1mol 电子需要 96 485C 的电量。因此，电解 1mol 的水需要 2 倍的 96 485C 的电量。于是试油中的水分含量可以根据记录仪上指示的总电量 Q，由下式计算：

$$\frac{W \times 10^{-6}}{18} = \frac{Q \times 10^{-3}}{2 \times 96485}$$

即
$$W = \frac{Q}{10.721} \qquad (2\text{-}15)$$

式中：W——试油水分含量，单位：μg；Q——电解电量，单位：mC；18——水的分子量。

六、氧化安定性

1. 含义

油品的氧化安定性是其最重要的化学性能之一。因油在使用和储存过程中，不可避免地会与空气中的氧接触，在一定的环境条件下，油与氧长期接触会发生缓慢的化学反应，而产生一些新的氧化产物，这些氧化产物在油中会促使油质变坏。

油与氧之间发生的缓慢化学反应称为油的氧化（或老化、劣化）。油品抵抗大气（或氧气）的作用而保持其性质不发生永久变化的能力，称为油的氧化安定性，或称为抗氧化安定性。通常电力用油中对抗氧化安定性的讨论较多。但是，也有些地方使用热氧化安定性表示油品的氧化安定性。热氧化安定性指的是油品抵抗氧和热的作用而保持其性质不发生永久变化的能力。

2. 氧化过程及其特点

电力用油由各种烃类组成，油品的氧化机理实际上指的是烃类的氧化机理。根据氧化速度的变化，烃类的氧化可分为三个阶段：诱导期、发展期和迟滞期。氧化过程曲线如图 2-3 所示。

诱导期是氧化反应的开始时期，又称"感应期"。该阶段的特点是油品的温度不高，油吸收少量的氧以后，氧化非常缓慢，油中生成的氧化产物也极少。由于电力用油中都含有抗氧化剂，能够阻止油品的氧化，所以电力用油通常具有较长的诱导期。油品的抗氧化能力越强，则此阶段越长；但如果温度升高（且在催化剂的影响下），诱导期便会迅速变短。

诱导期过后，便是油品氧化的发展期。该阶段的特点是氧化速度急剧增加，氧化产物明显增加。在刚进入发展期时，氧化产物主要是一些分子量较低的有机酸、水和某些过氧化物。随着氧化过程的不断加剧，上述氧化产物便逐渐向固体聚合物和缩合物转变，当它们在油中达到饱和状态后，便从油中沉淀出来，即通常所说的油泥沉淀物。

迟滞期是油品氧化的第三阶段。这个时期的特点是油的氧化反应受到一定的阻碍，氧化速度减慢、氧化产物也比发展期少。这个阶段氧化速度的减慢主要是因为芳香烃氧化生成的某些酚或胺类氧化物，开始发生阻止氧化过程的负催化作用。

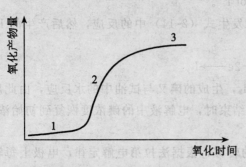

1—诱导期；2—发展期；3—迟滞期
图 2-3 矿物油氧化的一般规律

3. 氧化机理（链锁反应学说）

烃类液相氧化过程是用自由基链锁反应机理来解释的。自由基链锁反应指的是油品烃类分子与氧分子进行的氧化反应。该反应包括三个阶段，即链的引发、链的发展，以及链的终止。

如以 RH 代表烃类，$R\cdot$、$RO\cdot$、$H\cdot$、$HO\cdot$、$RO_2\cdot$、$HO_2\cdot$ 等分别代表各种活性自由基，ROOR 和 ROOH 分别代表烃基过氧化物和烃基过氧化氢，则上述三个阶段可以用化学反应式表示如下。

(1) 链的引发。油中少数能量较高、性质较活泼的烃分子在外界条件（如光、热、电场等）作用下，可以发生自分解或氧化分解而产生活性自由基。反应如下：

$$RH \longrightarrow R\cdot + H\cdot$$

$$RH + O_2 \longrightarrow \begin{cases} R\cdot + HO_2\cdot \\ R\cdot + HO\cdot \\ RO_2\cdot + H\cdot \end{cases}$$

这是链反应的开始。由于电力用油新油中的活泼烃分子数量很少，相应通过上述反应产生的自由基的数量也很少，链反应速度很慢。此外，反应中所生成的自由基，可进一步引发链锁反应。因此，这一阶段称为氧化的"诱导期"。

(2) 链的发展。以 $R\cdot$ 为例，其反应如下：

$$R\cdot \xrightarrow{O_2} ROO\cdot \xrightarrow{RH} \begin{cases} R\cdot \xrightarrow{O_2} ROO\cdot \xrightarrow{RH} \cdots\cdots \\ ROOH \longrightarrow \begin{cases} RO\cdot \xrightarrow{RH} ROH + R\cdot \\ HO\cdot \xrightarrow{RH} H_2O + R\cdot \end{cases} \end{cases}$$

可以看出，活性自由基经过进一步氧化，转变为烃基过氧化物（如 ROOH）。这些过氧化物不稳定，在外界条件作用下可以分解产生新的活性自由基，而这些新的自由基又可进一步引发新的链锁反应。因此，这一过程称为"链反应的分支"或"链支化反应"。

烃基过氧化物要分解成新的活性自由基，必须具备足够高的能量。然而，由于烃类氧化过程中的条件比较缓和，所以只有少量的烃基过氧化物具备分解成活性自由基的条件，其余大部分则分解成稳定的氧化产物。反应如下：

$$\begin{matrix}R\\R'\end{matrix}\!\!\Big\rangle CHOOH \longrightarrow \begin{cases}\begin{matrix}R\\R'\end{matrix}\!\!\Big\rangle C=O+H_2O \text{ 或}\\ RCHO+R'OH\end{cases}$$

可见，在链的发展过程中，一方面链反应产生分支，反应速度加快；另一方面分支又不是很多。这种比较缓和、分支不多的链反应称为"退化分支"反应。发生"退化分支"反应的这一阶段是氧化的发展期。

(3) 链的终止。随着反应的加深，自由基浓度增加，因而相互结合使链终止的机会也增多，同时某些氧化中间产物具有阻碍氧化的作用也可使链反应终止。例如：

$$R\cdot + R\cdot \longrightarrow R-R$$
$$R\cdot + H\cdot \longrightarrow R-H$$
$$R\cdot + RO_2\cdot \longrightarrow ROOR$$
$$R\cdot + AH \longrightarrow A\cdot + RH$$

当链的终止反应愈来愈多，活性自由基产生的速度小于终止速度，氧化反应速度减小时，链反应就进入了迟滞期。

在油品氧化的全过程中，每一阶段都同时有活性自由基的生成和终止。在发展期内，活性自由基的生成速度远大于终止速度，活性自由基的浓度增大，油品氧化加速；而在迟滞期恰好相反，活性自由基的终止速度远大于生成速度，自由基浓度减小，油品氧化速度减慢。

4. 氧化类型

根据油品氧化过程吸氧量随时间的变化，可将油品的氧化分为四种类型：①自催化型。特点是随时间的延长，氧化速度越来越快，吸氧量加速。如图2-4 (a) 所示。②自抑制型。特点是随时间的延长，氧化速度越来越慢，吸氧量逐渐减小。如图2-4 (b) 所示。③正比例型。特点是吸氧量与时间成正比例变化。如图2-4 (c) 所示。④先自催化后自抑制型。特点是氧化初期，随时间的延长，氧化速度越来越快，吸氧量加速，而在后期，随时间的延长，氧化速度越来越慢，吸氧量逐渐减小。如图2-4 (d) 所示。

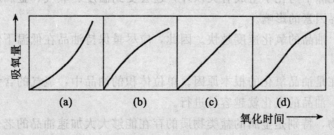

图2-4 烃类的氧化曲线

油品的氧化速度主要与油品的化学组成有关。一般来说，烷烃和环烷烃的氧化多属于自催化型。在氧化过程中，烷烃的氧化安定性小于环烷烃。芳香烃的氧化多属于自抑制型。这是由于芳香烃氧化后生成的部分酚类物质具有抗氧化的作用，从而能够抑制氧化反应，降低反应速度。电力用油主要是由烷烃、环烷烃和芳香烃组成，在氧化反应开始阶段，烷烃、环烷烃和芳香烃都会发生氧化，氧化速度较快，为自催化型；当芳香烃氧化产生酚类等具有抗氧化作用的物质以后，氧化速度就大大减慢，氧化类型变为自抑制型。因此，电力用油的氧化属于先自催化后自抑制型。

当油品中含有一定量的芳香烃时，可以增强油品的抗氧化安定性。但是芳香烃的含量并非越多越好。因为芳香烃氧化后易产生油泥沉淀，含量多时，氧化生成油泥的量相应会增加，从而给油品的性能带来不利影响。因此，芳香烃的含量既不能太多，也不能太少。

5. 氧化产物及其危害

油品烃类的结构不同，氧化方向和产物也不相同。研究表明，烃类的氧化方向可分为两大类。

第一类，烷烃、环烷烃以及带长侧链（C_5 以上）的环烷烃，随着氧化程度的加深，氧化方向基本上是：

烃→过氧化物→醇、醛、酮等→酸→羟基酸→半交酯→胶状、沥青状物质等

第二类，无侧链或短侧链的芳香烃，随着氧化程度的加深，氧化方向基本上是：

芳香烃→过氧化物→酚→胶质→沥青质→油焦质等

烃类的氧化产物，按性质大体上可分为三类：①酸性产物，例如羧酸、羟基酸、酚类和沥青质酸等。②中性产物，例如过氧化物、醇、醛、酮、酯、胶质和沥青质等。③水和挥发性产物，例如 CO_2、CO 和低分子有机化合物等。

这些氧化产物对油品和设备具有较大的危害。具体表现为：①腐蚀设备，缩短其使用寿命，影响设备安全运行。②加速油品的老化，从而产生油泥沉淀，堵塞油路，影响冷却散热，导致一些设备故障。③降低绝缘油的电气性能，加速固体绝缘材料的老化，严重者可导致电气设备故障。④降低汽轮机用油的抗乳化性能，引起机件磨损、机组振动、调速失灵等一系列故障。因此，及时除去油品中的氧化产物，保证油品具有良好的氧化安定性具有重要现实意义。

6. 影响因素

油品的氧化除了与化学组成有关以外，还会受到温度、氧气、金属颗粒物、电场和日光等一些外界因素的影响。

温度越高，油品的氧化速度越快。因此，应尽量保持油品在低温下使用，以减缓油品的氧化。

氧气的存在是油品氧化的根本原因。单位体积的油品中，氧气的含量越高，或者氧气的压力越大，油品的氧化就越容易进行。

金属颗粒物，特别是金属的盐类物质的存在能够大大加速油品的老化，对油品的老化具有催化作用，因此称为"催化剂"。

金属对油品氧化的催化作用，可用下列通式表示：

$$M+O_2 \longrightarrow M\cdots O_2$$
$$M\cdots O_2+RH \longrightarrow R\cdot +M+HOO\cdot$$

由于金属表面形成了新的机体 $M\cdots O_2$，促进了活性自由基的生成。

溶解在油品中的金属盐对油品氧化具有较强的催化作用。其催化作用可用以下的反应表示：

$$ROOH+M^{2+} \longrightarrow RO\cdot +M^{3+}+OH^-$$
$$ROOH+M^{3+} \longrightarrow ROO\cdot +M^{2+}+H^+$$

金属离子通过自身的氧化还原不断促进自由基的生成，从而加速了油品的老化。

电场和日光也能加速油品氧化。经常被日光照射或处于强电场中的油品，氧化速度会有所加快。

在油的氧化安定性试验中，用油浴加热油品、通入氧气、加入一定量的金属铜或环烷酸铜和环烷酸铁等一些做法，目的就是使氧化速度加快。

7. 测定方法

油品的氧化安定性试验是一种加速老化试验，它借助于氧、热和催化剂的作用，在规定条件下，使油品发生老化，然后测定其有关项目的变化程度。

油品氧化安定性的好坏是根据氧化安定性试验所产生的酸值和油泥的多少进行判断的。如油品的氧化安定性好，则经过试验所产生的酸值和沉淀物就少；反之，油品的氧化安定性差，则通过试验所产生的酸值和沉淀物就多。氧化安定性好的油品，一般其使用寿命就长。

氧化安定性试验结果的表示方法有两种：一种是用达到规定的氧化程度（如规定酸值）时所需要的时间来表示。另一种是用氧化试验结束后油品中存在的酸值（挥发性酸、溶解性酸或酸值）和油泥的百分含量表示。

目前国外的测定电力用油氧化安定性的试验标准主要有：蒸汽透平油测定法（Turbine Oil Stability Test，缩写为 TOST）（ASTM D943）、旋转氧弹氧化测试法（Rotary Bomb Oxidation Test，缩写为 RBOT）（ASTM D2272 和 ASTM D2112）等。我国的标准是参照国外标准制定的，主要有：加抑制剂矿物绝缘油氧化安定性测定法（GB 12580）；加抑制剂矿物汽轮机油氧化安定性测定法（GB 12581）；含抗氧剂的汽轮机油氧化安定性测定法（SH/T 0124）；变压器油氧化安定性测定法（SH/T 0206）和润滑油氧化安定性测定法（旋转氧弹法）(SH/T 0193) 等。其中 GB 12580、GB12581、SH/T 0124、SH/T 0206 和 TOST 等方法，都是评定油品抗氧化安定性的好方法。但是，这些方法试验周期都比较长，在一个工作日内是完不成的，在现场监督中应用具有一定的困难。旋转氧弹试验法（ASTM D2272、ASTM D2112 和 SH/T 0193）属于快速氧化模拟试验，能够满足现场快速测定的要求，适合于测定具有相同组成的新油和运行油的氧化安定性。

旋转氧弹氧化试验方法的内容为：将试样、蒸馏水和铜催化剂线圈一起放到一个带盖的玻璃盛样器内，然后把它放进装有压力表的氧弹中。氧弹在室温下充入 620kPa（6.2ba 或 90psi）压力的氧气，放入规定温度（绝缘油 140℃，汽轮机油 150℃）的油浴中。氧弹与水平面成 30°角，以 100r/min 的速度轴向旋转。当达到规定的压力降时，停止试验。记录试验时间,以分钟(min)表示。以氧弹试验时间作为试样的氧化安定性。

8. 抗氧化添加剂

加入到油品中的少量能改善油品氧化安定性的物质称为"抗氧化添加剂",简称"抗氧化剂"。

能够作为抗氧化剂添加到油品中的物质必须具有以下一些特点:①抗氧化能力强,仅加入极少量,就能使油品的氧化安定性明显提高。一般要求加入抗氧化剂后,油品的抗氧化能力比未加前提高5~8倍。②油溶性好,不溶于水,且无吸湿性。加入油中,对油品的理化和电气性能无不良影响。③不腐蚀金属设备中的材料,在运行中不分解、不生热、不沉淀。④感受性好,能适用于各种油品。

抗氧化剂很多,分类方法也有不少。其中根据作用机理可分为两类,一类是链反应终止剂,另一类是过氧化物分解剂。链反应终止剂又称活性基捕捉剂。它通常可与活性自由基作用,使油品氧化的链反应中断,从而延长了氧化反应的诱导期。过氧化物分解剂能使油品氧化中生成的过氧化物分解,并生成稳定的产物,从而减缓油品的氧化。

有些抗氧化剂在改善油品氧化安定性方面,只具有捕捉活性自由基,终止链反应的作用,这类抗氧剂又常称为第Ⅰ类抗氧化剂,用 A_IH 表示。此类氧化剂仅在油品尚未氧化时加入才能抑制油的氧化,即必须在诱导期加入才有效。属于此类抗氧化剂的有二苯胺、安替比林、对羟基二苯胺等。

有些抗氧化剂只具有分解过氧化物使其失去活性的作用,这类抗氧剂又常称为第Ⅱ类抗氧化剂,用 $A_{II}H$ 表示。此类氧化剂在油品剧烈氧化阶段,即发展阶段加入,有抑制油品氧化的作用。属于此类抗氧化剂的有二硫化[4′,4]二胺基代二苯、α-萘酚、α-萘胺等。

有些抗氧化剂既具有捕捉活性自由基,终止链反应的作用,又具有分解过氧化物使其失去活性的作用,这类抗氧化剂称为第Ⅲ类抗氧化剂,用 $A_{III}H$ 表示。此类氧化剂在油品尚未氧化或氧化初期加入,都可以抑制氧化作用。属于此类抗氧化剂的有2,6-二叔丁基对甲酚、β-萘酚、β-萘胺等。

抗氧化剂 A_IH、$A_{II}H$ 和 $A_{III}H$ 的作用机理可用以下的通式表示。

油中未加抗氧化剂时的 RH 自氧化过程	油中加抗氧化剂后的反应过程
链引发阶段	
$RH \longrightarrow R\cdot + H\cdot$ $RH \xrightarrow{+O_2} ROOH + R\cdot$ 及其他活性自由基	$R\cdot + A_IH \longrightarrow RH + A_I\cdot$ (非活性自由基) $R\cdot + A_{III}H \longrightarrow RH + A_{III}\cdot$ (非活性自由基) $ROOH + A_{II}H \longrightarrow$ 稳定产物
链发展阶段	
$R + O_2 \longrightarrow RO_2\cdot$ $RO_2\cdot + RH \xrightarrow{+O_2} ROOH + R$	$RO_2\cdot + A_{II}H \longrightarrow ROOH + A_{II}\cdot$ (非活性自由基) $ROOH + A_{II}H \longrightarrow$ 稳定产物 $RO_2\cdot + A_{III}H \longrightarrow ROOH + A_{III}\cdot$ (非活性自由基) $RO_2\cdot + A_{III}\cdot \longrightarrow ROOA_{III}$ (稳定化合物)

目前我国广泛应用、效果较好的抗氧化剂是 2,6-二叔丁基对甲酚，代号为 T501。它属于第Ⅲ类抗氧化剂，测定方法主要有分光光度法和红外光谱法。其中分光光度法是我国目前应用较多的一种方法。测定的原理是以石油醚、乙醇作溶剂，磷钼酸作显色剂，T501 与显色剂在碱性油溶液中反应可生成钼蓝络合物。由于该络合物易溶于水，因此用水可将其从油相中萃取出来，经定容后使用分光光度计测定。

第三节 矿物油的电气性能

目前矿物绝缘油是电气设备较普遍采用的液体绝缘介质，因此要求它必须具有优良的电气性能。表示绝缘油电气性能的基本参数有击穿电压、介质损耗因数、相对介电常数和电阻率。其中击穿电压和介质损耗因数是评定绝缘油质量的两个重要指标，也是判断充油电器设备在运行中是否存在故障的参考指标。本节主要讲述绝缘油电气指标的概念、影响因素和监督意义。

一、极化和相对介电常数

1. 极化

从结构上看，绝缘油电介质分子可分为中性和极性两类。正、负电荷的作用中心重合的分子称为中性分子，对外不显电性。正、负电荷的作用中心不重合的分子称为极性分子，又称为偶极分子。尽管单个极性分子对外显电性，但由于热运动，油品中的极性分子呈不规则的排列，不同极性分子对外的电性互相抵消，故绝缘油从整体上看，对外不显电性。

当绝缘油受外电场作用时，中性分子内互相束缚的电荷在外电场力的作用下，按其所受电场力的方向发生微小的弹性位移。正电荷沿电场方向位移，负电荷逆电场方向位移，电场越强，位移越大。偶极分子受电场力而转向，顺电场方向作有规则的排列。这样，原来对外不显电性的绝缘油电介质这时显现了电性，在电介质两端出现等量异号电荷。

综上所述，绝缘油电介质在外电场的作用下，所发生的束缚电荷的弹性位移或偶极分子的转向，就称为绝缘油电介质的极化。

电介质极化的种类较多，下面讨论几种基本的极化形式。

（1）电子位移极化。在外电场作用下的原子，电子的轨道发生了变形位移，其作用中心与原子核的正电荷中心不再重合，这种由电子的位移形成的极化叫电子位移极化。

电子位移极化是具有弹性的，在外电场去掉以后，由于正、负电荷的互相吸引力而自动恢复到原来的中性状态，因而这种极化没有能量损耗。

此外，由于电子的质量很小，极化的过程极短，约为 10^{-15} s，因而在各种频率的外电场作用下均能产生电子位移极化，极化与频率无关。

温度对电子位移极化的影响很小。当温度升高时，电子与原子核的结合力减弱，极化略有加强；但温度升高时，介质膨胀，单位体积内质点减少，又使极化减弱。在这两种相反的作用中，后者略占优势，所以，温度升高时极化程度略有下降。

(2) 离子位移极化。具有离子结构的电介质，在无外电场作用时，正、负离子的作用中心互相重合，故不显电性，如图 2-5（a）所示。在外电场作用下，正、负离子发生位移，它们的作用中心不再重合，对外显示出电的极性来，如图 2-5（b）所示。这种极化叫离子位移极化。离子位移极化具有弹性，故不消耗能量。

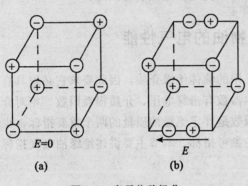

图 2-5　离子位移极化

离子位移极化的过程极短，约为 10^{-13} s，所以极化不随外加电压的频率而变化。

温度对离子位移极化有较大的影响。温度升高时，离子间的结合力减弱，使极化程度增加；而离子的密度随温度的升高而减小，又使极化程度降低。但是，前者的影响较大，所以这种极化随温度的升高而增强。

(3) 偶极松弛极化。极性分子在没有外电场作用时，由于不停地热运动，排列混乱，不同分子间对外的电性互相抵消，所以，整体对外不显示极性，如图 2-6（a）所示；在外电场作用下，极性分子发生转向，并顺电场方向作有规则的排列，如图 2-6（b）所示，对外显示出电的极性来。这种极化叫偶极松弛极化。

极性分子在转向时要克服分子间的吸引力和摩擦力。所以，偶极松弛极化是属于非弹性的，极化时消耗的电场能量在复原时不能全部收回。因此，偶极松弛极化是有能量损耗的极化。

此外，这种极化所需的时间较长，约为 $10^{-12} \sim 10^{-2}$ s，故与电源的频率有较大关系。频率升高时，偶极来不及跟随外电场转动，因而使极化减弱。

温度对偶极松弛极化的影响很大。温度升高时，一方面分子的热运动加剧，阻碍偶极顺电场转向，使极化减弱；另一方面液体绝缘油分子间的作用力减弱，偶极转向较为容易，极化增强。在较低温度范围内，后者占优势，极化增强；在较高温度范围内，前者占优势，极化减弱。

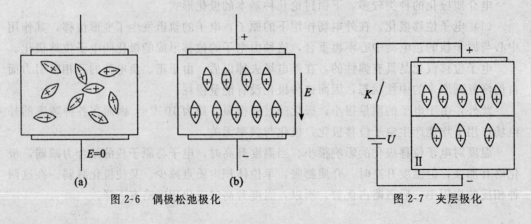

图 2-6　偶极松弛极化　　　　　　　图 2-7　夹层极化

(4) 夹层极化。上面所述的几种极化形式都是在单一而又均匀介质中所发生。实际上，高压电气设备的绝缘材料往往是由几种不同的介质组成，或者即使是单一介质也往往是不均匀的，在这种情况下会产生"夹层界面极化"，通称夹层极化。

为了便于分析，现以平行平板电极间的双层介质（每层介质的面积和厚度均相等）为例进行介绍。如图 2-7 所示，在外电场的作用下，两层介质 Ⅰ 和 Ⅱ 中的正电荷顺电场方向移动，负电荷则逆电场方向移动，并在介质内部形成电流。在两层介质的交界面处，介质 Ⅰ 积聚了正电荷，介质 Ⅱ 积聚了负电荷。由于两层介质的材料不相同（或者是不均匀的），它们的极化程度不同，所以在交界面处积聚的电荷量不相等，于是在两介质交界面处显示出电的极性来。这种在电场作用下两介质交界面处所形成的极化称为夹层极化。

夹层极化的过程特别缓慢，所需时间约为 $10^{-2} \sim 10^4$ s 或更长，而且极化过程有能量的损耗。

2. 相对介电常数（或相对电容率）

绝缘油在充油电气设备内起绝缘作用，与电气设备内部电场共同形成了电容器的结构。因此，绝缘油与一般电容器中的电介质一样，常用相对介电常数作为评价其绝缘性能的一项指标。

以平板电容器为例，当两电极间为真空时，如果在极板上施加电压 U，极板上相应的带电量为 Q_0，则此真空电容器的电容量 C_0 为

$$C_0 = \frac{Q_0}{U} = \frac{\varepsilon_0 A}{d} \tag{2-16}$$

式中：A——极板面积，m^2；

d——极间距离，m；

ε_0——真空的介电常数或电容率，$\frac{1}{36\pi} \times 10^{-9}$ F/m。

当两电极间为绝缘油时，如果在极板上施加相同的电压 U，极板上相应的带电量为 Q，则此绝缘油电容量 C 为

$$C = \frac{Q}{U} = \frac{\varepsilon A}{d} \tag{2-17}$$

式中：ε——绝缘油的介电常数。

所以

$$\varepsilon_r = \frac{\varepsilon}{\varepsilon_0} = \frac{C}{C_0} = \frac{Q}{Q_0} \tag{2-18}$$

ε_r 即为绝缘油的相对介电常数。由式（2-18）可见，绝缘油的相对介电常数 ε_r 可定义为：以绝缘油为电介质的电容器与以真空为介质的同样大小电容器的电容之比值。

绝缘油电介质发生极化时，会形成一与外加电场反向的电场，对外加电场具有一定的削弱作用，从而使电容器电极上的电荷量增加，电容量增加，相对介电常数 ε_r 增大。极化越强，ε_r 越大。因此，相对介电常数 ε_r 是表征绝缘油在交流电场中极化的一个宏观参数。

通常，绝缘油的极化主要是由水分侵入、老化或受污染等原因引起的。因此，可以根据 ε_r 值判断绝缘油受潮、老化或受污染的程度，进而了解绝缘油的绝缘性能。例如

温度在20℃的纯净变压器油在工频电压作用下 $\varepsilon_r = 2.2 \sim 2.5$，当监测的 ε_r 值增加时，该变压器油的绝缘性能将有所下降。

二、体积电阻率

1. 基本概念

绝缘油电介质并不是理想的绝缘体，在电场的作用下仍然会有微弱的电流流过。如果在绝缘油的相对两表面上放置两个电极，并施加一定的直流电压 U，那么在施加电压的初瞬间，由于各种极化的发展，油中流过的电流将随时间的延长而减少，经过一段时间后，极化过程结束，其电流趋于稳定值，该电流称为电导电流，常用符号 I 表示。所施加的直流电压与两电极间的稳态电流即电导电流之比称为绝缘油的体积电阻，常用符号 R 表示，$R = \dfrac{U}{I}$。单位体积的绝缘油所具有的电阻称为绝缘油的体积电阻率，常用符号 ρ 表示，常用单位为 $\Omega \cdot cm$。ρ 与 R 之间的关系可用下式表示：

$$\rho = R \frac{A}{d} \tag{2-19}$$

式中：A——电极表面积，cm^2；

d——电极间距离，cm。

绝缘油体积电阻率的倒数为体积电导率，常用符号 γ 表示；体积电阻的倒数为体积电导。

2. 导电机理

绝缘油中微弱的电导，是由于油中存在一些联系很弱的带电质点，在电场作用下沿电场方向发生定向运动所形成的。按带电质点的种类，可以分为：

（1）离子电导。绝缘油中的烃分子和杂质分子离解为离子所产生的电导称为离子电导。油品烃分子在电场中离解形成的离子，称为本征离子。本征离子定向移动，产生本征离子电导。外界掺入杂质或油品老化产生的杂质发生离解产生的带电离子称为杂质离子，杂质离子定向移动产生杂质离子电导。本征离子电导与杂质离子电导统称为离子电导，其中杂质离子电导是绝缘油离子电导的主要因素。

（2）胶粒电导。运行绝缘油中常常存在微量的水分、游离碳和某些表面活性剂等杂质，这些杂质常以胶体形态存在。在电场中，带电胶粒发生定向移动即进行电泳，产生胶粒电导。

3. 影响因素

影响绝缘油体积电阻率的外界因素有两个：一是杂质；二是温度。

（1）杂质。由于杂质分子比烃分子更易于形成带电质点，所以当绝缘油中的杂质增多时，其电导将显著增加，电阻显著减小。杂质中以水分的影响为最大，因水的电导较大，而且水分又能使绝缘油中的其他一些杂质（如盐类、酸类等物质）发生水解，从而大大增加绝缘油的电导，减小体积电阻。所以，电气设备的绝缘在运行前要进行干燥处理，运行中要采取各种措施防潮。

（2）温度。带电介质的电导率 γ 或电阻率 ρ 随温度的变化近似于指数规律

$$\gamma = \gamma_0 e^{at}$$
$$\rho = \rho_0 e^{-at}$$

式中：γ_0、ρ_0——0℃时的电导率、体积电阻率；

γ、ρ——t℃时的电导率、体积电阻率；

α——温度系数。

4. 监督意义

变压器油的体积电阻率，对判断变压器绝缘特性的好坏有着重要的意义。纯净的新油其体积电阻率是很高的，装入变压器后，变压器特性不会受到影响。但是，如果变压器油的体积电阻率较低，那么就会影响变压器的绝缘特性，油的电阻率愈低影响愈大。

油品的体积电阻率在某种程度上能反映出油的老化情况和受污染程度。当油品受潮或混有其他杂质，将降低油品的体积电阻率。油老化后，由于油中产生一系列氧化产物，其体积电阻率也会受到不同程度的影响，油老化愈深影响愈大。因体积电阻率对油的离子传导损耗反映最为灵敏，不论是酸性或中性氧化产物，都能引起电阻率的显著改变，故对绝缘油体积电阻率的测定，能可靠而有效地监督油品的老化情况和受污染程度。

三、介质损耗因数

1. 基本概念

由前述的绝缘油的极化和电导可以看出，在外加电场作用下，绝缘油中的一部分电能被转换为热能，这种因极化和电导而引起的能量损耗称为介质损耗。

绝缘油的介质损耗可以分为电导损耗、极化损耗。电导损耗是由绝缘油中的电导电流引起的。纯净绝缘油因不含杂质和水分，其能量损耗主要是电导损耗，损耗很小。极化损耗是由偶极松弛极化和夹层极化所引起的。在偶极松弛极化中，极性分子在电场的作用下沿电场方向发生转动时，需要克服分子间的吸引力和摩擦力，从而消耗一部分电能转变为热能，即造成能量的损耗；而在夹层极化中，在不同介质的交界面上发生电荷的积聚和消失，这些电荷的积聚和消失都是在介质内部进行的，所以也会造成能量的损耗。

在直流电压的作用下，由于介质中没有周期性的极化过程，因此不存在极化损耗，只有电导损耗，此时用体积电导率就可以表示介质损耗。但是，在交流电压下，还存在由周期性极化而引起的极化损耗，仅用电导率不能表示绝缘油的介质损耗。因此，需要引入一个新的物理量——介质损耗因数（$\tan\delta$）。

图 2-8（a）为绝缘油两端施加交流电压的示意图。图 2-8（b）为将绝缘油介质看成一个电阻和一个无损电容并联组成的等值电路。图 2-8（c）是根据等值电路作出的向量图（取电压为基准值）。由图 2-8（b）可见，通过绝缘油的总电流 $\dot{I}$ 是由通过电阻的有功电流 $\dot{I}_R$ 和通过电容的无功电流 $\dot{I}_C$ 合成，其介质损耗由 $\dot{I}_R$ 产生，$\dot{I}_R$ 越大，介质损耗越大。由图 2-8（c）可见，$\dot{I}_R$ 的大小取决于总电流 $\dot{I}$ 与无功电流 $\dot{I}_C$ 之间的夹角 δ，δ 角愈大，则 $\dot{I}_R$ 愈大，所以称 δ 角为介质损耗角。该角的正切值 $\tan\delta$ 称为介质损耗因数，$\tan\delta = \dot{I}_R / \dot{I}_C$，也与有功电流 $\dot{I}_R$ 成正比，也就是说，$\tan\delta$ 与介质损耗成正比。

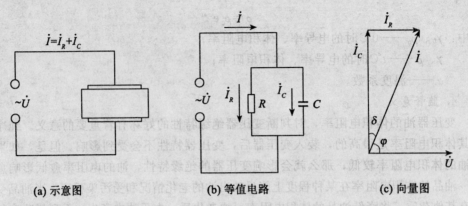

(a) 示意图　　　　　(b) 等值电路　　　　　(c) 向量图

图 2-8　绝缘油在交流电压作用下的等值电路和向量图

介质损耗与 tanδ 的关系也可由介质损耗的计算式看出：

$$P = U\dot{I}_R = U\dot{I}_C \tan\delta = U^2 \omega C \tan\delta \tag{2-20}$$

式中：P——介质损耗，W；

　　　U——外加电压，V；

　　　ω——交流电源角频率，s^{-1}；

　　　C——介质电容量，F。

在式（2-20）中，当给定 U、ω、C 时，介质损耗与 tanδ 成正比。因此，可用 tanδ 表示绝缘油的介质损耗。

2. 影响因素

影响绝缘油介质损耗的因素主要有：水分和杂质、温度、交流电源频率和电压。

（1）水分和杂质。绝缘油中的水分是影响其介质损耗的主要因素。试验表明，新油即使没有氧化，但只要含有微量水分（>0.002%），其 tanδ 就会增大。这是因为水是强极性液体，在电场作用下易于离解，从而增加电导电流，使介质损耗增大。

绝缘油中的杂质主要来自于油品的老化和外来物质的污染。这些杂质一方面由于离解致使电导电流增大，电导损耗增加；另一方面极性杂质在电场中还产生极化损耗。两方面的共同作用都使得 tanδ 增大。杂质含量越多，tanδ 越大。

（2）温度。纯净绝缘油为中性或弱极性液体，其介质损耗主要为电导损耗。当温度升高时，电导电流增大，介质损耗增加，因此 tanδ 随温度的升高而增大。正因如此，在较高温度下测定绝缘油的 tanδ 比在低温下测定更灵敏。此外，为排除油中水分的影响，现在各国普遍采用 90℃ 时的 tanδ 表示介质损耗因数。

（3）交流电源频率。当不考虑电导电流所引起的损耗时，绝缘油的 tanδ 在同一温度下与电源频率的关系如图 2-9 所示。在一定的频率范围内，tanδ 随频率的升高而增大，升至某一频率时出现最大值。当频率超过该值后，tanδ 随频率升高而减小。这是因为在一定的频率范围以内，随频率的升高，绝缘油中偶极子往复转向运动的速度增加，极化程度加强，介质损耗增大，以至达到最大值。当频率超过此范围时，由于偶极

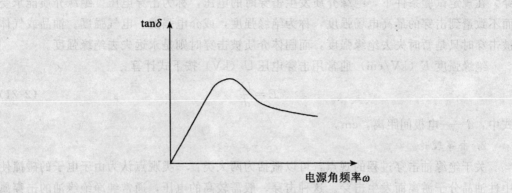

图 2-9 介质损耗因数 tanδ 与角频率的关系

子质量的惯性及相互间的摩擦作用，来不及随电源频率的变化而转动，极化反而减弱，损耗下降。在电力系统的绝缘试验中，电源频率固定为 50Hz，一般该频率只有微小的变化，应视为对 tanδ 没有影响。

（4）电压。在一定的电压数值范围内，当外加电压升高时，tanδ 随电压的变化不大。但是当电压升高到某一数值足以使介质中的气泡或杂质发生游离时，介质中产生了附加的电离损耗，tanδ 将急剧地增加。据此，在较高电压下测量 tanδ 值，可以检查介质中是否夹杂有气隙或分层、龟裂等缺陷。

3. 监督意义

绝缘油的介质损耗因数 tanδ 对判断设备绝缘特性的好坏有着重要的意义。如绝缘油的介质损耗因数增大，会引起变压器本体绝缘特性的恶化。介质损耗会使绝缘内部产生热量，介质损耗愈大，则在绝缘内部产生的热量愈多，从而又促使介质损耗进一步增加。如此继续下去，就会在绝缘缺陷处形成击穿，影响设备安全运行。

此外，tanδ 是判断运行绝缘油氧化深度和受污染程度的间接指标之一。油品的 tanδ 越大，油品中含有的极性氧化产物和杂质越多。该指标对判断绝缘油的老化和污染程度是非常敏感的。新油中所含极性杂质少，所以介质损耗因数甚微小，一般仅有 0.01%～0.1%数量级。但由于氧化或过热而引起油质老化时，或混入其他杂质时，极性杂质和带电胶体物质逐渐增多，介质损耗因数也就随之增加。在油的老化产物甚微、用化学方法尚不能察觉时，介质损耗因数就已能明显地分辨出来。因此，介质损耗因数的测定是绝缘油检验监督的常用手段，具有特殊的意义。

四、击穿电压

1. 概念

绝缘油的击穿电压是评定其适应电场电压强度的程度，而不会导致电气设备损坏的重要绝缘性能之一。通常击穿电压不合格的绝缘油是不允许使用的。

绝缘油等绝缘介质在充油电器设备中常处于一定的电场中。当绝缘介质在电场作用下形成贯穿性桥路，发生破坏性放电，使电极间的电压降至零或接近零的现象称为击穿。在规定试验条件下，绝缘介质发生击穿时的电压，称为击穿电压。绝缘介质能承受而不致遭到击穿的最高电场强度，称为绝缘强度，或介电强度、电气强度。油品或气体被击穿时只是暂时失去绝缘强度，而固体介质被击穿时则是永远失去绝缘强度。

绝缘强度 E（kV/cm）通常用击穿电压 U（kV）按下式计算：

$$E = \frac{U}{d} \tag{2-21}$$

式中：d——电极间距离，cm。

2. 击穿理论

关于绝缘油击穿过程的观点，可以概括为两大类：一类观点认为由于电子的碰撞使中性油品分子游离而发生击穿。这种击穿一般需较高的电压，通常纯净绝缘油的击穿属于此类。另一类观点认为在绝缘油内含有各种杂质，在电场作用下，杂质形成"小桥"，贯通两电极之间导致击穿。在工程上，要得到高度纯净的绝缘油是很困难的，油中不可避免地含有各种杂质。因此，"小桥"是导致运行绝缘油击穿的原因。

纯净变压器油的绝缘强度可达 1 000kV/cm 以上。常用变压器油的工频绝缘强度约为 120～200kV/cm，远远低于纯净变压器油。这是因为在工程上，油中不可避免地含有各种杂质，如灰尘、纤维、水分、老化产物等。这些杂质的相对介电常数都很大，例如水的 ε_r 为 81，纤维的 ε_r 为 6.5 等，在电场的作用下很容易极化，并沿着电场的方向排列起来，形成杂质"小桥"。"小桥"的端部电场比较集中，击穿便沿着"小桥"发生，造成了击穿强度的下降。如果这些杂质连成的"小桥"贯通两电极之间，则击穿强度的下降更加显著，以致造成绝缘油的击穿。

另外，由于许多原因，绝缘油的内部存在气泡。气泡和绝缘油比较，气泡的介电常数较小，因为 $\varepsilon_{gas}E_{gas} = \varepsilon_{oil}E_{oil}$，所以气泡所承受的电场强度较高，但是其击穿电压比绝缘油低得多。因此，气泡总是首先发生击穿，电离产生导电的粒子，同时产生热量，使气泡温度升高，体积膨胀。气泡电离产生的能量较大的电子，碰撞油品分子使其分解产生更多的气泡，气泡击穿进一步发展，气体的通道扩大。最终气泡在电场中堆积形成连通两极的气体"小桥"，导致绝缘油发生击穿。

实践经验和上述油的击穿机理表明，当油中水分较高或含有杂质颗粒时，对击穿电压影响较大。

3. 影响因素

影响绝缘油击穿电压的因素是多方面的，其中主要有以下因素。

（1）水分和杂质。从绝缘油的击穿过程中可知，当绝缘油中含有水分和杂质时，在电场作用下易于形成"小桥"，使击穿电压明显下降。图 2-10 所示为变压器油的工频击穿电压（有效值）与含水量的关系。由图中可见，当油中含水仅为十万分之几，就会使耐压值显著下降；但当含水量继续增多时，由于只有一定数量的水分以悬浮状态存留在油中，多余部分将沉积底部，所以击穿电压的进一步降低是有限的。当水分和纤维之类的杂质同时存在时，对绝缘油击穿电压（幅值）的影响特别明显，如图 2-11 所示。

（2）压力。绝缘油中含有气体时，其工频击穿电压随压力的增大而升高。因为压力增加时，气体在油中的溶解量增大，不易形成"小桥"，并且气泡的局部放电起始电压

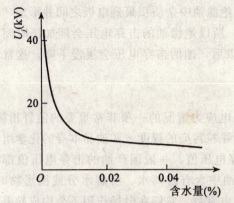

图 2-10 变压器油的工频击穿电压与含水量的关系
（在间隙距离 2.5mm 的标准油杯中）

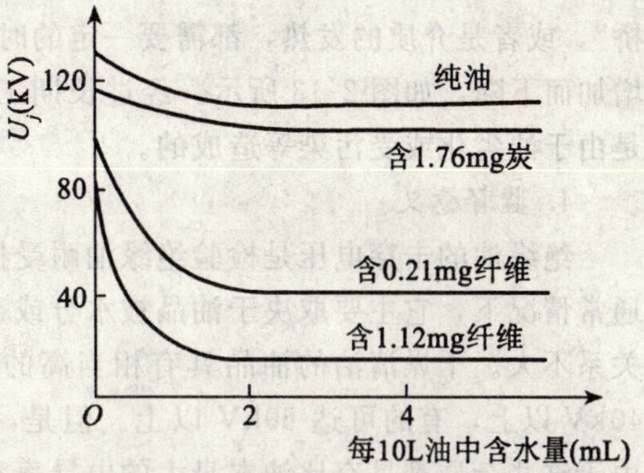

图 2-11 水分、杂质对变压器油击穿电压的影响
（球电极直径 12.7mm，间隙距离 3.8mm）

也提高，比较难以游离，从而提高了击穿电压。

(3) 温度。绝缘油的击穿电压与温度的关系比较复杂。变压器油的击穿电压（有效值）随温度的变化关系如图 2-12 所示。干燥绝缘油的击穿电压受温度影响不大。在一定的温度范围内，击穿电压几乎与温度无关（图中曲线 1）。受潮的变压器油随温度的变化规律（图中曲线 2）可以用"小桥"击穿机理来解释：在温度很低时（-5℃ 以下），油中的水已结成冰，同时油本身也变稠，黏度增大，这就使"小桥"效应减弱，故油的击穿电压随温度的降低而提高；在 -5~0℃ 时，油中水分全都呈胶乳状，导电小桥最易形成，所以击穿电压这时最低；在 0℃ 以上，油中呈悬浮胶乳状的水随温度的升高而转变为溶解状，高度地分散在油中，相当于水珠的体积浓度下降，"小桥"不易形成，故击穿电压提高，在 60~80℃ 时，击穿电压达到最大值；以后随温度继续升高，水分蒸发汽化，在油中形成气泡，因而击穿电压又下降。

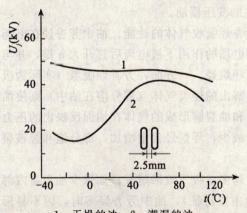

1—干燥的油；2—潮湿的油
图 2-12 变压器油的工频击穿电压与温度的关系
（间隙距离 2.5mm 标准油杯中）

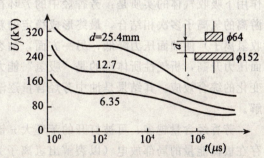

图 2-13 变压器油的击穿电压与电压作用时间的关系

如果对受潮的变压器油进行充分地干燥处理，可以使油品的击穿电压大大提高。

（4）电压作用时间。由于加上电压以后，绝缘油中杂质积聚到电极之间并形成"小桥"，或者是介质的发热，都需要一定的时间，所以绝缘油的击穿电压会随加压时间的增加而下降，如图 2-13 所示。经过长期工作以后，油的击穿电压会缓慢下降，这常常是由于油劣化或受污染等造成的。

4. 监督意义

绝缘油的击穿电压是检验绝缘油耐受极限电应力情况的一项非常重要的监督指标。通常情况下，它主要取决于油品被水分或杂质颗粒污染的程度，和油品本身的化学组成关系不大。干燥清洁的油品具有相当高的击穿电压值，一般国产油的击穿电压值都在 40kV 以上，有的可达 60kV 以上。但是，当油中含有游离水、溶解水分或固形物时，由于这些杂质都具有比油本身大的电导率和介电常数，它们在电场作用下会构成导电桥路，使油的击穿电压降低。因此，击穿电压可用于判断油中是否存在水分、杂质和导电微粒，但不能判断油品中是否存在酸性物质和油泥。

在工业上如油品（特别是新油）的击穿电压不合格时，只需进行过滤等机械净化处理，去掉油内杂质（当然包括水分），一般油的击穿电压就可达到要求。

五、析气性

析气性是指绝缘油在电应力作用下烃分子被电离的情况下吸收或释放气体的特性。在标准规定的试验条件下，当吸收气体量大于释放气体量时，析气速率的表示值（μL/min）为"负"，反之为"正"。析气速率值小的油析气性能相对较好。

绝缘油在受到电应力场的作用下，部分烃分子会发生裂解而产生气体，这部分气体以微小的气泡从油中释放出来。如果小气泡量增多，它们会相互连接而形成大气泡。在高压电场作用下，油中易发生气隙放电现象，从而导致绝缘的破坏，这种现象在超高压输变电设备中显得尤为突出。为克服这种倾向，超高压设备用油通常应具有较好的析气性。不过目前油品的析气性没有通用要求，都是个别公司的特殊设计要求。例如 SIE-MENS 的直流换流变压器就要求使用负析气性的变压器油。

目前在改善油品析气性方面，利用的是芳香烃吸收气体的性能。油中芳香烃在电场作用下吸收气体的实质是：芳香烃中的芳环在电场的作用下被电离后打开大 π 键，并与游离的氢离子多次相结合，最终形成稳定的新环烷烃。一方面，芳香烃吸氢（实际为吸收氢离子）使油面压力降低；另一方面，油裂解出的烃类气体（部分溶在油中）则使油面压力升高，析气性所体现的是"吸氢"能力和油裂解形成的气体在油面反映出的压力变化的综合效应，其结果是油中芳烃含量逐渐减少，环烷烃含量增加，部分饱和烃被裂解。

芳香烃含量越多，可被打开的苯环大 π 键越多，吸气效果越好。如果少油设备内部存在极低能量的局部放电（以裂解出氢离子为主要特征），油中芳香烃多时，因不易形成氢气气泡，会起到对"放电"的抑制作用。

但是，通常变压器内部发生"放电"故障时除产生氢外，还有烃类气体和一氧化碳等，只靠芳烃吸氢是无法抑制"放电"的，还有可能使潜伏的放电性故障延时发现。此外，人为添加含有很多多环芳香烃的添加剂会带来氧化安定性和绝缘相关的性能变差的问题。因此在选用变压器油时，不应片面追求高的析气性指标，而应综合分析考虑。

第四节　磷酸酯抗燃油的性能

虽然与矿物油相似，磷酸酯也是一种很好的润滑材料，而且许多机械、轴承和泵采用三芳基磷酸酯做润滑剂后，使用寿命比矿物油还长。但是，由于磷酸酯抗燃油的组成与矿物油完全不同，因此它们的很多性质都存在着较大的差异。

一、密度

密度是磷酸酯抗燃油与矿物电力用油的主要区别之一。磷酸酯抗燃油的密度大于1，一般为1.11~1.17，见表1-8；而矿物汽轮机油和绝缘油的密度均小于1，一般为0.87左右。由于抗燃油密度大，因而有可能使管道中的污染物悬浮在液面而在系统中循环，造成某些部件堵塞与磨损。如果系统进水，水会浮在抗燃油的液面上而排除较为困难。

二、自燃点

自燃点是用于评价磷酸酯抗燃性的重要指标。测定方法主要有三角瓶法和热板法，电力行业标准采用的是三角瓶法。方法是：用注射器将0.05mL的待测试样快速注入加热到一定温度的200mL开口耐热锥形烧瓶内，当试样在烧瓶里燃烧产生火焰时，表明试样发生了自燃。若在5min内无火焰产生，则认为在该温度下试样没有发生自燃，发生上述自燃现象时的最低温度即为被测试样的自燃点。

三芳基磷酸酯的自燃点都很高，其三角瓶法的自燃点大于500℃，热板法的自燃点为700~800℃，远远高于矿物油。如果在液压调节系统使用磷酸酯抗燃油，当此系统的高压油泄漏于蒸汽温度为530℃以上的主蒸汽管道或阀门上时，不易发生自燃，从而可有效避免火灾事故的发生。

此外，磷酸酯自身具有很好的抗燃作用，其抗燃作用在于，在切断火源后其火焰会自动熄灭，不再持续燃烧。这也是与矿物汽轮机油的最大区别之一。

三、空气释放性和抗泡沫性

虽然在相同条件下，三芳基磷酸酯生成泡沫的倾向小，抗泡沫性好，空气饱和度和矿物油也大致一样，但是它的空气释放速度比汽轮机矿物油小1/3~1/2。因此，含有空气的磷酸酯抗燃油在高压调节系统中具有更大的可压缩性，易于导致系统的工作不稳定，引起震动等现象。原因是：常压下，油中通常有约10%的溶解空气。压力升高时，空气在油中的溶解度随压力而成比例增加，使进入泵的不溶解空气在很长的压力油管中溶解于油。但是节流时在很小的局部减压区段内，空气又可能从油中释放出来，从而引起系统工作不稳定。油中有不溶解的空气还会影响到泵的运转，同时会加速油的老化。尽管如此，脱除了空气气泡的三芳基磷酸酯抗燃油的不可压缩性并不小于矿物油。

回油管路的压力对泡沫的安全性和细微空气泡从油中释放出来的速度有明显的影响,特别是脱气速度,如果采用空气分离器可以提高脱气速度。

四、氯含量

磷酸酯抗燃油中氯含量超标会加速磷酸酯的降解,并导致伺服阀腐蚀,损坏某些密封衬垫材料。因此,磷酸酯抗燃油对氯含量要求很严格。

磷酸酯抗燃油中氯的来源主要有两个:(1)生产工艺有游离氯参加反应;(2)系统清洗时使用了含氯溶剂。

测定方法是:首先将含氯的有机样品置于充满氧气的氧弹中燃烧,然后用碱性过氧化氢溶液吸收燃烧后生成的氯化氢气体,再用硝酸调节吸收液 pH 为 3~4 后,用硝酸汞做滴定剂,沉淀滴定法定量测定氯含量。

五、氧化安定性

三芳基磷酸酯具有很高的热氧化安定性,远远超过了汽轮机油。其热安定性取决于酯的化学结构。当侧链长度和数量增多时,热安定性会降低。当分子中引进氯原子时,热分解温度会提高。例如:三苯基磷酸酯的热分解温度为 485℃,三间甲苯基磷酸酯则为 384℃,三邻氯苯基磷酸酯为 510℃。

六、水解安定性

磷酸酯抗燃油属于酯类物质,在一定条件下能水解,其水解性能与分子量以及分子结构有密切关系,使用时应特别注意其水解安定性。

除此以外,磷酸酯抗燃油的挥发性小,远低于矿物油。

思 考 题

1. 何谓油品的密度?运行油的密度为什么有可能增大?
2. 有一标准黏度液体的运动黏度:$v_{20}=14.2\text{mm}^2/\text{s}$,如何测定品氏毛细管黏度计的常数?
3. 黏度指数和油品的黏温性有何关系?
4. 评价低温流动性的指标有哪些?它们有何不同之处?哪个指标的数值高些?
5. 何谓油品的闪点?为什么要选用闭口杯闪点仪测定变压器油的闪点?
6. 何谓油品的自燃点?它与闪点有何区别?
7. 监督油品中的固体颗粒物的指标有哪些?监督固体颗粒物的意义是什么?
8. 简述自动颗粒计数仪法测定颗粒污染度的原理。
9. 如何评定油品颗粒污染的等级?
10. 新 DB—25 油在 70℃ 时的界面张力为 0.032N/m,当该油注入一台新变压器后,取油样测得 70℃ 时的界面张力 0.014N/m。将该油过滤后,其界面张力值很快升高。试解释这种变化情况。

11. 何谓油品的抗乳化性？如何测定油品的破乳化时间？监督破乳化时间有何意义？
12. 汽轮机油的循环倍率的定义是什么？
13. 什么是油品的起泡性？简述抗泡沫性的测定方法。
14. 某变压器油的酸值为 0.015mgKOH/g 时，问其水溶性酸是否一定为中性？为什么？
15. 何谓液相锈蚀试验和坚膜试验？各有何用途？
16. 何谓腐蚀性硫？油品中的腐蚀性硫主要有哪些？
17. 油品中水的存在形态有哪几种？监督水分含量有何意义？
18. 试简述油中微量水分的测定原理。
19. 今有 A、B、C 三种刚出厂的新绝缘油，在其他条件相同时，测得油中含水量分别为：$A_水 = 0.0024\%$，$B_水 = 0.0033\%$，$C_水 = 0.0039\%$。试分析三种油中芳香烃含量的趋势，可能哪种油最大？
20. 何谓油品的抗氧化安定性？外界因素对油品氧化有何影响？
21. 油品氧化后可生成哪些主要产物？对油品使用有何危害？
22. 何谓绝缘油的体积电阻率？为什么长期使用的绝缘油的导电性会增强？
23. 不同温度下绝缘油的电导率是否相同？为什么？
24. 绝缘油为什么有介质损耗？影响介质损耗的主要因素有哪些？
25. 温度对绝缘油的 $\tan\delta$ 有何影响？试分析 50℃、70℃、90℃时的 $\tan\delta$，哪个最灵敏？
26. 绝缘油为何会被击穿？击穿电压受哪些主要因素的影响？有何使用意义？
27. 采用真空脱气或吸附过滤法处理劣化的绝缘油后，其 $\tan\delta$ 和击穿电压 U 有何变化？为什么？
28. 磷酸酯抗燃油主要有哪些不同于矿物油的性质？

第三章 电力用油的运行监督和维护

油品质量的好坏直接影响用油设备的安全、经济运行，而运行油质的好坏又与其监督维护密切相关。本章重点介绍变压器油和汽轮机油在使用中的维护、监督、管理等内容。

第一节 汽轮机油的运行监督和维护

汽轮机油是润滑系统长期循环使用的一种工作介质，具有润滑和冷却散热的作用。由于它使用在高温、搅动、含水、含金属颗粒和有氧的相对恶劣的环境中，油品极易因老化劣化，使某些应用指标下降至难以接受的水平。所以汽轮机油的运行、监督及维护是油务工作者的一项重要职责，也是确保机组安全经济运行的重要措施。

一、汽轮机油的运行

汽轮机的调节和保护装置的动作都是以油作为工作介质的，同时支持轴承也需要大量的油来润滑和冷却。因此，供油系统与调节系统、保护系统、润滑系统密切联系在一起，成为保证汽轮发电机组正常运行不可缺少的一个重要部分。

1. 供油系统简介

汽轮机供油系统的主要作用有：①向调节和保护系统供油；②向各轴承供润滑用油，并带走摩擦产生的热量和由高温转子传来的热量；③供给各运动附属机构的润滑用油；④对有些采用氢冷的发电机，向密封瓦提供密封用油；⑤供给盘车装置和顶轴装置用油。

根据供油系统中主油泵的形式，汽轮机供油系统可以分成具有容积式油泵的供油系统和具有离心式油泵的供油系统两种。目前电厂广泛使用具有离心式主油泵的供油系统。

图3-1是具有容积式油泵的供油系统。主油泵1是由主轴通过减速装置带动的，在正常运行中供给机组的全部用油。主油泵供油分为三路：一路供给调节和保护系统；另一路经自动减压阀5降压后再经冷油器8送往各轴承；第三路经溢流阀6回油箱。两只溢流阀用来维持主油泵出口和送往轴承去的油压在一定的范围内。除了主油泵外，系统中还设置了两台油泵：一台是高压启动辅助油泵9，用于在机组启动、停机时代替主油泵供给机组的全部用油；另一台是事故油泵11，它由直流电动机带动，当油泵9因断电而停运或润滑油压过低时自启动供润滑用油。

图3-2为离心式油泵作为主油泵的供油系统。主油泵供出的高压油经止回阀后分为

三路：一路供给调节和保护系统；另一路用作Ⅰ号注油器的动力油，Ⅰ号注油器出口油压较低，专供主油泵进油；第三路用作Ⅱ号注油器的动力油，Ⅱ号注油器出口油压较高，经止回阀、冷油器及滤油器等后送往轴承，作为润滑用油。过压阀能自动调节回油量，使润滑油压保持在 0.08～0.15MPa 的范围内。低油压发讯器是在润滑油压低于 0.08MPa 时发出报警信号，并根据润滑油压降低的程度，自动启动高压辅助油泵、交流润滑油泵或直流润滑油泵。高压辅助油泵在机组启动时代替主油泵供油，正常运行时作为主油泵的备用泵。低压交流润滑油泵在机组启动高压辅助油泵之前先开启，用来赶走低压管道及各调节部件中的空气；停机时供给润滑油；或在润滑油压低至一定值时自启动以维持润滑油压。直流润滑油泵用于在失去交流电源时供给润滑油。

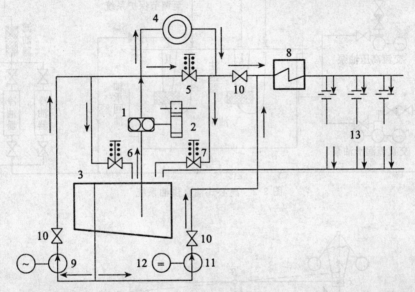

1—主油泵；2—减速机构；3—油箱；4—调节系统；5—减压阀；6—高压溢油阀；
7—低压溢油阀；8—冷油器；9—高压启动辅助油泵；10—止回阀；11—事故油泵；
12—直流电动机；13—轴承

图 3-1 具有容积式油泵的汽轮机供油系统

2. 汽轮机油的作用

(1) 调速。当阀门开度不变时，汽轮发电机组的转速将随负荷的变化而变化。汽轮机调节系统可利用一定的仪器设备感受这种转速变化信号，并将其转换放大，从而达到调节阀门开度即调节功率而转速基本维持不变的目的。

功率较大的汽轮机组多采用间接调速系统，工作原理如图 3-3 所示。调速器滑环 A 带动的是错油门滑阀，再借助于压力油的作用，使油动机带动调节汽阀 L。当外界负荷减小使转速升高时，调速器滑环 A 向上移动，通过杠杆带动错油门滑阀上移，使压力油经错油门窗口 a 进入油动机的上腔，其下腔的油经错油门窗口 b 与回油管路相通。于是，油动机活塞在较大的压差作用下向下移动，关小调节汽阀，减小进汽量，使机组功

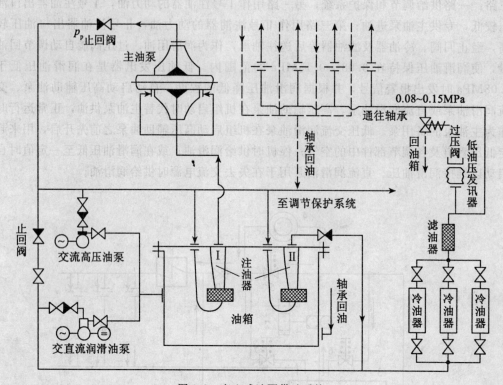

图 3-2 离心式油泵供油系统

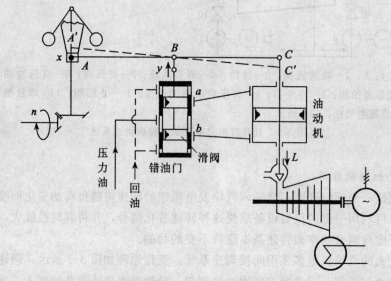

图 3-3 间接调速系统

率与外界负荷相适应。在油动机活塞下移时，同时通过杠杆带动错油门滑阀向下移动。当滑阀恢复至居中位置时，压力油不再与油动机相通，活塞停止运动，此时，调节系统达到了新的平衡状态。

(2) 润滑。由于汽轮机轴承是在高转速、大载荷的条件下工作，因此要求轴承工作必须安全可靠，另外还要求摩擦力小。为了满足这两个要求，汽轮机轴承都采用以油膜润滑理论为基础的滑动轴承。这种轴承采用循环供油方式，由供油系统连续不断地向轴承供给压力、温度合乎要求的润滑油。

图 3-4 为径向轴承油膜形成示意图。径向轴承用来承担转子的重量和旋转的不平衡力。转子的轴颈支承在浇有一层质软、熔点低的巴氏合金，俗称乌金的轴瓦上，轴瓦的内孔直径略大于轴颈的直径。当轴静止（转速 $n=0$）时，在转子自身重力作用下，轴颈位于轴瓦内孔的下部，直接与轴瓦内表面的乌金接触，这时轴颈中心 O_1 在轴瓦中心 O 的正下方，而在轴颈与轴瓦之间自然形成上部大，下部逐渐减小的楔形间隙。在连续地向轴承供给具有一定压力和黏度的润滑油后，当轴颈旋转（转速 $n>0$）时，黏附在轴颈上的油层随轴颈一起转动，并带动相邻各层油转动，进入油楔向旋转方向和轴承端流动。由于楔形面积逐渐减小，带入其中的润滑油被聚集到狭小的间隙中而产生油压。随着转速的升高，油压不断升高。当这个油压超过轴颈的载荷时，便把轴颈抬起，使间隙增大，O_1 与 O 的间距减小，产生的油压将有所降低。当油压作用在轴颈上的力与轴颈上载荷平衡时，轴颈便稳定在一定的位置（O_1 与 O 重合）上旋转。此时，轴颈与轴瓦完全由油膜隔开，建立了液体摩擦。

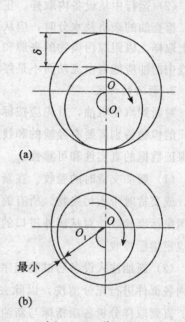

(a) $n=0$；(b) $n>0$

图 3-4 油膜形成示意图

(3) 冷却散热。高速运转的机组，轴承内因摩擦而产生大量的热量；轴颈将被汽轮机转子传来的热量所加热；此外，还有一部分辐射热。这些热量如果不及时散出，将会严重影响机组的安全运行。不断循环流动的汽轮机油可以将这些热量带走，使轴承得以冷却。这些热量一方面可以在油箱内散失；另一方面也可通过冷油器进行冷却。冷却后的油又可进入轴承内将热量带出，如此反复循环。

二、汽轮机油的监督

取样和检验是油质监督的主要内容。

1. 取样方法和取样部位

当从储油桶或运行设备内取样时，正确的取样技术和样品保存是很重要的。

(1) 新油到货时的取样。对新到货或准备新购置的油品，当严格的执行取样手续，以使样品具有代表性。

新油以桶装形式交货时，应从污染最严重底部取样，必要时可抽查上部油样。如怀疑大部分桶装油有不均匀现象时，应重新取样；如怀疑有污染物存在，则应对每桶油逐一取样。并应逐桶核对牌号、标志，在过滤时应对每桶油进行外观检查。

对油槽车应进一步从下部阀门处进行取样。因为留在油槽车底部的阀门导管上的黏附物可能使油品部分的污染，特别是装过不同油品的油槽车，更有可能出现上述的污染，必要时抽检上部油样。

(2) 运行中从设备内取样。正常的监督试验，一般情况下从冷油器中取样。

检查油的杂质及水分时，应从油箱底部取样。在发现不正常情况时，需从不同的位置上取样，以跟踪污染物的来源和寻找其他原因。如果需要时，可从管线中取样，要求管线中的油应能自由流动而不是停滞不动，避免取到死角地方的油。

2. 新油的评定

对新到汽轮机油，首先应按标准方法和程序进行取样验收，然后注入机组中循环。油质的检验特别需要有经验的和技术水平较高的工作人员进行操作，应注意微小细节，以保证数据的真实性和可靠性。

(1) 新油交货时的验收。在新油到货时，应对接受的油样进行监督，以防止出现差错，或交货时带入污染物。所有的样品应在注入时进行外观检验。对国产新汽轮机油应按国家标准验收；对从国外进口的汽轮机油则应按有关国外标准、国际标准验收或按合同规定指标验收。

(2) 新油注入设备后试验程序。当油装入设备进行系统冲洗时，应连续循环，对系统内各部件进行充分清洗，以除去因安装、管道除锈过程中所遗留的污染物和固体杂质。直到取样分析各项指标与新油无差异，特别是对大机组清洁度有要求的，必须经检查清洁度达到要求时，才能停止油系统的连续过滤循环。

新油注入设备，经过24h循环后，从设备中采取4L油样，供检验和保存用。

3. 运行汽轮机油的检验

(1) 运行油质量标准。运行中汽轮机油质量标准应符合表3-1的规定。

(2) 检验周期。运行中对汽轮机油除定期进行较全面的检测外，平时必须注意有关项目的监督检测，以便随时了解汽轮机油的运行情况。如发现问题应采取相应措施，保证机组安全运行。油质指标的正常试验周期见表3-2、表3-3，实际监督中根据需要增加试验次数，以便于观察机组的运行情况。

(3) 指标异常的原因分析和处理措施。为保证设备的安全运行，主要用油设备的油质必须始终维持在合格状态。当发现运行中汽轮机油质量不符合标准时，应分析原因并采取相应的处理措施。表3-4是汽轮机油油质异常原因和处理措施。

三、汽轮机油的维护

为了防止或减缓油质劣化，除了对油质进行监督以外，应对油质做好维护工作。特别是当发现一些指标异常时，应尽早分析查明原因，采取相应的维护处理措施，以延长油品使用寿命，保证机组的安全运行。

表 3-1 运行中汽轮机油质量

序号	项目		设备规范	质量标准	检验方法
1	外状			透明	DL/T 429.1
2	运动黏度 (40℃) mm²/s	32[a]		28.8～35.2	GB/T 265
		46[a]		41.4～50.6	
3	闪点（开口杯）/℃			≥180，且比前次测定值不低10℃	GB/T 267 GB/T 3536
4	机械杂质		200MW 以下	无	GB/T 511
5	洁净度[b]（NAS 1638），级		200 MW 及以上	≤8	DL/T 432
6	酸值/mgKOH/g	未加防锈剂		≤0.2	GB/T 264
		加防锈剂		≤0.3	
7	液相锈蚀			无锈	GB/T 11143
8	破乳化度（54℃）/min			≤30	GB/T 7605
9	水分/（mg/L）			≤100	GB/T 7600 或 GB/T 7601
10	起泡沫试验/mL	24℃		500/10	GB/T 12579
		93.5℃		50/10	
		后 24℃		500/10	
11	空气释放值（50℃）/mm			≤10	SH/T 0308
12	旋转氧弹值/min			报告	SH/T 0193

a 32、46 为汽轮机油的黏度等级。
b 对于润滑系统和调速系统共用一个油箱，也用矿物汽轮机油的设备，此时油中洁净度指标应参考设备制造厂提出的控制指标执行。

表 3-2 新汽轮机组（100MW 以上）投运 12 个月内的检验周期表

项目	外观	颜色	酸值	黏度	闪点
试验周期	每天	每周	每月	1～3 个月	必要时
项目	颗粒度	破乳化度	防锈性	空气释放值	含水量	起泡性试验
试验周期	1～3 个月	每 6 个月	每 6 个月	必要时	每月	必要时

表 3-3 汽轮机组正常运行检验周期表

项目	外观	颜色	酸值	黏度	闪点
试验周期	每周	每周	每季	半年	必要时
项目	颗粒度	破乳化度	防锈性	空气释放值	含水量	起泡性试验
试验周期	每季	半年	半年	必要时	每季	每年或必要时

表 3-4　　　　　　　　运行中汽轮机油超极限值原因分析和措施概要

试验项目	超极限值	超极限可能原因	措施概要
外观	a. 乳化、不透明、有杂质 b. 有油泥	a. 油中含有水或固体物 b. 油深度劣化	a. 调查原因，采取机械过滤 b. 投入油再生装置，必要时换油
颜色（DL 429.2）	迅速变深	a. 有其他污染物； b. 老化程度深	找出原因，必要时投入油再生装置
酸值　（mgKOH/g） (GB/T 264)	增加值超过新油 0.1～0.2时	a. 系统运行条件苛刻；b. 抗氧剂消耗； c. 补错了油；d. 油被污染	调查原因，增加试验次数；补加抗氧剂；投入油再生装置，有条件可测RBOT，如果RBOT降至新油原始值的25%时，可能油质劣化，考虑换油
闪点（开口杯）℃ (GB/T 267)	比新油高或低15℃以上	有可能轻质油污染或过热	找出原因，与其他试验项目比较，并考虑处理或换油
黏度　40℃　mm²/s	比新油黏度相差 ±10%以上	a. 油被污染；b. 油已严重老化；c. 补错了油	查找原因，并测定闪点，或破乳化度，必要时可换油
防锈性能 (GB/T 11143)	轻锈	a. 系统中有水分；b. 系统维护不当（忽视放水或呈乳化状态）；c. 防锈剂消耗	查找原因，加强系统的维护，并考虑补加防锈剂
破乳化度　min (GB/T 7605)	超过 30	油污染或劣化变质	如果油呈乳化状态，应采取脱水或吸附处理措施
起泡沫试验　mL (GB/T 12579)	倾向＞500 稳定性＞10	可能被固体物污染或加错油；新机组可能是残留锈蚀物所致	注意观察，并与其他试验相比较，若加错油应纠正。也可添加消泡剂并开启精滤设备处理
空气释放值　min (SH/T 0308)	＞10	油污染或变质	注意监视，并与其他结果相比较，找出污染原因并消除
颗粒度 NAS 级	＞8	a. 补油时带入； b. 系统中进入灰尘； c. 系统中锈蚀或磨损颗粒	鉴别颗粒性质，消除颗粒可能来源；启动精密过滤装置，净化油系统
含水量	氢冷机组＞80 非氢冷机组＞150	a. 冷油器泄漏； b. 轴封不严； c. 油箱未及时排水	检查破乳化度，如不合格应检查污染来源。启用过滤设备排出水分，并注意观察系统情况消除设备缺陷

1. 补油和换油

汽轮机油在使用中被损耗后，致使油位下降。当油位降到一定程度时需要向油箱中补油。应补加与原设备用相同牌号的新油或曾经使用过的合格油。由于新油和运行油对油泥的溶解能力不同，当向运行油中补加新油或接近新油标准的运行油时，可能出现油泥析出现象，从而影响汽轮机油的润滑和散热。因此，补油时，首先应检验补加油和油箱运行油的质量，质量合格后，再按补加比例进行混合油的油泥析出试验，确定无油泥析出时方可补加。不同牌号的汽轮机油原则上不宜混合使用，因为不同牌号油的黏度范围各不相同，而黏度是汽轮机油的一项重要指标。不同类型、不同转数的机组，要求使用不同牌号的油，这是有严格规定的，一般不允许将不同牌号的油混合使用。在特殊情况下必须混用时，应先按实际混合比做混合油样的黏度测定，如黏度符合要求时才能继续进行油泥析出试验，以决定是否可混。

对于已严重老化至接近或超过运行标准的汽轮机油，一般应结合机组大修，采取补油或体外再生处理。换油方法是：在排净系统运行油之后，首先对系统进行彻底清理、清洗，然后再注入一定量的合格新油，冲洗整个油系统，待各项油质指标合格后，停止过滤循环冲洗，补入足量的合格油备用。

2. 对油进行连续再生净化

（1）采用滤油器，随时清除油中的机械杂质、油泥和游离杂质，保持油系统的清洁度。

汽轮机油系统的不同部位应配有合适的滤油器，对大型机组除在油箱设有滤网外，在润滑系统及调节系统管路上分别装设滤网或刮片式滤油器；在供给电液调节系统的油路上，除装设一般滤油器外，还须增设磁性滤油器。必要时，旁路滤油器前，应装设冷却器，以利从油中析出老化产物并对其滤除。

应定期检查过滤器滤元上的附着物，以便及时发现机组、油循环系统及油中初始出现的问题。如果发现滤油器滤元有污堵、锈蚀、破损或压降过大等异常情况，应查明原因并进行清扫或更换，精密滤元一般每年至少更换一次。

对大型机组，特别是漏水、漏汽或油污染严重的机组，一方面应增加油箱底部的排水次数，另一方面可增设大型油净化器。这种油净化器由沉淀箱、过滤箱、储油箱、排油烟机、自动抽水器和精密滤油器等组成。这种油净化器由于具有较大油容积。对油中水分、杂质的清除兼有重力分离、过滤与吸附净化作用，净化效率高且运行安全可靠。

（2）安装油连续再生装置（净油器），随时清除油中的游离酸和其他老化产物。

油连续再生装置（净油器）是一种渗滤吸附装置。它利用硅胶、活性氧化铝等吸附剂除去运行油老化过程中产生的酸类等老化产物，对防止电液调节系统、伺服零件的腐蚀有良好作用。由于吸附剂可能同时吸附油中的某些添加剂，含有防锈剂或破乳剂的油在使用净油器后，油中应补加添加剂。

净油器与油系统连接采用旁路循环方式，即一端连在主油泵出口油路或冷油器入口侧，另一端与回油管路相连，返回油箱，借主油泵油压，迫使旁路油进入净油器。净油器使用时，应防止油系统进气、进水或漏油。

3. 添加添加剂

(1) 添加抗氧化剂 T501。一般良好精制的新油（包括再生油）和老化轻微的运行油适合于添加 T501。对不明牌号的新油（包括进口油）、再生油以及老化污染情况不明的运行油应作油对抗氧化剂的感受性试验，以确定是否适宜添加和添加的有效剂量。如遇感受性差的油，必要时，可将油净化或再生处理后，再作添加试验。对于含抗氧化剂的油，在使用中，应定期测定油中抗氧化剂的含量，如发现油质已老化严重，且抗氧化剂含量已低于规定时，应对油进行处理，当油质合格后再补加抗氧化剂。

对新油、再生油，油中 T501 抗氧化剂含量应不低于 0.3%～0.5%；对运行油，应不低于 0.15%。

当其含量低于以上规定值时，应进行补加。补加时，油的 pH 值不应低于 5.0。

运行油添加抗氧化剂应在设备停运或补加新油时进行。添加前，应先清除运行油中的油泥、水分和杂质。补加方法是：从运行油箱中放出适量的运行油，将其加温至 50～60℃，称取计算出补加的 T501 抗氧化剂量，边加药边搅拌，使之完全溶解，配成 5%～10% 的浓溶液，待冷却至环境温度时，再用滤油机送入油箱，依靠系统自身的循环使药剂混合均匀。停运时补加，应利用滤油机循环过滤使添加剂混合均匀。

(2) 添加防锈剂 T746。运行汽轮机油中常添加一定量的防锈剂（T746）以增强润滑系统的防锈蚀能力。添加防锈剂时应结合机组大修进行。添加前，应做好下述准备工作：首先应用滤油机去除运行油中的水分和杂质，并对运行油进行液相锈蚀试验和主要理化指标分析，通过锈蚀试验确定添加的剂量；其次，为了使防锈剂更好地在金属表面上形成牢固的保护膜，防止已经在设备表面形成的腐蚀产物在添加防锈剂后剥离沉积，在添加防锈剂前，应将油系统的运行油全部排净，对系统的管路、油箱等各部位进行彻底的清洗和清扫，使油系统内无机械杂质，系统中的各部件表面露出洁净的金属面。同时做好金属表面状况的详细记录，便于以后检修时进行检查对比，考察防锈效果。

添加方法是：将滤好的运行油重新注入机组的主油箱，根据运行油量计算出所需的防锈剂量，然后将防锈剂用运行油配成约 10% 的浓溶液。为了加速防锈剂（T746）的溶解，配制时可将油温加热至 60℃ 左右。最后，将配成的浓溶液用滤油机注入油箱内，并用滤油机循环搅拌，使药剂混合均匀。

防锈剂在运行中逐渐消耗后会影响防锈效果，因此应定期做液相锈蚀试验。如发现金属试棒上有锈斑，则应及时补加，补加量一般为 0.02% 左右。补加时一般可在运行条件下进行，即配成浓溶液后，用滤油机注入油箱即可，借助系统自身循环混合均匀，毋用滤油机循环搅拌。

(3) 添加破乳化剂。添加破乳化剂是提高汽轮机抗乳化性能的一个有效方法，该方法简便易行，适宜现场采用。如果需要向汽轮机油中添加破乳化剂时，要求破乳化剂应具有下述特性：不需有机助溶剂可直接溶于油中，具有良好的化学稳定性和氧化安定性，具有显著的破乳化效果，且几乎不溶于水，以免消耗过快。能满足汽轮机油这种要求的破乳化剂较少，常用的破乳化剂有氧化烃聚合物（SP 或 BP 型）、聚氧化烯烃甘油硬脂酸酯（GPES 型）、聚氧乙烯聚氧丙烯甘油硬酸酯（$GPE_{15}S-2$ 型）等。其添加含量在万分之一左右就具有良好的破乳化效果。其中 $GPE_{15}S-2$ 型破乳化剂应用最为普遍。

添加方法：在添加破乳化剂前，首先用滤油机除去油中的水分和机械杂质；然后用运行油配成约含 0.1%的添加剂浓溶液，在试验室中进行不同比例的破乳化度小型试验，确定其最佳添加剂量。根据试验结果，用运行油配成含 0.1%左右的 $GPE_{15}S$-2 型添加剂浓溶液，经滤油机注入汽轮机主油箱，利用油系统的自身循环或滤油机循环过滤，使破乳化剂混合均匀。

破乳化剂在运行中会逐渐消耗，需不定期补加，补加时间根据试验结果确定，一般当破乳化度大于 30min 时就要进行补加。补加方法与添加方法基本相同。

(4) 消泡剂。汽轮机油在运行过程中，由于氧化劣化作用而产生一些环烷酸、皂等表面活性物质，这样在油系统进行强迫循环时，油品与油面上的空气产生激烈的碰撞、搅动，会在油中留有气泡，油面上形成泡沫。泡沫和气泡体积达到一定程度后，不仅影响油的循环，导致设备磨损，严重时甚至会酿成化瓦事故；而且会造成跑油或油箱油位不清。为了有效地解决汽轮机油产生泡沫的问题，通常的做法是在润滑油中添加消泡剂。实践证明消泡剂虽不能预防润滑油产生气泡，但却能吸附在已形成的泡沫表面上，使泡沫膜表面张力下降，从而使泡沫破裂。

应用于润滑油的消泡剂主要有二甲基硅油、二甲基聚硅氧烷、二甲基硅酮和非硅型等添加剂，其中以二甲基硅油应用最为普遍。用作汽轮机油消泡剂的二甲基硅油，其 25℃的运动黏度为 1 000～10 000mm^2/s，添加量一般为 10mg/kg 左右。

二甲基硅油较好地分散在润滑油中，是取得良好消泡效果的前提。硅油的分散状态，对润滑油的消泡效果有很大的影响。实践证明，将硅油液滴分散至 10μm 以下，消泡效果最好。若硅油液滴过大，则会因硅油密度大，在油中产生重力沉降，难以与形成的泡沫充分接触，达不到预期的消泡效果。

在实际应用中，一般只在产生泡沫的汽轮机油中添加硅油。为了使硅油能较好地与泡沫直接接触，并能良好分散，通常的做法是：将 10 号柴油加温至 50～60℃，在高速机械搅拌运动下，配成 10%左右的硅油-柴油溶液。然后用喷雾器将其喷洒至汽轮机油箱的泡沫表面上。随着喷洒的进行，泡沫会迅速消失。

4. 使用专用设备净化和再生汽轮机油

净化处理是指仅用物理方法除去油中水分、油泥和机械杂质等。常用的方法有：机械过滤、离心分离和真空过滤。离心分离是汽轮机油净化最常用的方法，一般在油中出现大量水分、杂质时使用。使用离心式分离机净化油时，为防止油的氧化，油温应不大于 60℃，但为提高分离机的出力，当油温过低时（低于 15℃）应加装预热器，适当提高油温（一般在 55～60℃）。机械过滤常用压力式过滤机，对油的净化程度较离心分离高，但对含有大量水分、杂质的油，常需用离心分离机或其他滤油器进行粗滤，以提高其过滤效率。为提高脱水效果，滤油时油温一般不高于 40℃，且过滤介质在使用前须充分干燥。真空过滤净化处理汽轮机油常作为离心分离或机械过滤的辅助措施，为提高过滤设备的效率和油的净化程度，特别是对某些闪点降低的油或严重乳化油的处理尤为必要。净化运行油时，常采用旁路循环方式，即将滤油机进出口与主油箱相连，由油箱底部放油阀门将污油注入滤油机，经净化后再返回主油箱净油区。不停机净化时，应做好安全措施，要特别注意维持油箱正常油位，防止管路系统跑油或进空气，过滤油量一般控制在总油流量的 10%~20%。

再生处理是指用物理-化学方法或化学方法除去油中的有害物质,恢复或改善油的理化指标。常用方法有:吸附剂法和硫酸-白土法。吸附剂法使用方便,适合于处理劣化程度较轻的油;硫酸-白土法操作较复杂,适合于处理劣化程度较重的油(如废油)。油再生前通常应作净化处理,特别是含有较多水分和杂质的油,应先对它除去水分杂质后,再进行再生,以保证再生处理的效果。另外,再生后的油也应经过严格的过滤净化才能使用,以防吸附剂等的残留物带入运行设备。为恢复和改善油的性能,必要时还应添加或补加抗氧化剂等添加剂。

吸附剂法可分为接触法与渗滤法。接触法只适合处理设备上换下的油(包括旧油和废油);渗滤法既适合处理换下来的油也适合处理运行油。接触法系采用粉状吸附剂(如活性白土、801 吸附剂等)和油在搅拌接触方式下再生。接触法再生处理效果与温度、接触搅拌时间以及吸附剂性能、用量等因素有关,应根据油质劣化程度并通过小型试验确定处理时的最佳工艺条件。另外,还要注意在处理过程中由于温度过高或加入的吸附剂会使油中原来含有的添加剂发生损失。渗滤法所用装置原理与连续再生装置净油器相同,不同之处是体积增大,填装的吸附剂增多。它不是附加在运行设备上的连续再生装置,而是在需要时才连接于设备上使用。进行渗滤再生时温度应预热至 70~90℃。

硫酸-白土法主要包括两个工序:硫酸处理与白土处理。硫酸处理能除去油中多种老化产物,配合白土处理又能清除酸处理后残留在油中的不良物,进一步改善油质。应根据油老化程度和对再生油的质量要求,通过试验确定再生药剂用量与处理的工艺条件。为改善硫酸-白土法再生油的氧化安定性,可通过试验,在再生油中添加 0.3%~0.5% T501 抗氧化剂或与一定比例的新油混合使用。对老化特别严重的油,可在工艺过程中增加碱处理工序,即采用酸-碱-白土法。

第二节 抗燃油的运行监督和维护

一、抗燃油的运行

随着计算机技术的发展,目前 300MW 以上的汽轮机组一般采用数字电液调节系统(Digital Electro-Hydraulic Control System),简写为 DEH 调节系统。

DEH 调节系统的采用,可大大提高机组的自动化水平,改善机组的负荷适应性,保证机组安全、可靠、经济地运行。

1. 液压调速系统

DEH 的液调部分即 EH 系统可分为供油系统、执行机构和危急遮断三部分。汽轮机转速的调节是由执行机构完成的。执行机构包括汽门和相应的油动机。这里以高压主汽门和调节汽阀的工作原理为例介绍调速原理。

如图 3-5 所示。当给定或外界负荷发生变化时,经过计算处理后产生开大或关小汽门的电气信号,经伺服放大器放大后在电液转换器中转换成液压信号并放大。放大的液压信号通过对高压油通道的控制来调节油动机活塞的位移。当增负荷时,高压油使油动

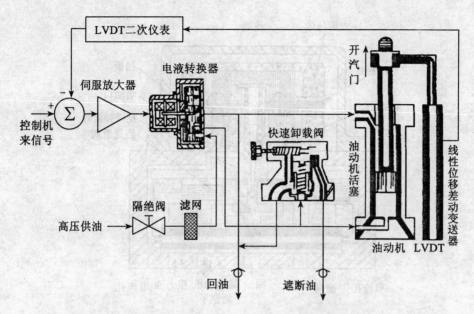

图 3-5 高压主气门和高压调节气阀的工作原理

机活塞向上移动，通过连杆带动，使汽门开大；当减负荷时，油动机下腔的高压油与泄油通道相通，弹簧力使油动机下腔室排油，油动机活塞下移而关小汽门。

油动机活塞杆上装有线性位移差动变送器（LVDT），当油动机活塞移动时，它产生一负反馈信号，该信号与计算机来的控制信号叠加后去控制油动机的位置。当该信号与计算来的信号相加等于零时，电液转换器回到中间位置，使油动机下腔不与高压油及回油相通，于是汽门便停止运动，在新的工作位置上达到平衡。

主汽门和调节汽阀的油动机旁各设有一个快速卸载阀，以便在机组故障需要迅速关闭汽门时，快速卸去油动机下腔的高压油，依靠弹簧力的作用，使汽门迅速关闭，以实现对机组的保护。在快速卸载阀动作的同时，应将所有的工作油排入回油系统。为防止回油管路过载，在该系统中，将回油室与油动机上腔相连，可使油动机排油暂时储存在该活塞上腔。另外，为了保证汽门在 0.15s 之内迅速关闭，在靠近油动机的回油管道上装有低压蓄能器，它可以容纳油动机迅速关闭时的泄油。

2. 电液转换器

电液转换器又称伺服阀，其任务是把电气信号转换为液压信号，是电液调节系统中必不可少的中间环节。图 3-6 为电液转换器的结构示意图。该转换器主要由一个力矩马达、两级液压放大机构和机械反馈组成。力矩马达由永磁线圈与其中两侧绕有线圈的可动衔铁组成。当两侧线圈的电流不平衡时，由于电磁力的作用会使衔铁及挡板发生偏转，从而将电信号转换成位移量。第一级液压放大由一个双喷管及一个单挡板组成，此挡板固定在衔铁的中点，并在两个喷管中间穿过，使喷管与挡板形成两个可变的节流孔。反馈弹簧从挡板内部伸出，前端小球嵌入第二级放大的四通滑阀的小槽内。压力油经两侧的节流孔向两喷管供油，喷管-挡板的泄油经回油节流孔排至回油管路。

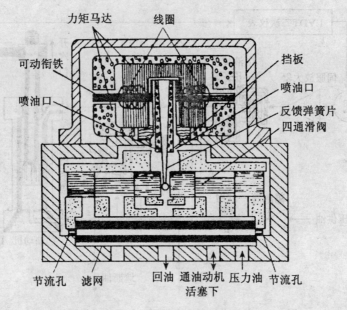

图 3-6 电液转换器结构

当衔铁居于中间位置时,挡板对流过两个喷管的油流的节流作用相同,不存在引起滑阀位移的压差。相反,若来自计算机的阀位控制信号使衔铁及挡板发生偏转,则引起喷管与挡板间隙的变化,从而在两侧喷管腔室间形成压差,引起滑阀移动,打开油动机活塞下与高压油或回油相通的控制窗口,从而可控制汽门的开度。在滑阀移动时,反馈弹簧会使喷油间隙变小的一侧的间隙变大,故可使滑阀回到中间位置,使调节系统稳定在新的平衡点,这便是反馈弹簧的第一个作用;第二个作用是,当电液转换器失电时可保证汽门关闭并停机。为此,在调整电液转换器时反馈弹簧设置有一定的零偏,当运行过程中失电时,借助于机械力使滑阀偏向左侧,泄去油动机活塞下的压力油,因而保证了机组的安全。因此,为保证运行中的稳定工况时滑阀处于中间位置,需对电液转换器输入一定的电压,使人为产生的力矩与机械偏置力矩相平衡。

二、抗燃油的监督

为了适应高压机组蒸汽参数的变化,改善汽轮机液压调节系统的动态响应,必须缩小液压执行机构的尺寸,这就需要提高液压调节系统工作介质的额定压力,从而大大增加了介质泄漏的可能性。为了防止油品泄漏到主蒸汽管道发生自燃(>530℃),目前在液压调节系统上,采用合成抗燃液压介质,即磷酸酯抗燃油。电液转换器即伺服阀是液压调节系统的心脏。因此,抗燃油的监督维护工作主要是围绕保护伺服阀而展开的。

1. 取样

(1)新油到货时的取样。抗燃油以桶装形式交货,取样按油桶取样方法进行。

试验油样应是从每个油桶中所取油样均匀混合后的样品,以保证所取样品具有可靠的代表性。如发现有污染物存在,则应逐桶取样,并应逐桶核对牌号标志,在过滤时应对每桶油进行外观检查。所取样品均应保留一份，准确标记，以备复查。

（2）运行中抗燃油取样。对于常规监督试验，一般从冷油器出口、旁路再生装置入口或油箱底部取样。如发现油质被污染，还应增加取样点，如油箱顶部等部位。

取样前调速系统在正常情况下至少运行24h，以保证所取样品具有代表性。取样时将取样阀周围擦干净，打开取样阀，放出取样管路内存留的抗燃油，然后打开取样瓶盖，使油充满取样瓶（注意勿使瓶口和阀接触），立即盖好瓶盖，关闭取样阀。

测试颗粒污染度取样前，需用经过滤的溶剂（乙醇、异丙醇）清洗取样阀，放出存留油，充分冲洗取样管路。然后连接导管和针头，并冲洗干净，在不改变流量的情况下，将针头插入经检验清洗合格的250mL取样瓶中，密封取样约200mL，取样完毕后关闭取样阀。如有的设备不能连接导管取样时，尽量缩短开瓶时间。取样后，先移走取样瓶，然后关闭取样阀。严禁在取样时瓶口与阀接触。取样完毕，用塑料薄膜封好瓶口，加盖密封。油样应密封保存，最好不要倒置，测量时再启封。

油箱顶部取样时，先将箱盖清理干净后再打开，从存油的上部及中部取样，取样后将箱盖封好复位。

2. 新油的验收

新油质量标准见第一章。对新油的验收，应按照有关标准方法进行，以保证数据的真实性和可靠性。对进口抗燃油，按合同规定的新油标准验收。

新油注入设备后应循环冲洗过滤，以除去系统内残留的固体杂质污染物，在冲洗过程中取样测试颗粒污染度，直至测定结果达到汽轮机制造厂要求的清洁度后，才能停止冲洗过滤，取样进行全分析，结果应符合新油质量标准。

系统冲洗完毕，机组启动运行24h后，从设备中取两份油样，一份作全分析，一份保存备查。油质全分析结果应符合运行油质量标准。

3. 运行抗燃油的监督

对运行中的抗燃油，除定期进行全面检测外，平时应注意有关项目的监督检测，以便随时了解调速系统抗燃油的运行情况，如发现问题，迅速采取处理措施，保证机组安全运行。

机组正常运行情况下，试验室试验项目及周期见表3-5，每年至少进行一次油质全分析。

表3-5 试验室试验项目及周期

试验项目 \ 运行时间	第一个月	第二个月后
电阻率、颜色、外观、酸值、水分	每周一次	每月一次
颗粒污染度	两周一次	三个月一次
密度、倾点、运动黏度、泡沫特性、闪点、氯含量、空气释放值	四周一次	半年一次
矿物油含量、自燃点	—	半年一次

注：1. 补油后应测定颗粒污染度、运动黏度、密度和闪点。
2. 每次检修后、启动前应做全分析，启动24h后测定颗粒污染度。

如果油质异常，应缩短试验周期，并取样进行全分析。

运行抗燃油质量标准见表 3-6。根据运行抗燃油质量标准，分析实验结果。如果超标，应及时通知有关人员，认真分析原因，采取处理措施。表 3-7 为试验结果超标的可能原因及参考处理措施。

三、抗燃油的维护

1. 运行温度

运行油温过高，会加速抗燃油老化，因此必须防止油系统局部过热。当系统油温超过正常温度时，应查明原因，同时调节冷油器阀门，控制油温。

表 3-6　　　　　　　　　　　　运行中抗燃油质量标准

项　目		指　标	试验方法
外　观		透明	DL/T 429.1
密度　（20℃）　g/cm³		1.13～1.17	GB/T 1884
运动黏度（40℃）mm²/s		39.1～52.9	CB/T 265
倾　点　℃		≤-18	GB/T 3535
闪　点　℃		≥235	GB/T 3536
自燃点　℃		≥530	DL/T 706
颗粒污染度（NAS 1638）级		≤6	DL/T 432
水　分　mg/L		≤1000	GB/T 7600
酸　值　mgKOH/g		≤0.15	GB/T 264
氯含量　mg/kg		≤100	DL/T 433
泡沫特性　mL/mL	24℃	≤200/0	GB/T 12579
	93.5℃	≤40/0	
	24℃	≤200/0	
电阻率　20℃　Ω·cm		≥6×10⁹	DL/T 421
矿物油含量　%　m/m		≤4	DL/T 571 附录 C
空气释放值（50℃）min		≤10	SH/T 0308

表 3-7　　　　　　　　　运行中抗燃油油质异常原因和处理措施

项　目	异常极限值	异常原因	处理措施
外观	混浊	a. 被其他液体污染；b. 老化程度加深；c. 油温升高，局部过热	①更换旁路吸附再生滤芯或吸附剂；②调节冷油器阀门，控制油温；③考虑换油
颜色	迅速加深		
密度（20℃）g/cm³	<1.13 或 >1.17	被矿物油或其他液体污染	换油
运动黏度（40℃）mm²/s	比新油值差±20%		
矿物油含量 % m/m	>4		
闪点 ℃	<220		
自燃点 ℃	<500		
酸值（mgKOH/g）	>0.25	a. 运行油温度升高，导致老化；b. 油中混入水分使油水解	①调节冷油器阀门控制油温；②更换吸附再生滤芯或吸附剂，每隔48h取样分析，直至正常；③检查冷油器等是否有泄漏
水分 mg/L	>1000		
氯含量 mg/kg	>100	含氯杂质污染	①检查系统密封材料等是否损坏；②换油
电阻率（20℃）Ω·cm	<5×10⁹	可导电物质污染	①更换吸附再生滤芯或吸附剂；②换油
颗粒污染度（NAS 1638）级	>6	a. 被机械杂质污染；b. 精密过滤器失效；c. 油系统部件有磨损	①检查精密过滤器是否破损、失效，必要时更换滤芯；②检查油箱密封及系统部件是否有腐蚀、磨损；③消除污染源，进行旁路过滤，直至合格
泡沫特性 mL/mL　24℃	>250/50	a. 油老化或被污染；b. 添加剂不合适	①消除污染源；②更换旁路吸附再生滤芯或吸附剂；③添加消泡剂；④换油
泡沫特性 mL/mL　93.5℃	>50/10		
泡沫特性 mL/mL　24℃	>250/50		
空气释放值（50℃）min	>10	油质劣化或污染	更换滤芯或吸附剂；换油

2. 检修维护

对油系统检修，除应严格保证检修质量外，还应注意以下问题：

（1）不能用含氯量大于1mg/L的溶剂清洗系统。

（2）按照制造厂规定的材料更换密封衬垫，抗燃油对密封衬垫材料的相容性见表3-8。

表 3-8　　　　　　　　抗燃油及矿物油对密封衬垫材料的相容性

材料名称	磷酸酯抗燃油	矿物油
氯丁橡胶	不适应	适应
丁腈橡胶	不适应	适应
皮革	不适应	适应
橡胶石棉垫	不适应	适应
硅橡胶	适应	适应
乙丙橡胶	适应	不适应
氟化橡胶	适应	适应
聚四氟乙烯	适应	适应
聚乙烯	适应	适应
聚丙烯	适应	适应

3. 添加剂

运行抗燃油中需加添加剂时，应做相应的试验，以保证添加效果。添加剂不合适，会影响油品的理化性能，甚至造成油质劣化。

4. 补油

运行中系统需要补加抗燃油时，应补加经检验合格的相同牌号的抗燃油。当补加不同牌号的油品时，补油前应进行混油开口杯老化试验和全分析试验，混油质量不低于运行油时方可补入。抗燃油与矿物油有本质的区别，严禁混合使用。

5. 精密过滤和旁路再生

对运行中的抗燃油必须进行精密过滤以及旁路再生。

精密过滤器的过滤精度应在 $3\mu m$ 以上，以除去运行中由于磨损等原因产生的机械杂质，保证运行油的清洁度，从而延长抗燃油的使用寿命。如发现精密过滤器压差异常，说明滤芯堵塞或破损，应及时查明原因，进行清洗或更换。

在机组启动的同时，应开启旁路再生装置，该装置是利用硅藻土、分子筛等吸附剂的吸附作用，除去运行油老化产生的酸性物质、油泥、水分等有害物质的，是防止油质劣化的有效措施。在旁路再生装置投运期间，应定期从其出口取样分析，当酸值明显增加或电阻率降低时，表明吸附剂失效，此时应及时更换再生滤芯及吸附剂。一般情况下，半年更换一次。如发现进出口压差增大，应查明原因，采取处理措施。

第三节　变压器油的运行监督和维护

充油电器设备用绝缘油作为液体绝缘介质，绝缘油在设备中主要起绝缘、散热和灭弧的作用。当绝缘油油质变差、受污染时，绝缘能力将大大降低，直接威胁电气设备的安全运行。绝缘油监督就是及时、准确地对新油、运行中油进行质量检验和对变压器油中溶解气体进行色谱分析，以便为用油部门或有关部门采取措施、防止油质劣化和避免潜伏性故障的发生提供依据，保证发、供电设备的安全运行。绝缘油监督包括对新油进行验收、对运行油进行监督和对运行油进行维护以防止劣化等内容。

一、变压器油的运行

电力变压器基本结构是由铁芯、绕组、油箱、绝缘套管出线装置、冷却装置和保护装置等部分组成。其基本结构组成如下：

```
        ┌ 器身 ┌ 绕组
        │     │ 绝缘
        │     │ 铁芯
        │     └ 引线及分接开关
变压器 ┤ 油箱（包括油箱本体及附件）
        │ 保护装置（储油柜、吸湿器、净油器、油位计、测温元件、安全气道、
        │ 气体继电器等）
        └ 出线装置（高、低压套管）
```

电力变压器的结构见图 3-7。

1. 变压器绝缘

油浸式变压器的绝缘为油纸漆组合绝缘，绝缘物大多是油和绝缘纸组成的绝缘。绝缘分为内绝缘和外绝缘。内绝缘是油箱内部的绝缘，外绝缘是油箱外部的各部分绝缘。内绝缘又可分主绝缘和纵绝缘。

（1）主绝缘。变压器的主绝缘通常指绕组之间，绕组对铁芯、油箱等接地部分，引线对铁芯、油箱以及分接开关对铁芯、油箱的绝缘。

主绝缘以油屏障绝缘和油浸纸绝缘最为常用。每一种绝缘结构，不论形状如何复杂，都不外乎由纯油间隙、屏障、绝缘层三种成分组成。

纯油间隙指两个裸体电极之间不设置任何固体绝缘，完全靠油绝缘。

屏障就是设置在电极之间的绝缘纸板，可以做成和电极形状无关的各种形状。屏障可以设置多层，层间用撑条或垫块隔开一定的距离，形成油道。油间隙中采用屏障以后，可以在不同程度上提高击穿电压，其提高的程度随着电场分布均匀程度和电压作用时间的不同而不同。随着变压器电压等级的提高，屏障的数目也随之增多。实验证明，在一个油间隙中所用的屏障数目越多，屏障厚度越薄，间隙击穿电压提高得越多。这是由于多屏障将一个大的油间隙分成若干小的油间隙，而较小的油间隙具有较高平均击穿电压的缘故。

绝缘层就是在导体表面贴上或缠绕上固体绝缘，如导线匝绝缘和引线包绝缘纸等。它除承受一部分电压外，还明显地改变油中的电场分布。因此，绝缘层提高油间隙击穿电压的作用有两个方面：一方面隔断油中杂质的导电小桥；另一方面改善电场分布，降低油中的最大电场强度。以圆形导线为例，导线表面附近的电场强度最大，加绝缘层以后，这部分油被固体绝缘材料所取代。由于固体介质的介电常数大于变压器油的介电常数，所以绝缘层内的电场强度相应减小。

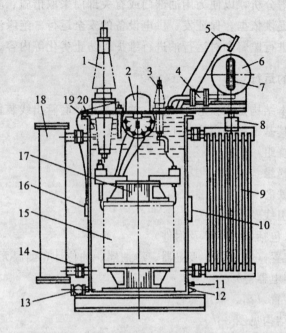

1—高压套管；2—分接开关；3—低压套管；4—气体继电器；5—安全气道（防爆管）；
6—储油柜（油枕）；7—油表；8—吸湿器；9—散热器；10—铭牌；11—接地螺栓；
12—油样活门；13—放油阀门；14—活门；15—绕组；16—信号温度计；17—铁芯；
18—净油器；19—油箱；20—变压器油

图 3-7　电力变压器结构图

（2）纵绝缘。纵绝缘是指同一绕组的匝间、层间及静电屏之间的绝缘。在绕组的同一层或同一个线屏内，匝与匝之间要有匝绝缘。对于不同形式的绕组和是否有几根并绕，匝间电压就不相同。匝间绝缘可由绝缘漆或有包绕的绝缘纸构成。不同的电压等级和取的磁通密度不同，匝压不一样，其匝间绝缘的厚度也不相同。层间绝缘是指相邻层之间或线饼与相邻线饼之间的绝缘，此绝缘有时兼作油道。

另外分接开关同相各部分之间也属纵绝缘。

2. 变压器油的散热冷却

变压器油的散热冷却方式主要有自然冷却散热、风扇冷却和水冷却散热三种。

自然冷却是利用变压器内油自身的温差引起的密度差，不断进行循环，依靠油箱壁或散热器散热冷却的。因冷却散热效率不太高，主要适用于中小型变压器。

风扇冷却是在大、中型变压器的拆卸式散热器的框内，装上冷却风扇，当散热管内的油循环时，依靠风扇的强烈吹风，使管内流动的热油迅速得到冷却。它的冷却效果比自然冷却的效果要好得多。

水冷却散热是利用油泵使变压器内的热油流经冷油器，油中的热量传递给水，从而将变压器内的热量排掉的冷却方式。该种方式的冷却效率比前两种都好，主要适用于更大容量的变压器。

3. 断路器油的灭弧

高压断路器的主要作用是，无论被控电路处在空载、负荷状态，还是断路故障状态，都能接通或切断电路。根据使用的灭弧介质，高压断路器可分为油断路器、真空断路器、SF_6 断路器、压缩空气断路器和磁断路器等。110kV 以上高压断路器主要是油断路器和 SF_6 断路器。它们的主要构件相同，都有灭弧室、动触头和静触头。这里主要介绍油断路器的灭弧作用，SF_6 断路器的灭弧放在第五章中介绍。

油断路器灭弧原理是，当断路器断开时，动静触头分开瞬间产生电弧。电弧的高温将其周围的油加热分解，产生大量的气体，在电弧周围形成气泡。气泡中油的蒸汽约占 40%，其他气体占 60%，其中 70%～80% 是具有良好导热性能的氢气。这些气体在灭弧室中受周围油的惯性力和灭弧室的限制，压力很高。当动静触头距离增大到吹弧口打开时，灭弧室中的高压油气流以极高的速度从吹弧口喷出，形成强烈的吹弧，电弧被强烈冷却而熄灭，或在交流电压过零时因弧隙介质强度很快恢复而熄灭。

随着对高压断路器高可靠性、免维护、智能化、无油化要求的逐步提高，油断路器的生产已经受到限制。SF_6 断路器在 110kV 及以上高压断路器中的应用已逐步取代了油断路器而占据了主要地位。

二、变压器油的监督

1. 取样工具和方法

常规分析常用 500～1 000mL 磨口具塞玻璃取样瓶取样。分析油中水分含量和油中溶解气体（油中总含气量）时，应使用 20～100mL 的全玻璃注射器（最好采用铜头的）取样。注射器应装在一个专用油样盒内，注射器头部用小胶皮头密封。用注射器取样前，应按顺序用有机溶剂、自来水、蒸馏水洗净；在 105℃ 温度下充分干燥，或采用吹风机热风干燥；干燥后，立即用小胶头盖住头部待用（最好保存在干燥器中）。

从充油电气设备中取样，还应有防止污染的密封取样阀（或称放油接头）及密封可靠的医用金属三通阀和作为导油管用的透明胶管（耐油）或塑料管。

新油到货验收时，从油桶中取样时，应从污染最严重的底部取，必要时可抽查上部油样。从整批油桶内取样时，取样的桶数应能足够代表该批油的质量，最后将它们均匀混合成一个混合油样。从油罐或槽车取样时，应从污染最严重的油罐底部取出，必要时可抽查上部油样。对新油验收或进口油样，一般应取双份以上的样品，除试验用样品外，应留存一份以上的样品，以便必要时进行复核或仲裁用。

运行中从设备内取常规分析油样时，对于变压器、油开关或其他充油电气设备，应从下部阀门处取样。对套管，在停电检修时，从取样孔取样。没有放油管或取样阀门的充油电气设备，可在停电或检修时设法取样，进口全密封无取样阀的设备，按制造厂规定取样。

进行油中水分含量测定的油样，可同时用于油中溶解气体分析，不必单独取样。

进行常规分析取样时取样量应根据设备油量情况确定，以够试验用为限。做溶解气体分析时，取样量为 50～100mL。专用于测定油中水分含量的油样，可取 20mL。

油样采集完成后应尽快进行分析，做油中溶解气体分析的油样不得超过四天，做油中水分含量的油样不得超过十天。油样在运输中应尽量避免剧烈震动,防止容器破碎,尽可能避免空运。油样运输和保存期间,必须避光,并保证注射器芯能自由滑动。

2. 投运前的油质检验

(1) 新油验收。新变压器油、超高压变压器油、断路器油的验收,应分别按 GB 2536、IEC 60296—2003、SH 0351 的规定进行(见表 1-9、表 1-11 和表 1-10)。对进口变压器油则应按国际标准验收或合同规定指标验收。

(2) 新油在脱气注入设备前的检验。新油注入设备前必须用真空脱气滤油设备进行过滤净化处理,以脱除油中的水分、气体和其他杂质,在处理过程中应按表 3-9 规定,随时进行油品的检验。

表 3-9　　　　　　　　　　　新油净化后的检验

项　目	设备电压等级 kV		
	500 及以上	220~330	≤110
击穿电压 kV	≥60	≥55	≥45
含水量 mg/kg	≤10	≤15	≤20
介质损耗因数 90℃	≤0.002	≤0.005	≤0.005

(3) 新油注入设备时进行热循环后的检验。新油经真空过滤净化处理达到要求后,应从变压器下部阀门注入油箱内,使空气排尽,最终油位达到大盖以下 100mm 以上。油的静置时间应不小于 12h,经检验油的指标应符合表 3-9 规定。真空注油后,应进行热油循环。热油经过二级真空脱气设备由油箱上部进入,再从油箱下部返回处理装置。一般控制净油箱出口温度为 60℃(制造厂另外规定除外),连续循环时间为三个循环周期。经过热油循环后,应按表 3-10 规定的油质检验指标进行检验。

表 3-10　　　　　　　　　　　热油循环后的油质检验

项　目	设备电压等级 kV		
	500 及以上	220~330	≤110
击穿电压 kV	≥60	≥50	≥40
含水量 mg/kg	≤10	≤15	≤20
含气量 %(V/V)	≤1	—	—
介质损耗因数 90℃	≤0.005	≤0.005	≤0.005

(4) 新油注入设备后通电前的检验。新油经真空脱气、脱水处理后充入电气设备,即构成设备投运前的油,称为"通电前的油检验"。它的某些特性由于在与绝缘材料接触中溶有一些杂质而较新油有所改变,其变化程度视设备状况及与之接触的固体绝缘材

料性质的不同而有所差异。因此，这类油品既应有别于新油，也不同于运行油，应按表3-11中"投入运行前的油"的质量指标要求控制。

3. 运行油质量监督

（1）运行油质量标准。运行中变压器油应达到的常规检验质量监督标准见表3-11；运行中断路器油检验质量监督标准见表3-12。

表3-11 运行中变压器油质量标准

序号	项 目	设备电压等级 kV	质量指标 投入运行前的油	质量指标 运行油	检验方法
1	外状		透明、无杂质或悬浮物		外观目视
2	水溶性酸（pH值）		>5.4	≥4.2	GB/T 7598
3	酸值 mgKOH/g		≤0.03	≤0.1	GB/T 264
4	闪点（闭口）℃		≥135		GB/T 261
5	水分① mg/L	330~1000	≤10	≤15	GB/T 7600 或 GB/T 7601
5	水分① mg/L	220	≤15	≤25	GB/T 7600 或 GB/T 7601
5	水分① mg/L	≤110 及以下	≤20	≤35	GB/T 7600 或 GB/T 7601
6	界面张力（25℃）mN/m		≥35	≥19	GB/T 6541
7	介质损耗因素（90℃）	500~1000	≤0.005	≤0.020	GB/T 5654
7	介质损耗因素（90℃）	≤330	≤0.010	≤0.040	GB/T 5654
8	击穿电压② kV	750~1000	≥70	≥60	GB/T 507 或 DL/T 429.9
8	击穿电压② kV	500	≥60	≥50	GB/T 507 或 DL/T 429.9
8	击穿电压② kV	330	≥50	≥45	GB/T 507 或 DL/T 429.9
8	击穿电压② kV	66~220	≥40	≥35	GB/T 507 或 DL/T 429.9
8	击穿电压② kV	35 及以下	≥35	≥30	GB/T 507 或 DL/T 429.9
9	体积电阻率（90℃）$\Omega \cdot m$	500~1000	≥6×10^{10}	≥1×10^{10}	GB/T 5654 或 DL/T 421
9	体积电阻率（90℃）$\Omega \cdot m$	≤330		≥5×10^9	GB/T 5654 或 DL/T 421
10	油中含气量 %（体积分数）	750~1000	<1	≤2	DL/T 423 或 DL/T 450
10	油中含气量 %（体积分数）	330~500	<1	≤3	DL/T 423 或 DL/T 450
11	油泥与沉淀物 %（质量分数）		<0.02（以下可忽略不计）		GB/T 511
12	析气性	≥500	报告		GB/T 11142
13	带电倾向		报告		DL/T 1095
14	腐蚀性硫		非腐蚀性		
15	油中颗粒度		报告		DL/T 432

注：①取样油温为40~60℃；②DL/T 429.9方法是采用平板电极；GB/T 507是采用圆球、球盖形两种形状电极。三种电极所测的击穿电压值不同。其质量指标为平板电极测定值。

表 3-12　　　　　　　　　　　　　　运行中断路器油质量标准

序号	项　目	质 量 指 标	检验方法
1	外状	透明、无游离水分、无杂质或悬浮物	外观目视
2	水溶性酸（pH 值）	≥4.2	GB/T 7598
3	击穿电压　kV	110kV 以上：投运前或大修后≥40 运行中≥35 110kV 及以下：投运前或大修后≥35 运行中≥30 必要时	GB/T 507 或 DL/T 429.9

（2）检验周期。对运行中油要确定一个适用于所有可能遇到情况的检验周期是不太现实的，也是难以做到的。最佳的检验间隔时间取决于设备的型式、用途、功率、结构和运行条件及气候条件。检验周期的确定主要考虑安全可靠性和经济性之间的必要平衡。表 3-13 和表 3-14 给出了适用于不同电气设备类型的通用的最低检验周期。对于制造厂有比较明确规定的，一般应按制造厂的要求进行检验；所带负荷比较高时，检验次数应增加；当有些运行油质指标明显接近所控制的极限时，应增加试验次数以确保安全；现场条件允许时，也可根据需要适当增加检验次数。

表 3-13　　　　　　　　　　　　　　运行中变压器油检验项目和周期

设备名称	设备规范	检验周期	检验项目
变压器、电抗器，所、厂用变压器	330～1000kV	设备投运前或大修后 每年至少一次 必要时	1～10 1、5、7、8、10 2、3、4、6、9、11、12、13、14、15
	66～220kV、8MVA 及以上	设备投运前或大修后 每年至少一次 必要时	1～9 1、5、7、8、 3、6、7、11、13、14 或自行规定
	<35kV	设备投运前或大修后 三年至少一次	自行规定
互感器、套管		设备投运前或大修后 1～3 年 必要时	自行规定

续表

设备名称	设备规范	检验周期	检验项目
断路器	>110kV	设备投运前或大修后	1~3
	>110kV	每年至少一次	3
	≤110kV	三年至少一次	3
	油量60kg以下	三年一次，或换油	3

注：
1) 变压器、电抗器、厂用变压器、互感器、套管等油中的"检验项目"栏内的1、2、3……为表3-11的项目序号。
2) 断路器油"检验项目"栏内的1、2、3为表3-12的项目序号。
3) 对不易取样或补充油的全密封式套管、互感器设备，根据具体情况自行规定。

表3-14　　　　　运行中变压器油气体组分含量正常检验周期

设备名称	电压等级和容量	检验周期
变压器和电抗器	电压330kV及以上、容量240MVA及以上所有发电厂升压变压器	3个月一次
	电压220kV及以上、容量120MVA及以上	6个月一次
	电压66kV及以上、容量8MVA及以上	每年一次
	电压66kV及以下、容量8MVA及以下	自行规定
互感器	电压66kV及以上	1~3年一次
套管		必要时

（3）运行油油质评价。运行油质量随老化程度和所含杂质等条件的不同而变化很大，除能判断设备故障的项目（如油中溶解气体色谱分析等）以外，通常不能单凭任何一种试验项目作为评价油质状态的依据。应根据所测定的几种主要特性指标进行综合分析，并且随电压等级和设备种类的不同而有所区别。但评价油品质量的前提首先是考虑安全第一的方针，其次才是考虑各地具体情况和经济因素。

表3-15为运行中变压器油各试验项目超极限值的各种可能原因及相应对策，供分析研究时参考。

表 3-15　　　　　　　　　运行中变压器油超极限值原因及相应对策

项目	超极限值		超极限值可能原因	相应对策
外观	不透明，有可见杂质或油泥沉淀物		油中含有水分或纤维、炭黑及其他固体物	检查含水量，调查原因，与其他试验配合，决定措施
颜色	油色很深		可能过度劣化或污染	检查酸值、闪点、油泥有无气味，以决定措施
水分 mg/kg	330kV～500kV 及以上	>20	a. 密封不严，潮气侵入；b. 超温运行，导致固体绝缘老化或油质劣化较深	更换呼吸器内干燥剂；降低运行温度；采用真空过滤处理
	220kV	>30		
	110kV 及以下	>40		
酸值 mgKOH/g	>0.1		a. 超负荷运行；b. 抗氧化剂消耗；c. 补错了油；d. 油被污染	调查原因，增加试验次数，投入净油器，测定抗氧化剂含量并适当补加，或考虑再生
水溶性酸	pH<4.2		a. 油质老化；b. 油被污染	与酸值进行比较查明原因，投入净油器或换油
击穿电压 kV	500kV 及以上设备	<50	a. 油中水分含量过大；b. 油中有杂质颗粒污染	检查水分含量，对大型变电设备可检测油中颗粒污染度；进行精密过滤或更换新油
	330kV 设备	<45		
	220kV 设备	<40		
	66～110kV 设备	<35		
	35kV 及以下设备	<30		
介质损耗因素 (90℃)	500kV 及以上设备	>0.02	a. 油质老化程度较深；b. 油被污染；c. 油中含有极性杂质	结合酸值、水分、界面张力数据，查明污染物来源并进行过滤处理，或更换新油
	≤330KV 设备	>0.04		
界面张力(25℃) mN/m	<19		a. 油质老化严重；油中有可溶性或沉析性油泥析出；b. 油质污染	结合酸值、油泥的测定采取再生处理或更换新油
油泥与沉淀物	>0.02%		油质深度老化或污染	考虑油再生或换油
闪点	比新油标准低 10℃ 以上		a. 设备存在局部过热或放电故障；b. 补错了油	查明原因消除故障，进行真空脱气处理或换油
溶解气体组分含量	见 GB 7252 或 DL/T 722		设备存在局部过热或放电性故障	进行跟踪分析，彻底检查设备，找出故障点，消除隐患，进行真空脱气处理
油中总含气量 % V/V	330～500kV 及以上设备	>3	设备密封不严	联系制造厂，进行严密性处理
体积电阻率 90℃，Ω·m	500kV 及以上设备	<1×10^{10}	同介质损耗因数原因	同介质损耗因数对策
	330kV 及以下设备	<5×10^9		

三、变压器油的维护

1. 补油或混油

电气设备充油不足需要补充油时,最好补加同牌号的新油。补加油品的各项特性指标都应不低于设备内的油。如果新油补入量较少,例如小于5%时,通常不会出现任何问题;如果新油补入量较多,特别是将较多的新油补加到已严重老化至接近运行油质量标准下限的油中时,就可能导致油中迅速析出油泥,影响油的散热绝缘特性,甚至引起设备事故发生。因此,在补油前应先作混油试验,无油泥析出、酸值和介质损耗因数值不大于设备内油时方可混合使用。

不同牌号的油原则上不宜混合使用,只有在必须混用时通过试验后方可混合使用。这是由于不同牌号油的特性并不完全相同,其适用范围亦不相同。例如在低凝点油中混入高凝点的油,就会导致混合油的凝点发生变化,影响设备在寒冷地区的正常使用;如果将含有不同添加剂的油混合使用,就可能由于发生化学变化而产生杂质,威胁设备的安全运行。在特殊情况下,如必须将不同牌号的新油混合使用时,应按混合油的实测凝点决定是否可混合使用;如需在运行油中混入不同牌号的新油或已使用过的油,除应事先测定混油凝点外,还要进行老化试验,油质合格后方可使用。

进口油或来源不明的油与不同牌号的运行油混合使用时,由于油的组成、所含添加剂的类型并不完全相同,在混油时应特别慎重。当必须混用时,应预先对参加混合的各种油及混合后的油样进行老化试验,当混合油的质量不低于原运行油时,方可混合使用;若相混的都是新油,其混合油的质量应不低于其中最差的一种油,并需按实测凝点决定是否可以混用。

被混合使用的油质量都必须合格。在进行试验时,油样的混合比应与实际使用的比例相同;如果混油比是未知的,则采用1:1的比例混合。

2. 使用呼吸器与密封式储油柜

呼吸器(又称吸湿器)和密封式储油柜主要用于防止水分、氧气和其他杂质的侵入。

充油电气设备一般均应安装呼吸器。呼吸器与储油柜上部的空气室相连通,为一只盛满能吸收潮气物质的小罐,其底部设有油封,内部放有氯化钴浸渍过的硅胶(变色硅胶)作为吸潮剂。变色硅胶在干燥状态下呈蓝色,当它吸收潮气后,渐渐地由蓝色变为粉红色。此时即说明硅胶已失去吸潮效能,应立即更换。失效吸附剂按规定条件烘干后可重复使用。对于油温经常变化的110kV及以上电压等级的电力变压器,当使用呼吸器除潮效果不好时,可安装冷冻除湿器(热电式干燥器)。这种除湿器既能防止外界水分的侵入,又可清除设备内部的水分。它通常与普通型储油柜配合使用,其热电致冷组件应具有足够的功率,且能实现自动除霜操作。装有冷冻除湿器的变压器储油柜内空间的相对湿度,应能经常保持在10%以下。

密封式储油柜不同于普通型储油柜,在其内部装有橡胶质的密封件,使油和空气隔离开来,以防外界水分和空气进入而导致油的氧化与受潮。但这种装置并不能清除已进入设备的潮气和设备内部绝缘分解所产生的水分。因此,要求设备整体有可靠的严密性且应事先对油作深度净化（包括脱水脱气）。电力变压器容量在 8 000kVA 及以上的一般应装设密封式储油柜。

密封式储油柜通常有两种结构型式，胶囊式储油柜（见图 3-8）与隔膜式储油柜（见图 3-9）。目前新式的密封式储油柜是金属膨胀式的。110kV 及以上电压等级的油浸式高压互感器采用隔膜密封式储油柜或金属膨胀器结构。

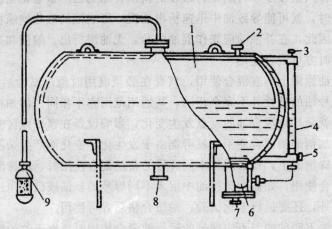

1—胶囊；2，5—放油塞；3，7—放气塞；4—油位计；6—油压表；8—气体继电器联管；9—呼吸器

图 3-8　胶囊式密封储油柜

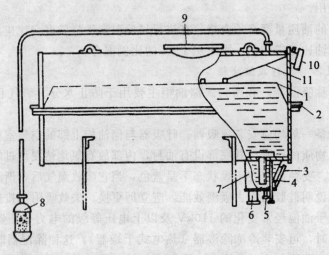

1—隔膜；2—放水阀；3—视察窗；4—排气管；5—注放油管；6—气体继电器联管；7—集气盒；8—呼吸器；9—人孔；10—铁磁式油位计；11—连杆

图 3-9　隔膜式密封储油柜

密封式储油柜在结构上全密封，安全气道改成了压力释放器。在运行中，应经常检查柜内气室呼吸是否畅通，油位变化是否正常。如发现呼吸器堵塞或密封件（胶囊或隔

膜）油侧积有空气，应及时排除，以防发生假油位或溢油现象。当密封件破损、设备上密封点泄漏、潜油泵故障以及绝缘老化时，会使潮气侵入。因此，应定期检查油质情况，特别是油中含气量和含水量的变化。如有异常，应查明原因，消除缺陷，并对油及时进行脱气除潮。

3. 使用净油器对油进行连续再生

净油器是利用吸附剂对油进行连续再生的一种装置。吸附剂为粒度 4~6mm 的吸附性能和机械强度均良好的活化好的粗孔硅胶、沸石分子筛或活性氧化铝等，用量一般为油量的 0.5%~1.5%（m/m）。由于它可以清除油中存在的水分、游离碳和其他老化产物，从而能长时间地稳定新油的性能，也能恢复已运行过一段时间的油的性能，并在运行过程中保持不变。因此，广泛适用于不同型式的电力变压器。但对于超高压设备，由于吸附剂粉尘有可能带入油流的危险，应慎重采用。净油器从循环动力上可分为温差环流净油器（热虹吸器）和强制环流净油器两种，其中热虹吸器更为常用一些。

净油器在安装和使用中，应仔细检查其油流出口滤网是否坚固完好，如发现滤网支撑陷塌或网孔破损，应立即修理或更换，以防吸附剂颗粒漏入油系统造成不良后果。

连续再生法比周期性的再生法效果好得多，这是因为经常地保持运行中的变压器油的性能比之于允许油严重老化后再用专用设备进行再生处理要好得多。

4. 添加抗氧化剂 T501

添加抗氧化剂 T501 可以提高油的氧化安定性。添加要求和方法与汽轮机油中添加 T501 的要求和方法基本相同。运行油添加抗氧化剂之前，除了清除设备和油中的油泥、水分和杂质以外，还应保证油的耐压试验合格；添加后，油的电气性能应试验合格。

5. 使用专用设备净化和再生变压器油

净化处理主要用于去除油中水分、气体和固体颗粒等。常用的方法有机械过滤、离心分离和真空过滤。机械过滤用于除去油中较大颗粒的水分、油泥、游离碳、纤维及其他机械杂质，改善油的电气性能。但它不能有效地除去溶解的或胶态的杂质，也不能脱除气体。当处理含有大量水分、固体颗粒、油泥等悬浮污物的油，且利用压力式过滤机不能达到高效率净化时，须采用离心式分离机。真空过滤机可使油在高真空和适当温度下雾化，或使油流形成薄膜，以脱除油中气体和微量水分，适用于对油的深度脱水脱气处理。由于变压器油中的微量水分就可以引起变压器故障，变压器故障或长期的热电作用会使油分解产生气体，因此，老化变压器油通常采用具有真空过滤机的净化设备。真空过滤机工作时，油温一般控制在 60~80℃ 以下，以防油质氧化或引起油中轻组分的损失。在过滤过程中应定期测定进出口油的含气量和击穿电压（或含水量），以监督滤油机的净化效率。特殊情况下对变压器进行带电滤油时，油流速不能过大，以免产生流动带电而引起危险。

变压器油的再生处理方法与汽轮机油基本相同，不同之处是使用渗滤法时再生温度较汽轮机油低。例如进行渗滤再生时，如果使用硅胶吸附剂，温度一般为 30~50℃；使用活性氧化铝时，温度一般为 50~70℃。

思 考 题

1. 结合油浸式电力变压器的构造，说明绝缘油在其中所起的主要作用。
2. 变压器上安装的密封式储油柜有何作用？
3. 断路器油在油断路器中为什么能熄灭电弧？
4. 汽轮机油在机组中是如何进行润滑和调速的？
5. 电液转换器又称伺服阀，它有何作用？
6. 对于运行变压器油和汽轮机油各有哪些主要维护措施？其作用是什么？
7. 对于运行抗燃油有哪些主要维护措施？其作用是什么？
8. 运行变压器油和汽轮机油各有哪些监督指标？与新油有何不同？
9. 混油时应注意些什么问题？
10. 为什么吸附净化与抗氧化剂联合使用的效果会更好？
11. 抗燃油中含水时有何危害？应如何去除？

第四章　充油电器设备潜伏性故障诊断

当充油电器设备存在故障时，将引起绝缘材料的老化分解，产生一些低分子量的气体。这些气体的产生速率、种类和含量随故障类型的不同而不同。因此，可以根据气体的产气速率、种类和含量判断充油电器设备内的潜伏性故障。

第一节　故障类型及其特征气体

变压器等充油电气设备内部的故障一般可分为两大类：过热和放电。过热故障按温度的高低分为低温、中温和高温过热三种情况；放电故障按能量的大小分为局部放电、火花（低能量）放电和电弧（高能量）放电三种类型。

一、过热故障

运行变压器有空载损耗和负载损耗，这些损耗源于变压器绕组、铁芯和金属构件。损耗的能量转化为热量，并以自身温度升高的形式表现出来。由于发热体与周围介质（如绝缘材料、变压器油等）温差的作用，使周围介质的温度逐渐升高。具有较高温度的周围介质，再通过油箱和冷却装置把热量散发至空气中。当各部位的温差达到产生的热量与散发的热量平衡时，各部位的温度不再变化而趋于稳定。但若变压器中的某个部位，其发热量高于设计预期值或散热量低于预期值，即发热和散热达不到平衡状态，那么该部位的温度就会继续升高而产生过热现象。

过热性故障占变压器运行故障的比例很大，其危害性虽然不像放电性故障那样迅速、严重，但任其发展也会造成设备的严重损坏，酿成恶性事故。

1. *故障的类型*

过热性故障的分类方法很多，按故障发生的部位，可分为内部过热和外部过热；按过热性故障的性质，可分为发热异常型过热和散热异常型过热。电力运行部门一般按故障源温度的高低，将过热性故障分为四种类型：

(1) 轻微过热——故障源温度低于150℃。

(2) 低温过热——故障源温度在150~300℃之间。

(3) 中温过热——故障源温度在300~700℃之间。

(4) 高温过热——故障源温度大于700℃。

2. *产生故障的原因*

电力运行监督人员最为关心的是发生在变压器内部的过热性故障。对内部过热性故障，按其发生的部位，通常归纳为三类：

(1) 导体故障。如部分绕组短路、不同电压比变压器并列运行引起短路电流使变压器过热，导体超负荷过流发热，导体绝缘膨胀堵塞油道而引起的散热不良等。

(2) 接点接触不良。如引线连接不好，分接开关接触不良，导体接头焊接有问题等。

(3) 磁路故障。如铁芯两点或多点接地、铁芯短路引起涡流发热、铁芯与穿芯螺栓短路、漏磁引起的夹件（压环）等局部过热。

3. 过热故障的产气特征

过热故障产生的部位不同，能量不同，其产气特征也不相同。

(1) 裸金属过热性故障。对于不涉及固体绝缘的裸金属过热性故障，其气体的来源是变压器油的高温裂解。变压器油裂解产生的气体主要是低分子烃类，其中以甲烷、乙烯为主，一般二者之和常占总烃的80%以上。当故障点温度较低时，甲烷占的比例大；随着热点温度的升高，乙烯、氢气组分含量急剧增加，比例增大；当严重过热（800℃以上）时，也会产生少量的乙炔气体。

(2) 涉及固体绝缘材料的过热性故障。该类过热性故障除了引起变压器油的裂解，产生低分子烃类气体外，还会引起固体绝缘材料的裂解，产生较多的一氧化碳和二氧化碳气体，且随着温度的升高，CO/CO_2的比值逐渐增大。

对只限于局部油道堵塞或散热不良的过热性故障，由于过热温度较低，且过热面积较大，此时对绝缘油的热解作用不大，因而产生的低分子烃类气体也不多。

总之，一氧化碳和二氧化碳含量的高低，是反映过热性故障是否涉及固体绝缘及故障能量高低的重要指标。

二、放电故障

变压器在运行过程中，由于受到水分、杂质、短路冲击、雷击及其他因素的影响，使局部场强过高或场强发生畸变，超出了该部位绝缘所能承受的正常水平，就会导致绝缘击穿而发生放电性故障。

放电故障一般按放电的能量密度分为局部放电、低能量（火花）放电和高能量（电弧）放电三类。

1. 局部放电

局部放电是在强电场作用下，绝缘结构（液体和固体绝缘材料）内部形成非贯穿性桥路的一种局部范围内的放电现象。一般可分为气隙性和气泡性局部放电。在电流互感器和电容套管故障中，这类放电比例较大。

局部放电常发生在固体绝缘内的空穴、电极尖端、油角间隙、油与绝缘纸板中的油隙或油中沿固体绝缘的表面等处。因此，如果设备中某些部位存在尖角、毛刺、漆瘤，金属部件或导体间接触不良，固体绝缘材料中存在空穴或空腔，油中存在气泡等，都会引发局部放电。局部放电的能量密度不大，一旦发展将会形成高能量放电，并导致绝缘击穿或损坏。

发生局部放电时，油中的气体组分含量随放电能量密度不同而异，一般总烃不高，主要成分是H_2，其次是CH_4。通常H_2占氢烃的90%以上，CH_4占总烃的90%以上。

当放电能量增高时，也可产生少量（<2%）乙炔。

2. 低能量放电

低能量放电一般指火花放电，是电介质材料突然被击穿引起带有瞬间闪光的短期放电现象。它是一种间歇性放电故障。导致火花放电的原因有多种。例如，当设备如变压器等内部某一金属部件接触不良并处于高、低压电极之间部位时，因阻抗分压在该金属部件上产生对地的悬浮电位而引起的放电；调压绕组在分接开关转换极性时的短暂期间，套管均压球和无载分接开关拔叉等高电位处，铁芯叠片磁屏蔽及紧固螺栓与地连接松动脱落等低电位处，以及高压套管端部接触不良等均会形成悬浮电位而引起火花放电。此外，油中水分多、受潮的纤维多时也会因形成杂质小桥而引起火花放电。电流互感器内部引线与外壳之间也有火花放电现象。

火花放电产生的主要气体成分是乙炔和氢气，其次是甲烷和乙烯。由于故障能量低，总烃含量不高。但油中溶解的乙炔在总烃中所占比例可达 25%～90%，乙烯含量约占总烃的 20%以下，氢气占氢烃总量的 30%以上。当放电涉及固体绝缘材料时，会使油中一氧化碳和二氧化碳的含量明显增加。

3. 高能量放电

高能量放电亦称电弧放电，是电介质击穿后由于极间电阻较小、电流较强而形成明亮连续的弧光，并产生高温的一种放电现象，在变压器、套管、互感器内均会发生。引起电弧放电故障的原因，通常是绕组匝间绝缘击穿、过电压引起内部闪络、引线断裂引起电弧、分接开关飞弧和电容屏击穿等。

这类故障的产气特征是乙炔、氢气的含量较高，其次是乙烯和甲烷。由于故障能量大，总烃含量很高。其中，乙炔占总烃的 20%～70%，氢气占氢烃总量的 30%～90%，绝大多数情况下乙炔含量高于甲烷含量。若高能量放电故障涉及固体绝缘材料，则瓦斯气体和油的溶解气体中，除乙炔特征气体含量较高外，一氧化碳的含量也很大。

这类故障产气剧烈，产气量大，故障气体往往来不及溶解于油中就迅速进入气体继电器内部，引发气体继电器动作。这类故障多是突发性的，从故障的产生到酿成事故，时间较短、预兆不明显，难以分析预测。在目前情况下，多是在故障发生后，对油中的气体和瓦斯气体进行分析，以判断故障的性质和严重程度。

第二节 气体的产生机理和传质过程

充油电器设备发生故障时，将引起绝缘材料老化裂解，从而产生 H_2、CH_4、C_2H_6、C_2H_4、C_2H_2、CO 和 CO_2 等主要气体。这些气体含量的多少随故障类型的不同而变化，是对充油电器设备内部故障判断有价值的气体，因此称之为特征气体。其中，烃类气体含量的总和称为总烃。

油和纸是充油电器设备的主要绝缘材料，充油电器设备中特征气体产生的机理与这些绝缘材料的性能密切相关。

一、产气机理

1. 绝缘油的劣化产气

绝缘油是由许多不同分子量的碳氢化合物分子组成的混合物,分子中含有 CH_3^*、CH_2^* 和 CH^* 化学基团,并由 C—C 键键合在一起。由电或热故障的结果可以使某些 C—H 键和 C—C 键断裂,伴随生成少量活泼的氢原子和不稳定的碳氢化合物的自由基。这些氢原子或自由基通过复杂的化学反应迅速重新化合,形成氢气和低分子烃类气体,如甲烷、乙烷、乙烯、乙炔等,也可能生成碳的固体颗粒及碳氢聚合物(X 蜡)。故障初期,所形成的气体溶解于油中;当故障能量较大时,也可能聚集成游离气体。油碳化生成碳粒的温度在 500~800℃,碳的固体颗粒及碳氢聚合物可沉积在设备的内部。

低能量故障,如局部放电,通过离子反应促使最弱的键 C—H 键(338kJ/mol)断裂,主要重新化合成氢气而积累。对 C—C 键的断裂需要较高的温度(较多的能量),然后迅速以 C—C 键(607 kJ/mol)、C=C 键(720 kJ/mol)和 C≡C 键(960 kJ/mol)的形式重新化合成烃类气体,依次需要越来越高的温度和越来越多的能量。

乙烯是在高于甲烷和乙烷的温度(大约为 500℃)下生成的(虽然在较低的温度时也有少量生成)。乙炔一般在 800~1200℃ 的温度下生成,而且当温度降低时,反应迅速被抑制,作为重新化合的稳定产物而积累。因此,大量乙炔是在电弧的弧道中产生的。当然在较低的温度下(低于 800℃)也会有少量乙炔生成。

油起氧化反应时,伴随生成少量 CO 和 CO_2,并且 CO 和 CO_2 能长期积累,成为数量显著的特征气体。

2. 固体绝缘材料的分解和产气

纸、层压板或木块等固体绝缘材料的主要成分是纤维素。纤维素分子呈链状,是由许多葡萄糖基借 C^1 和 C^4 配键连接起来的大分子,化学式为 $(C_6H_{10}O_5)_n$。由于分子内含有大量的无水右旋糖环和弱的 C—O 键及葡萄糖苷键,它们的热稳定性比油中的碳氢键要弱,所以能在较低的温度下重新化合。当温度高于 105℃ 时,绝缘材料中聚合物就会发生有效的裂解;当温度高于 300℃ 时,裂解和碳化完全。裂解在生成水的同时,生成大量的 CO 和 CO_2 及少量烃类气体和呋喃化合物,同时油被氧化。CO 和 CO_2 的形成不仅随温度而且随油中氧的含量和纸的湿度增加而增加。

3. 产气规律

充油电器设备发生故障产气时具有一定的规律性。

(1) 绝缘油和固体绝缘材料在 140℃ 以下,发生较缓慢的氧化,主要产生少量的一氧化碳和二氧化碳。

(2) 绝缘油在 140~500℃ 时,主要分解产生烷烃类气体,其中主要是甲烷和乙烷;当温度升高至 500℃ 以上时,绝缘油分解加剧,乙烯含量将显著增加;当温度升高至 800℃ 左右时,将产生乙炔;当温度超过 1 000℃ 时,绝缘油分解的气体中大部分为乙炔和氢气,并有一定量的甲烷和乙烯气体等。

(3) 较高电场下的气隙放电,产生的气体主要是氢气和少量甲烷。

(4) 固体绝缘材料温度高于 200℃ 时,热解气体主要是一氧化碳和二氧化碳,还有氢气和烃类气体；随温度升高，CO/CO_2 比值不断上升，至 800℃时，CO/CO_2 比值达 2.5 以上，而且有少量甲烷和乙烯等烃类气体。

二、气体在油中的溶解与扩散

充油电器设备内分解出的气体形成气泡，在油里通过对流、扩散进行传质。气体的传质过程分为：气泡的运动，气体分子的扩散、溶解与交换，气体的析出和向外逸散。

1. 气体在油中的溶解

充油电气设备内部的油、纸等绝缘材料所产生的每种气体，在一定的温度、压力下达到溶解和释放的动态平衡，即最终将达到溶解的饱和或接近饱和状态。油中气体溶解度可用奥斯特瓦尔德（Ostwald）系数 k_i 表示。通过测试气相中各组分浓度，并据平衡原理导出的奥斯特瓦尔德系数，可计算出油中溶解气体各组分的浓度。奥斯特瓦尔德系数定义为

$$k_i = \frac{C_{o,i}}{C_{g,i}} \tag{4-1}$$

式中：$C_{o,i}$——在平衡条件下，溶解在油中组分 i 的浓度，μL/L；
$C_{g,i}$——在平衡条件下，气相中组分 i 的浓度，μL/L；
k_i——组分 i 的奥斯特瓦尔德系数。

各种气体在矿物绝缘油中的奥斯特瓦尔德系数见表 4-1。奥斯特瓦尔德系数与所涉及的气体组分的实际分压无关，而且假设气相和液相处在相同的温度下，由此引进的误差将不会影响充油电器设备的故障判断结果。

表 4-1　　各种气体在矿物绝缘油中的奥斯特瓦尔德系数 k_i

标　准	温度℃	H_2	N_2	O_2	CO	CO_2	CH_4	C_2H_2	C_2H_4	C_2H_6
GB/T 17623-1998[①]	50	0.06	0.09	0.17	0.12	0.92	0.39	1.02	1.46	2.30
IEC 60599-1999[②]	20	0.05	0.09	0.17	0.12	1.08	0.43	1.20	1.70	2.40
	50	0.05	0.09	0.17	0.12	1.00	0.40	0.90	1.40	1.80

注：①国产油测试的平均值。
②这是从国际上几种最常用牌号的变压器油得到的一些数据的平均值。实际数据与表中的这些数据会有些不同，然而可以使用上面给出的数据，而不影响从计算结果得出的结论。

气体在变压器油中的溶解度大小与气体的特性、油的化学组成以及溶解时的温度等因素都有密切的关系。例如，烃类气体的溶解度随分子量增加而增加，氢、氮、CO 等气体的溶解度随温度上升而增加，低分子烃类气体及二氧化碳的溶解度则随温度升高而下降。如果变压器油与空气接触，空气中的氧气和氮气就溶解于油中，最终将达到溶解饱和或接近饱和状态。在一般情况下，变压器油中都含有溶解气体。新油含有的气体最大值分别约为 CO：100μL/L，CO_2：35μL/L，H_2：15μL/L，CH_4：2.5μL/L。

当变压器内部存在潜伏性故障时，如果热分解产生气体的速率很慢，气体仍以分子的形态扩散并溶解于周围油中，即使油中气体含量很高，只要尚未过饱和，就不会有自由气体释放出来；如果故障存在的时间较长，油中溶解气体已达到饱和状态，则会释放出自由气体，进入气体继电器中。当产气速率很高时，分解气体除一部分溶于油中之外，还有一部分成为气泡上浮，并在上浮过程中把油中溶解的其他气体（如氮气）置换出一部分。这种气体置换过程与气泡大小和油的黏度有关。气泡越小或油的黏度越大，气泡上升越慢，与油接触的时间就越长，置换就越充分，直至所有的气体组分达到溶解平衡为止。对于尚未达到气体溶解饱和的油，气泡可能完全溶于油中，而最终进入气体继电器内的就只有空气成分和溶解度小的气体，如氢气、甲烷等。由此可见：在变压器故障的早期阶段，只有溶解度低的气体才会聚积于气体继电器中，而溶解度高的气体仍在油中；当变压器发生突发性故障时，因气泡大，上升快，与油接触时间短，溶解和置换过程来不及充分进行，分解气体就以气泡的形态进入气体继电器中，并且气体继电器中积存的故障特征气体往往比油中含量高得多。

2. 气体在绝缘油中溶解传质过程的损失

充油电气设备内部故障产生的气体是通过扩散和对流而均匀溶解于油中的。当故障发生时，由于故障点周围产生气体的浓度高于周围油中气体的浓度，从而引起了气体在油中的扩散；气体在单位时间内和单位表面上的扩散量不仅与浓度有关，还与压力、温度和黏度等有关。此外，充油电气设备中各部分油温的差别引起了油的连续循环，使溶解于油中的气体转移到充油电气设备的各个部分。因此，故障点周围仅是瞬间存在高浓度的气体。这些气体通过扩散和对流循环，最终能从变压器油箱向储油柜及油面气相中连续转移，从而造成气体损失。

充油电气设备中热解气体的传质损失过程十分复杂，可大致归结如下：

（1）热解气体气泡的运动与交换。故障点产生的气泡会因浮力而作上升运动，在其运动过程中会与附近油中已溶解的气体发生交换，气泡的运动与交换还使进入气体继电器气室的气体成分和实际故障源产生的气体在组分上发生变化。据此可以帮助我们对设备的状况和故障性质做出判断。

（2）热解气体的析出与逸散。当热解气体溶解于油而达到饱和时，如果不向外逸散，在压力、温度变化条件下，饱和油内便会析出已溶解的热解气体而形成气泡。变压器在运行中还会受到油的运动、机械振动以及电场的影响，使气体在油中的饱和溶解减小而析出气泡。在诊断变压器故障时，特别是具有开放式油箱变压器的故障时考虑这种情况，将使诊断更加符合实际。

（3）热解气体的隐藏与重现。大量的研究发现，充油电气设备的固体绝缘对热解气体存在吸附现象。当油温在80℃以下时，随着温度的降低，绝缘纸对CO、CO_2及烃类气体的吸附量会随之增加，使油中这些气体组分含量不断减少；当油温高于80℃后，吸附现象消失，绝缘纸中吸附的气体又会重新释放出来。因此，在对充油电气设备故障的发展进行追踪观察时，如遇油中气体含量异常变化情况，应考虑热解气体的隐藏行为。

第三节 油中的溶解和游离气体分析

绝缘油老化裂解产生的气体一部分溶解于油中，以溶解气体的状态存在，称为溶解气体；另一部分则从油中析出，进入气体继电器即瓦斯继电保护器，以游离态存在，称为游离气体。

一、油中溶解气体分析

气相色谱法是分析溶解于油中的气体组成及其含量的通用方法。绝缘油主要由烃类组成，沸点很高，直接将绝缘油样注入气相色谱仪会污染色谱柱。因此，分析油中溶解气体时，必须先将绝缘油中溶解的气体脱出，然后才能进行脱出气体组成和含量的分析。

目前常用的脱气方法有溶解平衡法和真空法两种。根据取得真空的方法不同，真空法又分为水银托里拆利真空法和机械真空法两种，常用的是机械真空法，水银托里拆利真空法常作为仲裁方法。

1. 溶解平衡法——机械振荡法（又称顶空取气法）

溶解平衡法目前使用的是机械振荡方式，其重复性和再现性能满足要求。该方法的原理是：在恒温恒压条件下，油样在和洗脱气体构成的密闭系统内通过机械振荡，使油中溶解气体在气、液两相达到分配平衡。通过取气样用气相色谱仪分析可得气样中各组分的浓度（μL/L），然后根据平衡原理导出的奥斯特瓦尔德（Ostwald）系数可计算出油中溶解气体各组分的浓度。

由于奥斯特瓦尔德系数随温度而变，通常使用的是 50℃ 的数值。因此，首先应将室温下、试验压力下平衡的气样体积 V_g 和试油体积 V_o 根据式（4-2）和式（4-3）校正为 50℃、试验压力下平衡的气样体积 V'_g 和试油体积 V'_o。

$$V'_g = V_g \times \frac{323}{273+t} \tag{4-2}$$

$$V'_o = V_o[1 + 0.0008 \times (50-t)] \tag{4-3}$$

式中：V'_g——50℃、试验压力下平衡气体体积，mL；

V_g——室温 t、试验压力下平衡气体体积，mL；

V'_o——50℃时油样体积，mL；

V_o——室温 t 时所取油样体积，mL；

t——试验时的室温，℃；

0.0008——油的热膨胀系数，1/℃。

然后，按式（4-4）计算油中溶解气体各组分的浓度。

$$X_i = 0.929 \times \frac{P}{101.3} \times c_{ig}\left(k_i + \frac{V'_g}{V'_o}\right) \tag{4-4}$$

式中：k_i——50℃时，气、液平衡后溶解气体 i 组分的分配系数即奥斯特瓦尔德系数；

c_{ig}——平衡气体 i 组分的浓度，μL/L；

X_i——油样中溶解气体 i 组分的浓度，$\mu L/L$；

P——试验时的大气压力，kPa；

0.929——油样中溶解气体浓度从50℃校正到20℃时的温度校正系数。

2. 真空全脱气法——变径活塞泵全脱气法

该方法对溶解度最大的乙烷气的脱出率大于95%，对其余气体的脱出率接近100%。

变径活塞泵脱气原理结构简图见图4-1。装置由变径活塞泵、脱气容器、磁力搅拌器和真空泵等构成。在一个密封的脱气室内借真空与搅拌作用，使油中溶解气体迅速析出；利用大气与负压交替对变径活塞施力，使活塞反复上下移动多次扩容脱气、压缩集气；连续补入少量氮气（或氦气）到脱气室洗气，加速气体转移，克服了集气空间死体积对脱出气体收集程度的影响，提高了脱气率，从而实现真空法为基本原理的全脱气。

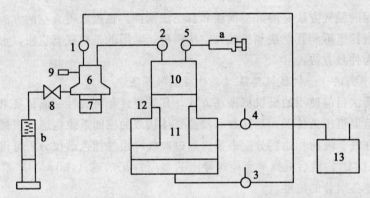

1、2、3、4、5—电磁阀；6—油杯（脱气室）；7—搅拌马达；8—进排油手阀；9—限量洗气管；10—集气室；11—变径活塞；12—缸体；13—真空泵；a—取气注射器；b—油样注射器

图4-1 变径活塞泵脱气原理结构简图

计算油样中溶解气体各组分浓度时，首先应按式（4-5）和式（4-6）将在室温、试验压力下的体积 V_g 和 V_o 分别校正为规定状况（20℃，101.3kPa）下的体积。

$$V_g'' = V_g \times \frac{P}{101.3} \times \frac{293}{273+t} \tag{4-5}$$

$$V_o'' = V_o[1 + 0.0008 \times (20-t)] \tag{4-6}$$

式中：V_g''——20℃、101.3kPa状况下气体体积，mL；

V_o''——20℃下油样体积，mL；

其余符号如上文所述。

然后根据气相色谱仪分析得到的气样中各组分的浓度 c_{ig}（$\mu L/L$），按式（4-7）计算油中溶解气体各组分的浓度 X_i：

$$X_i = c_{ig} \times \frac{V_g''}{V_o''} \tag{4-7}$$

二、游离气体分析

游离气体分析指的是气体继电器中的气体分析。

1. 气体继电器工作原理

气体继电器是一种保护装置,安装在变压器油箱顶部与储油柜相接的连管上,内部充满变压器油,结构如图 4-2 所示。当变压器内部发生故障时,产生的气体进入继电器后聚集在容器上部,使油面下降。此时开口杯 2 下降,永久磁铁 3 随之下降,下降到某一位置后,使舌簧接点 4 接通,轻瓦斯动作发出报警信号。当变压器内部有严重故障时,有大量气体涌出,使连管中产生油流,流速达到一定值时,便冲动挡板 7,挡板运动到某一限定位置,永久磁铁 6 使舌簧接点 5 接通,重瓦斯动作切断与变压器连接的所有电源,从而起到保护变压器的作用。

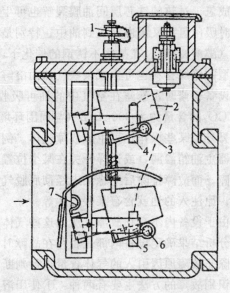

1—放气塞;2—开口杯;3、6—永久磁铁;
4、5—舌簧接点;7—挡板

图 4-2 气体继电器结构

2. 气体继电器中气体分析

气体继电器中的气体取样后可直接用气相色谱仪分析,所得结果即为各组分气体浓度。

第四节 潜伏性故障诊断方法

绝缘油中溶解气体组分含量分析,是运行充油电器设备监督的重要内容,是诊断充油电器设备潜伏性故障和保证设备安全运行的一项行之有效的重要手段。

根据油中溶解气体组分含量诊断充油电器设备潜伏性故障的方法可分为以下三个步骤:(1)根据溶解气体的分析结果,判断设备是否有故障;(2)在确定设备有故障后,判断故障的类型;(3)判断故障的危害性和严重程度,提出处理措施和建议。

一、故障的识别

正常运行时,充油电气设备内部的绝缘油和有机绝缘材料,在热和电的作用下,会逐渐老化和分解,产生少量的各种低分子烃类气体及一氧化碳、二氧化碳等气体。在热和电故障的情况下,也会产生这些气体。这两种来源的气体在技术上不能分离,在数值上也没有严格的界限,而且与负荷、温度、油中的含水量、油的保护系统和循环系统,以及取样和测试的许多可变因素有关。因此在判断设备是否存在故障及其故障的严重程度时,要根据设备运行的历史状况和设备的结构特点及外部环境等因素进行综合判断。

在某些情况下，有些气体可能不是设备故障造成的。例如油中含有水，可以与铁作用生成氢。过热的铁芯层间油膜裂解也可生成氢。新的不锈钢中也可能在加工过程中或焊接时吸附氢而又慢慢释放到油中。特别是在温度较高、油中有溶解氧时，设备中某些油漆（醇酸树脂），在某些不锈钢的催化下，甚至可能生成大量的氢。某些改型的聚酰亚胺型的绝缘材料也可生成某些气体而溶解于油中。油在阳光照射下也可以生成某些气体。设备检修时，暴露在空气中的油可吸收空气中的 CO_2，如果不进行真空滤油，则油中 CO_2 的含量约为 300μL/L（与周围环境的空气有关）。

另外，某些操作也可生成故障气体。例如：有载调压变压器中切换开关油室的油向变压器主油箱渗漏，或选择开关在某个位置动作时，悬浮电位放电的影响；设备曾经有过故障，而故障排除后绝缘油未经彻底脱气，部分残余气体仍留在油中；设备油箱带油补焊；原注入的油就含有某些气体等。

由于设备内不存在故障，所以这些气体的存在一般不影响设备的正常运行。在利用气体分析结果确定设备内部是否存在故障时，要注意加以区分。设备是否有故障，应使用排除非故障原因引入的气体含量进行判断。

识别故障的方法主要有两种：①使用溶解气体注意值进行判断；②使用产气速率进行判断。

1. 溶解气体注意值

（1）出厂和新投运的设备。由于新设备充入的新油中溶解气体的含量几乎为零，若经过短时间的出厂电气试验或现场验收电气试验，油中的溶解气体含量就有显著的提高，甚至存在乙炔，则说明新设备的制造或安装质量有问题。因此，国家标准对出厂和新投运的变压器和电抗器气体含量要求应符合表 4-2 的要求。

表 4-2　　　　　　　　对出厂和新投运的设备气体含量的要求　　　　　　　　μL/L

气　体	变压器和电抗器	互感器	套　管
氢	<10	<50	<150
乙　炔	0	0	0
总　烃	<20	<10	<10

（2）运行中设备油中溶解气体的注意值。运行中设备内部油中气体含量超过表 4-3 和表 4-4 所列数值时，应引起注意。但是，表中的注意值并不是划分设备有无故障的唯一标准。当气体浓度达到注意值时，应进行追踪分析，查明原因。对 330kV 及以上的电抗器，当出现痕量（小于 1μL/L）乙炔时也应引起注意；当气体分析已出现异常，但是经判断还不至于危及绕组和铁芯安全时，可在超过注意值较大的情况下运行。影响电流互感器和电容式套管油中氢气含量的因素较多，有的氢气含量虽低于表中的数值，但有增长趋势，应引起注意；有的只是氢气含量超过表中数值，但无明显增长趋势，可判断为正常。

表 4-3　　　　变压器、电抗器和套管油中溶解气体含量注意值　　　　μL/L

设备	气体组分	含量	
		330kV 及以上	220kV 及以下
变压器和电抗器	总烃	150	150
	乙炔	1	5
	氢	150	150
	一氧化碳	见本节故障类型的判断中的比值 CO_2/CO	
	二氧化碳		
套管	甲烷	100	100
	乙炔	1	2
	氢	500	500

注：该表所列数值不适用于从气体继电器放气嘴取出的气样。

表 4-4　　　　电流互感器和电压互感器油中溶解气体含量注意值　　　　μL/L

设备	气体组分	含量	
		200kV 及以上	110kV 及以下
电流互感器	总烃	100	100
	乙炔	1	2
	氢	150	150
电压互感器	总烃	100	100
	乙炔	2	3
	氢	150	150

2. 产气速率注意值

仅仅根据溶解气体分析结果的绝对值是很难对故障的严重性作出正确判断的。因为故障常常从低能量的潜伏性故障开始，若不及时采取相应的措施，可能会发展成较严重的高能量的故障。因此，必须考虑故障的发展趋势，也就是故障点的产气速率。产气速率与故障消耗能量大小、故障部位、故障点的温度等情况有直接关系。

产气速率可分为绝对产气速率和相对产气速率两种。

(1) 绝对产气速率，指的是每运行日产生某种气体的平均值，按下式计算：

$$\gamma_a = \frac{C_{i,2} - C_{i,1}}{\Delta t} \cdot \frac{m}{\rho} \tag{4-8}$$

式中：γ_a——绝对产气速率，mL/d；

$C_{i,2}$——第二次取样测得油中某气体浓度，μL/L；

$C_{i,1}$——第一次取样测得油中某气体浓度，μL/L；

Δt —— 两次取样时间间隔中的实际运行时间，d；

m —— 设备总油量，t；

ρ —— 油的密度，t/m^3。

变压器和电抗器绝对产气速率的注意值如表 4-5 所示。

表 4-5　　　　　　变压器和电抗器绝对产气速率注意值　　　　　　mL/d

气体组分	开放式	隔膜式
总烃	6	12
乙炔	0.1	0.2
氢	5	10
一氧化碳	50	100
二氧化碳	100	200

注：当产气速率达到注意值时，应缩短检测周期，进行追踪分析。

（2）相对产气速率，是指每运行月（或折算到月）某种气体含量增加为原有值的百分数的平均值，按下式计算：

$$\gamma_r = \frac{C_{i,2} - C_{i,1}}{C_{i,1}} \times \frac{1}{\Delta t} \times 100\% \qquad (4-9)$$

式中：γ_r —— 相对产气速率，1/月；

Δt —— 两次取样时间间隔中的实际运行时间，月；

其余符号同式（4-8）。

相对产气速率也可以用来判断充油电气设备内部的状况。当总烃的相对产气速率大于 10% 时，应引起注意。对总烃起始含量很低的设备，不宜采用此判据。

产气速率在很大程度上依赖于设备类型、负荷情况、故障类型和所用绝缘材料的体积及其老化程度，应结合这些情况进行综合分析。判断设备状况时，还应考虑到呼吸系统对气体的逸散作用。对怀疑气体含量有缓慢增长趋势的设备，可以使用在线监测仪随时监视设备的气体增长情况，以便监视故障发展趋势。

3. 使用游离气体含量判断

当气体继电器发出信号时，应立即取气体继电器中的游离气体进行色谱分析。此外，还应同时取油样进行溶解气体分析，并比较油中溶解气体与继电器中的游离气体的浓度，以判断游离气体与溶解气体是否处于平衡状态，进而可以判断有无故障和故障的严重性。

比较溶解气体和游离气体浓度时，首先要把游离气体中各组分的浓度值，利用各组分的奥斯特瓦尔德系数计算出平衡状况下油中溶解气体的理论值，再与从油样分析中得到的溶解气体组分的浓度值（实测值）进行比较。

判断方法如下：

（1）如果理论值和油中溶解气体的实测值近似相等，可认为气体是在平衡条件下释放出来的。这里有两种可能：一种是故障气体各组分浓度均很低，说明设备是正常的，应搞清这些非故障气体的来源及继电器报警的原因。另一种是溶解气体浓度略高于理论值，则说明设备存在较缓慢地产生气体的潜伏性故障。

(2) 如果气体继电器内的故障气体浓度明显超过油中溶解气体浓度，说明释放气体较多，设备内部存在产生气体较快的故障，应进一步计算气体的增长率。

二、故障类型的判断

1. 特征气体法

我国现行的《变压器油中溶解气体分析和判断导则》（DL/T 722—2000），将不同故障类型产生的主要特征气体和次要特征气体归纳为表 4-6。

表 4-6　　　　　　　　　　不同故障类型产生的气体

故障类型	主要气体组分	次要气体组分
油过热	CH_4，C_2H_4	H_2，C_2H_6
油和纸过热	CH_4，C_2H_4，CO，CO_2	H_2，C_2H_6
油纸绝缘中局部放电	H_2，CH_4，CO	C_2H_2，C_2H_6，CO_2
油中火花放电	H_2，C_2H_2	
油中电弧	H_2，C_2H_2	CH_4，C_2H_4，C_2H_6
油和纸中电弧	H_2，C_2H_2，CO，CO_2	CH_4，C_2H_4，C_2H_6

注：进水受潮或油中气泡可能使氢含量升高。

根据产气机理和表 4-6 所列的不同故障类型产生的气体，可推断设备的故障类型。

人们在采用特征气体法等进行充油电器设备故障类型诊断的过程中，经不断总结和改良，国际电工委员会（IEC）在热力动力学原理和实践的基础上，相继推荐了三比值法和改良三比值法。我国现行 DL/T 722—2000《导则》推荐的也是改良三比值法，以下简称三比值法。

2. 三比值法

三比值法的原理是：根据充油电器设备内油、绝缘在故障下裂解产生气体组分含量的相对浓度与温度的相互依赖关系，对 CH_4、C_2H_6、C_2H_4、C_2H_2、H_2 五种特征气体，选用溶解度和扩散系数相近的两种气体组分组成比值，得到了 C_2H_2/C_2H_4、C_2H_4/C_2H_6、CH_4/H_2 三对比值，以不同的编码表示不同的比值范围，根据编码组合作出对故障类型的判断。

编码规则和故障类型判断方法分别见表 4-7 和表 4-8。

三比值法的应用原则：

(1) 只有根据气体各组分含量的注意值或气体增长率的注意值，有理由判断设备可能存在故障时，气体比值才是有效的，并应予以计算。对气体含量正常，且无增长趋势的设备，比值没有意义。

(2) 假如气体的比值与以前的不同，可能有新的故障重叠在老故障或正常老化上。为了得到仅仅相应于新故障的气体比值，要从最后一次的分析结果中减去上一次的分析

表 4-7　　　　　　　　　　　编　码　规　则

气体比值范围	比值范围的编码		
	C_2H_2/C_2H_4	CH_4/H_2	C_2H_4/C_2H_6
<0.1	0	1	0
≥0.1～<1	1	0	0
≥1～<3	1	2	1
≥3	2	2	2

表 4-8　　　　　　　　　　故障类型判断方法

编码组合			故障类型判断	故障实例（参考）
C_2H_2/C_2H_4	CH_4/H_2	C_2H_4/C_2H_6		
0	0	1		绝缘导线过热，注意 CO 和 CO_2 的含量，以及 CO_2/CO 值
	0	1	低温过热（低于150℃）	分接开关接触不良，引线夹件螺丝松动或接头焊接不良，涡流引起铜过热，铁芯漏磁，局部短路，层间绝缘不良，铁芯多点接地等
	2	0	低温过热（150～300℃）	
	2	1	中温过热（300～700℃）	
	0，1，2	2	高温过热（高于700℃）	
	1	0	局部放电	高湿度、高含气量引起油中低能量密度的局部放电
1	0，1	0，1，2	低能放电	引线对电位未固定的部件之间连续火花放电，分接抽头引线和油隙闪络，不同电位之间的油中火花放电或悬浮电位之间的火花放电
	2	0，1，2	低能放电兼过热	
2	0，1	0，1，2	电弧放电	线圈匝间、层间短路，相间闪络，分接头引线间油隙闪络，引线对箱壳放电，线圈熔断，分接开关飞弧，因环路电流引起电弧，引线对其他接地体放电
	2	0，1，2	电弧放电兼过热	

数据，并重新计算比值（尤其是在 CO 和 CO_2 含量较大的情况下）。在进行比较时，要注意在相同的负荷和温度等情况下和在相同的位置取样。

(3) 由于溶解气体分析本身存在的试验误差，导致气体比值也存在某些不确定性。对气体浓度大于 $10\mu L/L$ 的气体，两次的测试误差不应大于平均值的 10%，而在计算气体比值时，误差提高到 20%。当气体浓度低于 $10\mu L/L$ 时，误差会更大，使比值的精确度迅速降低。因此在使用比值法判断设备故障性质时，应注意各种可能降低精确度的因素。尤其是对正常值普遍较低的电压互感器、电流互感器和套管，更要注意这种情况。

(4) 使用游离气体分析结果判断故障性质时，原则上与油中溶解气体相同，但是如上所述，应将游离气体浓度换算为平衡状况下的溶解气体浓度，然后计算比值。

3. 比值 CO_2/CO

当故障涉及固体绝缘时，会引起 CO 和 CO_2 含量的明显增长。根据现有的统计资料，固体绝缘的正常老化过程与故障情况下的劣化分解，表现在油中 CO 和 CO_2 的含量上，一般没有严格的界限，规律也不明显。这主要是由于从空气中吸收的 CO_2、固体绝缘老化及油的长期氧化形成 CO 和 CO_2 的基值过高造成的。开放式变压器溶解空气的饱和量为 10%，设备里可以含有来自空气中的 $300\mu L/L$ 的 CO_2。在密封设备里，空气也可能经泄漏而进入设备油中，这样，油中的 CO_2 浓度将以空气的比率存在。经验证明，当怀疑设备固体绝缘材料老化时，一般 $CO_2/CO > 7$。当怀疑故障涉及固体绝缘材料时（高于 200℃），可能 $CO_2/CO < 3$。必要时，应从最后一次的测试结果中减去上一次的测试数据，重新计算比值，以确定故障是否涉及固体绝缘。

当怀疑纸或纸板过度老化时，应适当地测试油中糠醛含量，或在可能的情况下测试纸样的聚合度。

三、预测故障的状况

用前述的油中溶解特征气体组分含量和比值法已诊断出变压器的故障性质及类型后，为了进一步预测充油电器设备的故障状况，往往还应考察故障源的温度、功率、绝缘材料的损伤程度、故障危害性，以及故障的发展导致油中溶解气体达到饱和并使瓦斯保护动作等诸多因素。

1. 故障源温度的估算

绝缘油裂解后的产物与温度有关，温度不同产生的特征气体也不同。反之，如已知故障情况下油中产生的有关各种气体的浓度，可以估算出故障源的温度。

对于绝缘油过热，且当热点温度高于 400℃ 时，可根据日本月冈淑郎等人推荐的公式来估算，即

$$T = 322 \lg \frac{C_2H_4}{C_2H_6} + 525 \tag{4-10}$$

国际电工委员会（IEC）标准指出，若 CO_2/CO 的比值低于 3 或高于 11，则认为可能存在纤维分解故障，即固体绝缘的劣化。当涉及固体绝缘裂解时，绝缘低热点的温度经验公式如下：

$$T = -241 \lg \frac{CO_2}{CO} + 373 \tag{4-11}$$

300℃ 以上时，

$$T = -1196 \lg \frac{CO_2}{CO} + 660 \tag{4-12}$$

2. 故障源功率的估算

绝缘油热裂解需要的平均活化能约为 210kJ/mol，即油热解产生 1mol 的气体（标准状态下为 22.4L）需要吸收热能为 210kJ，则每升热裂解气所需能量的理论值 Q_i 为：$Q_i = 210/22.4 = 9.38$（kJ/L），油裂解时实际消耗（吸收）的热量大于理论值 Q_i。若用 Q_P 表示油裂解实际需要吸收的热量，则热解效率系数为 $\varepsilon = \dfrac{Q_i}{Q_P}$，如果已知单位故障时

间内的产气量,则故障源功率估算公式为:

$$P = \frac{9.38V}{\varepsilon t} \tag{4-13}$$

式中:P——故障源的功率,单位 kW,其值愈大,故障能量愈高;

9.38——理论热值,kJ/L;

V——故障时间内产气量,L;

t——故障持续时间,s;

ε——热解效率系数,其数值可以查热解效率系数与温度关系的曲线得到,或根据该曲线测定出的近似公式确定,即:

局部放电 $\varepsilon = 1.27 \times 10^{-3}$

铁芯局部过热 $\varepsilon = 10^{0.00988T - 9.7}$

线圈层间短路 $\varepsilon = 10^{0.000686T - 5.33}$

式中:T 为热源温度,℃。

3. 油中气体达到饱和状态所需时间的估算

电气设备发生故障时,油被裂解的气体逐渐溶解于油中。当油中全部溶解气体(包括 O_2、N_2)的分压总和与外部气体压力相当时,气体将达到饱和状态。假设外部气体压力为 1atm 时,则油中溶解气体的饱和值为 100%,据此并根据气体分配平衡原理式(4-1)可得理论上估计油中气体达到饱和状态所需时间为

$$t = \frac{10^6 k_i}{\sum_i \dfrac{C_{i,2} - C_{i,1}}{\Delta t}} \tag{4-14}$$

式中:t——油中气体达到饱和状态所需时间即气体进入气体继电器所需的时间,月;

$C_{i,2}$——第二次取样测得油中 i 组分气体的浓度,μL/L;

$C_{i,1}$——第一次取样测得油中 i 组分气体的浓度,μL/L;

Δt——两次取样间隔的时间,月;

k_i——奥斯特瓦尔德系数。

由于实际的故障往往是非等速发展,在故障加速发展的情况下估算出的时间可能比油中气体实际达到饱和的时间长,因此在追踪分析期间,应随时根据最大产气速率重新进行估算,并修正所得的分析结果。

思 考 题

1. 运行变压器内气体故障类型有哪些?相应的特征气体有哪些?
2. 变压器油产生的故障气体有哪些?固体绝缘材料和绝缘油老化产生的气体分别有哪些?
3. 充油电器设备发生故障时的产气规律是什么?
4. 油中溶解气体的组成和含量与气体继电器中气体是否相同?为什么?
5. 简述判断变压器内潜伏性故障的大体步骤。
6. 当变压器油中总烃含量大于 150μL/L 时,是否可以断定该变压器有故障存在?
7. 如何用特征气体法和三比值法判断变压器的故障类型?

第五章 六氟化硫气体

随着电力系统高电压、大容量电网的不断发展，变电站无油化改造进程的加快，高绝缘性能和灭弧性能的气体组合电器应运而生。六氟化硫（SF_6）气体是现阶段能够合成并得到广泛应用的一种气体灭弧介质，是一种优于空气和油的新一代超高压绝缘介质材料。

第一节 六氟化硫气体的性质

1900 年，法国两位化学家 Moissan 和 Lebeau 将硫和氟直接合成，制成了 SF_6。四十年后，SF_6 开始应用于电气设备中。此后，随着人类对 SF_6 气体物理、化学性质研究的深入，SF_6 气体在高压断路器、变压器、高压电缆、粒子加速器、X 光设备、超高频（UHF）系统等领域有了广泛的应用。

SF_6 气体的广泛应用，是与其特有的物理性质、化学性质及电气性质分不开的。

一、SF_6 分子的结构特点

SF_6 是由卤族元素中最活泼的氟原子（F）与硫原子（S）结合而成的。其分子结构是一个完全对称的正八面体，硫原子位于正八面体中心，六个角上是氟原子，硫与氟原子之间以共价键结合。SF_6 分子直径约为 4.58×10^{-10} m，比 O_2、N_2 和 H_2O 的分子直径大，其键能为 318.2kJ/mol，F—S—F 键角为 90°，为完全对称型无极性分子，其分子量为 146。

二、SF_6 气体的物理性质

SF_6 在常温、常压下是一种无色、无味、无毒、无腐蚀性、不燃、不爆炸气体。

在 20℃、98.07kPa 条件下，空气的密度是 1.166g/L，而 SF_6 的密度为 6.16g/L，约为空气的 5 倍，是已知的最重的气体，具有强烈的窒息性。

SF_6 气体的热导率比空气小，但它的定压比热为空气的 3.4 倍。因此，它的对流散热能力比空气好得多，综合表面散热能力比空气更优越，是一种优良的冷却介质。

SF_6 气体在水中的溶解度很低，且随着温度的升高而降低，但易溶于变压器油和一些有机溶剂中。

在输配电设备中，SF_6 气体通常的压力范围在 0.1MPa 和 0.9MPa（绝对压力）之间。该气体的压力、温度、密度特性见图 5-1。从图中可以看出，SF_6 气体在温度为 −25℃ 的环境中使用时，如果压力超过 0.5MPa 将液化。实际上由于操作断路器时电弧

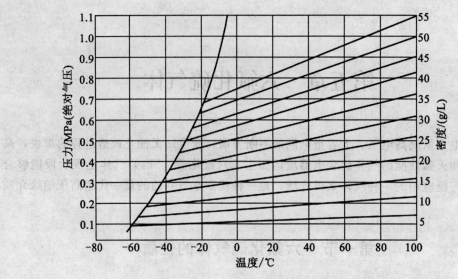

图 5-1　SF_6 的压力、温度、密度特性

的加热作用常常使得这一限制失去意义。

三、SF_6 的化学性质

SF_6 气体的化学稳定性强，在 500～600℃以下不分解，和酸、碱、盐、氨、水等不反应。但是，在热和电的综合作用下，处于高压气体绝缘设备中的 SF_6 气体将会发生分解，并与杂质发生作用。下面分别讨论在电弧、火花和电晕放电和热的作用下 SF_6 气体的分解反应。

1. 电弧放电

在高温电弧中，SF_6 气体将发生分解，产生低氟化物，主要反应为：

$$SF_6 \longrightarrow SF_4 + F_2$$

此外，SF_6 气体还可与金属蒸汽反应：

$$SF_6 + Cu \longrightarrow SF_4 + CuF_2$$
$$3SF_6 + W \longrightarrow 3SF_4 + WF_6$$
$$2SF_6 + W + Cu \longrightarrow 2SF_2 + WF_6 + CuF_2$$
$$4SF_6 + W + Cu \longrightarrow 2S_2F_2 + 3WF_6 + CuF_2$$

其中：CuF_2——褐色的固态粉末；

　　　WF_6——气态产物。

上述反应可视为电弧作用下第一阶段的分解过程，随后在燃弧加热下，产生的 SF_2、S_2F_2 将发生非均化反应生成 SF_4：

$$2SF_2 \longrightarrow SF_4 + S$$
$$2S_2F_2 \longrightarrow SF_4 + 3S$$

当设备中含水时，产生的低氟化物将发生水解：

$$SF_4 + H_2O \longrightarrow 2HF + SOF_2$$
$$WF_6 + 3H_2O \longrightarrow 6HF + WO_3$$

当气体中水分浓度很高时,水解反应更完全:
$$SOF_2 + 2H_2O \longrightarrow 2HF + H_2SO_3$$

GIS 的导体和外壳若由铝制成,则发生电弧闪络时将有以下的反应发生:
$$Al + 3F \longrightarrow AlF_3$$
$$3SOF_2 + Al_2O_3 \longrightarrow 2AlF_3 + 3SO_2$$

大量研究表明,在电弧作用下 SOF_2 是主要的 SF_6 分解产物,通常它是由最初分解产物 SF_4 和水分作用后形成的。对于铝电极系统,SOF_2 和 SO_2F_2 总的生成率约为 600nmol/J,而铜钨电极系统其生成率为 90nmol/J。其他的气态分解产物还有 SF_4、SF_2、S_2F_2、SO_2、SiF_4 和 CF_4 等。常见的固体分解产物为 AlF_3 和 CuF_2。由于 AlF_3 的生成反应是放热反应,因此使用铝导体产生的 AlF_3 比使用铜钨合金触头产生的 CuF_2 高得多。

2. 火花放电

大量研究表明,火花放电中 SOF_2 仍是检测到的主要分解产物。与电弧放电相比,SF_6 分解产物生成率低得多,但 SO_2F_2 的数量有所增加,其主要是在低氟化物(四氟化硫、五氟化硫)和氧、水分的作用下生成的。例如:
$$2SF_4 + O_2 \longrightarrow 2SOF_4$$
$$SOF_4 + H_2O \longrightarrow SO_2F_2 + 2HF$$

此外,火花放电中还检测到剧毒产物 S_2F_{10},而在电弧放电中极少发现这种产物,它可能是 SF_6 经下列反应式生成的。
$$SF_4 + SF_6 \longrightarrow S_2F_{10}$$
$$SF_5 + SF_5 \longrightarrow S_2F_{10}$$

3. 电晕放电

大量研究表明,电晕放电中 SOF_2 仍是 SF_6 气体分解的主要产物。但是,SO_2F_2 的浓度远高于电弧放电下的 SO_2F_2 浓度,在一定程度上比火花放电下的 SO_2F_2 浓度也高。此外,电晕放电中同样检测到了 S_2F_{10}。

总之,SF_6 气体在电、热作用下将发生分解。主要产物:氟化亚硫酰 SOF_2 是一种能够侵袭肺部的剧毒气体,有强烈的恶心臭味,可被察觉;氟化硫酰 SO_2F_2 为无色无臭可致痉挛的有毒气体,常与其他刺激性分解产物共存;四氟化硫 SF_4 为有刺激性臭味的无色气体,毒性与光气相当,对肺有侵害作用,影响呼吸系统;二氟化硫 SF_2 性质不稳定,毒性与 HF 相当;氟化硫 S_2F_2 为毒性很强的刺激性气体,可损害呼吸系统;十氟化二硫 S_2F_{10} 是目前检测到的最毒的 SF_6 分解产物,为无色易挥发液体,化学性质较稳定,较高温度下会发生分解。

四、SF_6 的电气性质

SF_6 是一种惰性气体,具有优异的电气性能。这是由 SF_6 分子质量大、直径大和氟原子电负性大决定的。

1. 介电强度（绝缘强度）

SF_6是一种高绝缘强度的气体电介质。在相同的气压下、均匀的电场中，SF_6气体的绝缘强度约为空气的2.5～3倍。在294.2kPa下，SF_6气体的绝缘强度与变压器油大致相当。

SF_6具有较高绝缘强度的主要原因是：

(1) SF_6电负性很强。SF_6的电负性主要是由氟原子决定的。氟原子的电负性在所有元素中是最强的，与硫化合形成SF_6后，SF_6分子仍保留了这种电负性，容易与电子结合形成负离子，从而削弱电子的碰撞电离，阻碍电离的形成和发展。

SF_6电离的主要机理是电子的共振捕获与分离附加，可用下式表示：

$$SF_6 + e \longrightarrow SF_6^- \quad (5-1)$$

$$SF_6 + e \longrightarrow SF_5^- + F \quad (5-2)$$

式(5-1)吸收0.05eV的能量，式(5-2)吸收0.1eV的能量。

(2) SF_6的分子直径较大，游离运动中的电子在SF_6气体中的平均自由行程缩短，很容易被电负性强的SF_6分子捕获，因此不易在电场中积累能量，从而减少了电子的碰撞能力。

(3) SF_6气体的分子量大，约为空气的5倍。因此，所形成的SF_6离子的运动速度比空气中氮、氧离子的运动速度小得多，正负离子间更容易发生复合作用，从而使SF_6气体中带电质点减少，阻碍了气体放电的形成和发展，不易被击穿。

SF_6正负离子的复合式为：

$$SF_6^+ + SF_6^- \longrightarrow 2SF_6 \quad (5-3)$$

其中：SF_6^+是SF_6分子游离生成的：

$$SF_6 \longrightarrow SF_6^+ + e \quad (5-4)$$

综上所述，SF_6气体只有在高电场强度下才会被击穿。但是，纯净的SF_6气体中混入少量空气时，会显著地降低SF_6气体的击穿电压。例如SF_6气体中混入10%的空气，击穿电压下降约3%；混入30%的空气，击穿电压下降约10%。

SF_6气体的击穿电压与频率无关，故是超高频设备中理想的绝缘气体。

2. 介电常数

在25℃和0.1MPa绝对气压下，SF_6的相对介电常数是1.00204。当气体压力上升至2MPa时，该值提高6%。在-50℃、10～500kHz的范围内，液体SF_6的介电常数保持不变，为1.81±0.02。

3. 损耗因数

SF_6气体的损耗因数极低，在25℃和0.1MPa绝对气压下损耗因数小于2.0×10^{-7}；-50℃的液体SF_6，其损耗因数低于10^{-3}。

有关SF_6的电气性能和数据，可查阅MILEK的SF_6数据表。

第二节 六氟化硫气体的作用

SF_6自从成功地用作高压断路器及其设备的绝缘和灭弧介质以来，迄今在高压

126kV 和 252kV、超高压 550kV 和 800kV 以及特高压 1 100kV 领域几乎成为断路器和 GIS 的唯一绝缘和灭弧介质。在中压领域，SF_6 同真空断路器已经成为并驾齐驱的两大支柱。SF_6 气体广泛应用于高压断路器及其设备的主要原因，就在于其优越的灭弧与绝缘性能。在断路器中，SF_6 的主要作用就是灭弧。

一、SF_6 断路器的工作原理

SF_6 断路器的发展经历了双压式→单压式（压气式）→热膨胀式→二次技术智能化。目前双压式已被淘汰；单压式已用到 550kV 和 1 100kV 级；热膨胀式原理方兴未艾，现做到 110～245kV 级，正向 420kV 级努力。二次技术智能化集微电子技术、传感技术、计算机技术等于一体，实现了断路器的智能控制和保护。

压气式 SF_6 断路器的工作原理如图 5-2 所示，压气室与动弧触头连成一体，在外部驱动装置的推动下机械地压缩压气室内的 SF_6 气体。受压缩的高压 SF_6 气体通过绝缘喷嘴对动、静弧触头之间的电弧进行有效的吹弧，开断电流。

热膨胀式属于自能吹弧式。自能吹弧原理是利用电弧自身能量熄灭电弧，包括旋弧式和热膨胀式。旋弧式是利用电弧电流流过线圈产生磁场，电弧在磁场的驱动下高速旋转，旋转过程中不断接触新鲜的 SF_6 气体，受到冷却，以至熄灭。而热膨胀式是利用电弧本身的能量，加热灭弧室内的 SF_6 气体，建立高压力，形成压差，从而达到吹灭电弧的目的。

二、SF_6 气体的灭弧原理

1. SF_6 气体具有独特的热特性和电特性

SF_6 气体的电导率和热导率随温度的变化关系如图 5-3 所示。可以看出 SF_6 气体大约在 2 000K 时其热导率会

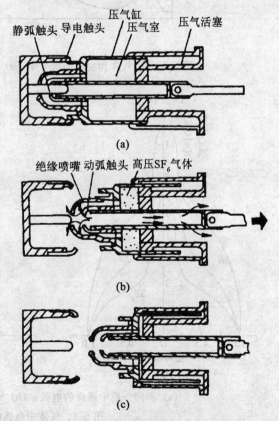

(a) 合闸状态；(b) 分闸过程中；(c) 分闸状态
图 5-2 压气式灭弧室的动作原理

大幅度增加，出现极大值，此时的电导率却很小，几乎为零。此后，SF_6 气体的电导率随温度的升高增加很快，而热导率却变差。

处于热平衡状态下的电弧温度分布的计算结果如图 5-4 所示。可见，SF_6 气体中燃烧的电弧具有很细的高温弧芯，在此高温下，SF_6 气体的电导率很高，而热导率却很低。

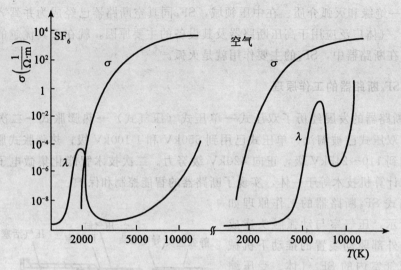

图 5-3　SF_6 气体和空气的电导率（σ）和热导率（λ）随温度的变化

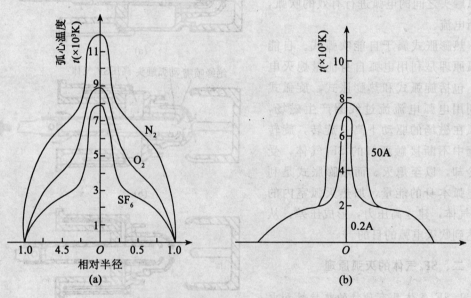

(a) 不同介质中燃烧的电弧；(b) SF_6 中不同电流值时的电弧

图 5-4　气体中电弧的温度分布

弧芯是传导电流的主要部分，由于电导率高，电弧电压低，因而弧芯消耗的能量并不太大，有利于电弧熄灭。弧柱的外围部分温度很低，一般在游离温度 3 000K 以下，在此温度下 SF_6 气体的电导率很小，甚至小到可以忽略不计，而热导率却很高，其峰值就在 2 000K 左右出现。因此，在弧柱的外围部分传导散热很强烈，温度下降也很迅速，弧芯的高温可以通过很陡峭的温度梯度效应进行散发。当电弧电流接近于零时，SF_6 气体电弧弧芯已极为纤细，所含热量也很少。因而，电流过零后，残余弧柱冷却极快，介质强度恢复也很快，而且能耐受住陡峭的恢复电压上升率。

相比之下，对于氮气中燃烧的电弧，熄弧条件则远不如在 SF_6 气体中那样优越。如图 5-3、图 5-4（a）所示，由于在 7 000K 左右氮气仍具有良好的导热性能和导电性能，所以产生的电弧弧芯较大；在弧柱的外围部分，由于氮气不具有电负性，而仍然维持着较好的导电性能，导热性能却降低。这些都不利于电弧的熄灭。

由此可见，SF_6 气体的热导率和电导率之间的不寻常关系，是 SF_6 气体具有优良灭弧性能的主要原因之一。

2. SF_6 气体中电弧时间常数

电弧时间常数是指当电弧电流突然消失后，电弧电阻增大到 e（2.718）倍时所需要的时间。其值愈小，电弧电导下降愈快，说明灭弧性能愈好。

电弧时间常数与弧芯半径的关系可由佛瑞德（Frind）方程表示：

$$\tau = C\pi r_0^2 \tag{5-5}$$

式中：τ——电弧时间常数；

C——常数；

r_0——弧芯半径。

由于 SF_6 气体与其他气体中的电弧相比等离子芯非常细，因此电弧时间常数很小。

SF_6 气体的优良灭弧性能与其电弧时间常数小是分不开的。影响电弧时间常数的因素很复杂，理论计算是困难的，而实测也不容易。静态气体中，小电流电弧的实测数据表明，SF_6 电弧时间常数仅为空气中的电弧时间常数的 1/100，即 SF_6 的灭弧能力为空气的 100 倍。在气吹灭弧的情况下，大电流电弧试验表明，SF_6 的开断能力大约为空气的 2～3 倍。

3. SF_6 气体的电负性和优良的绝缘特性

SF_6 及其含氟分解物具有极强的电负性，能在较高温度下捕获电子形成负离子。在电弧冷却过程中，大量自由电子被吸附而生成 SF_6^-，由于其运动速度慢，因而与正离子结合的概率大为增加，弧隙的介质强度恢复大为加快。

第三节　运行六氟化硫设备的管理

原水电部《SF_6 气体绝缘变电站运行维修导则》（试行）中规定：SF_6 新气的纯度应不小于 99.8%（质量比）；充入设备后的纯度应不小于 97%；运行中的纯度应不小于 95%。在通常条件下，SF_6 设备对这一纯度要求是不难达到的。

影响 SF_6 设备内气体纯度的杂质主要来自 SF_6 的制备、充装和回收过程，同时运行中还会产生多种 SF_6 分解产物，大气的水分也会渗入气体绝缘设备。此外，虽然气体绝缘设备具有良好的密封系统，但是气体泄漏总是不可避免的。因此，六氟化硫设备的管理主要是围绕这些内容展开的。

一、六氟化硫新气的管理

国内外生产 SF_6 的方法均采用单质硫与单质氟直接合成的工艺流程。在合成的 SF_6 粗品中，一般含有总量约5%的副反应产物。经过一系列净化工艺处理后，仍然会有微量杂质残留在 SF_6 气体成品中。此外，在 SF_6 气体充装过程中还可能混入少量的空气、水分和矿物油等。

1. SF_6 气体新气的验收

为了保证 SF_6 新气的纯度和质量，国际电工委员会（IEC）和许多国家都制定了 SF_6 气体新气的质量标准，用户可据此进行验收。表 5-1 给出了 IEC 和我国的 SF_6 气体新气的质量标准。此外，我国的 SF_6 气体新气的质量标准还规定， SF_6 气体生产厂家还应向用户提供生物试验无毒证明书。

表 5-1　　　　　　　　　　　SF_6 气体新气的质量标准

指标名称	IEC 376	GB/T 8905
空气（氧、氮）	<0.05%（质量分数）	≤0.05%（质量分数）
CF_4	<0.05%（质量分数）	≤0.05%（质量分数）
水分	≤15$\mu g/g$	≤8$\mu g/g$
游离酸（用 HF 表示）	≤0.3$\mu g/g$	≤0.3$\mu g/g$
可水解氟化物（用 HF 表示）	≤1.0$\mu g/g$	≤1.0$\mu g/g$
矿物油	≤10$\mu g/g$	≤10$\mu g/g$
SF_6 气体纯度	≥99.80%（质量分数）	≥99.80%（质量分数）

按规定， SF_6 新气到货一个月内，必须对 SF_6 新气进行验收。国产新气按照表 5-1 第三栏验收；进口新气按合同协议标准验收，如没有规定，则按照表 5-1 第二栏验收。验收时，一般按供货量 30% 的比例抽检。

2. 验收检测时的注意事项

（1）六氟化硫气体检测设备的计量检定。检测六氟化硫气体纯度、水分等项目的仪器都属计量设备，需要定期进行计量检定，不能超周期使用，否则会造成较大的检测误差。

（2）采样方法。出厂的 SF_6 新气，通常是呈液态储存于钢瓶中。为了保证六氟化硫气瓶的运输使用安全，气瓶中不允许完全充满液体六氟化硫。因此，气瓶中液面上有少量蒸汽六氟化硫。由于气瓶的空气组分（氧气、氮气）临界温度很低，在气瓶压力下不会液化,主要以气态的形式存在于瓶内的气相空间中;水分难溶于六氟化硫液体,同样以水蒸气的形式存在于瓶内的气相空间中;相反,矿物油易溶于液态六氟化硫,主要存在于液相中,但通常矿物油含量远小于空气和水分含量。因此,为了保证取样具有代表性,应确保从气瓶中的液态部分采样。其方法是把气瓶放倒后,在气瓶尾部垫高 5~10cm 的状况下采样检测。

(3) 注意所用减压阀、连接管路等外接部件对检测结果的影响。瓶装六氟化硫新气压力较高,检测时必须使用减压阀。但减压阀的结构和状况,对某些指标的检测结果影响很大。如使用橡胶减压结构的减压阀,会使水分合格的六氟化硫新气检测结果超标,甚至达到 $1000\mu L/L$ 以上。因此,在六氟化硫检测中,建议选用金属减压结构的减压阀,并在使用前进行适当的干燥处理。

在六氟化硫检测中,最好使用不锈钢或厚壁聚四氟乙烯材料的气路或连接管路,以最大限度地降低气路渗透性,减少外部大气对检测结果的影响。

二、运行中六氟化硫气体监督和管理

运行中 SF_6 为气态,发生气体泄漏是不可避免的。因此,运行时应经常检测设备的漏气情况,并定期检测 SF_6 中的电弧分解产物的组成和含量、水分及可冷凝物的含量等。

1. 检漏

(1) 检漏要求。SF_6 电气设备在安装完毕或解体大修后,充入 SF_6 气体至额定气压之前应全面检漏。如发现有 SF_6 气体泄漏部位时,再进行定量检漏。每个气隔的年漏气率应不大于1%。

对于运行设备,当发现同一温度下相邻两次 SF_6 气体压力表上的读数相差 0.01~0.03MPa 时,应用 SF_6 气体检漏仪进行检漏,查出漏点,并进行有效的处理。

当运行设备的控制柜发生补气信号时,首先应核对 SF_6 气体压力表上的读数,如压力确有明显降低,再用检漏仪检漏,根据漏气部位和漏气量,采取必要的处理措施。

更换压力表或密度继电器后应进行检漏。

鉴于现场检测条件的限制,电力系统多采用定性检漏查找漏点和漏气部位。只在必要时和条件许可的情况下,才用包扎法或挂瓶法等进行定量检漏。

(2) 定量检漏方法。

①挂瓶法。用软胶管连接检漏孔和检漏瓶,经过一定时间后,测量瓶内 SF_6 气体浓度,通过计算确定泄漏率。该法适用于具有双道密封槽的密封系统。挂瓶前应注意用氮气将第一、第二道密封之间的空腔和检漏瓶内的 SF_6 气体吹尽,以免影响测定结果。该法不能精确测定整台设备的气体泄漏率,因为除了密封面以外的其他部位的泄漏率无法用该法检测。

②局部包扎法。将设备局部用塑料薄膜包扎,经过一定时间后测量包扎腔内 SF_6 气体的浓度,通过计算确定其泄漏率。局部包扎时间一般为 24h。该法不仅适合于密封面的气体泄漏率检测,而且也适合于其他泄漏点的气体泄漏率的检测。因此,局部包扎法是现场最为有效的检测方法之一。

此外，还可采用扣罩法或直接用检漏仪进行定量检漏。

SF_6 气体的绝对泄漏率为

$$F = \frac{CVP}{\Delta t} \tag{5-6}$$

式中：F——绝对泄漏率，$MPa \cdot m^3/s$；

　　　C——封罩（检漏瓶或包扎腔）内 SF_6 气体的平均浓度，L/L；

　　　V——封罩与气体绝缘设备容积之差或为检漏瓶（包扎腔）的容积，m^3；

　　　P——大气压，MPa；

　　　Δt——扣罩时间，s。

相对泄漏率（年泄漏率）为

$$F_r = \frac{31.5 \times 10^6 F}{V'P_r} \times 100\% \tag{5-7}$$

式中：F_r——相对泄漏率，1/年；

　　　V'——被试设备容积，m^3；

　　　P_r——被试设备额定气压，MPa。

补气间隔时间为

$$t = \frac{V(P_r - P_m)}{31.5 \times 10^6 F} \tag{5-8}$$

式中：t——补气间隔时间，y；

　　　P_m——被试设备补气气压，MPa。

2. 水分监督

SF_6 设备中的水分，不但会参与 SF_6 电弧分解气的反应，生成有害的低氟化物及具有腐蚀作用的酸性物质，影响设备的使用寿命，而且还会降低 SF_6 气体的电气绝缘性能，影响安全运行。因此，水分含量的监督和控制是运行监督的最重要的一项工作。

（1）水分控制标准。当温度降低，SF_6 气体中水分分压达到该温度下的饱和蒸汽压（见表 5-2）时，就会在绝缘件表面凝结成水或冰，此时的温度称为露点温度。

众所周知，液态水是极性物质，它的存在会大大降低绝缘件的表面闪络电压。为了防止水分在绝缘件表面结露，至少应将 SF_6 气体中的水分分压控制在 0℃时饱和水蒸气压力以下，即使其露点低于 0℃。这样，在温度降低时，水蒸气达到饱和状态，也只能以霜的形式出现，而霜对绝缘件表面闪络电压的影响几乎可以忽略不计。然而，在实际工程中，还需要留有一定的裕度，这主要是考虑到水分在设备内部分布的不均匀性。水分在设备内部气体中分布不均匀，是由于气体绝缘设备内部温度变化的不均匀引起的。当气温突然下降时，首先是设备外壳温度开始变化，外壳内表面首先结露，绝缘件表面几乎不凝结水滴，随后绝缘件的温度下降才逐渐达到与外壳相同的水平。当气温回升时，外壳温度首先升高，其内表面的水滴随之蒸发，此时绝缘件温度还未回升，气体中的饱和水蒸气即在绝缘件表面结露。

表 5-2　　　　　　　　　水蒸气的饱和参数

露点 (℃)	饱和蒸汽压 (Pa)	饱和蒸汽密度 (g/m³)	露点 (℃)	饱和蒸汽压 (Pa)	饱和蒸汽密度 (g/m³)
−60	1.1	0.008	−15	165	1.22
−50	3.9	0.029	−14	181	1.34
−40	12.8	0.094	−13	198	1.47
−38	16	0.119	−12	217	1.61
−36	20	0.148	−11	237	1.76
−34	25	0.187	−10	259	1.92
−32	31	0.228	−8	309	2.29
−30	38	0.281	−6	368	2.73
−28	47	0.345	−4	437	3.25
−26	57	0.423	−2	517	3.83
−24	70	0.516	0	611	4.52
−22	85	0.629	2	705	5.22
−20	103	0.763	4	813	6.01
−19	113	0.839	6	934	6.91
−18	125	0.922	8	1072	7.93
−17	137	1.01	10	1227	9.09
−16	151	1.11	20	2336	17.30

考虑到上述因素的影响，运行中的 SF_6 气体中水分露点温度通常控制在 $-10 \sim -15℃$ 以下。当露点为 $-10℃$ 时，气体含水量（$\mu L/L$）与气体绝缘设备的工作气压的关系见图 5-5。露点值与水分含量之间的换算也可按例题进行计算。

例 5-1　20℃时 GIS 的额定气压为 0.4MPa（绝对压力），希望将 SF_6 气体中水分露点控制在 $-15℃$ 以下，求气体含水量最高允许值。

解：由表 5-4 查得，露点为 $-15℃$ 时，水蒸气饱和压力为 165Pa，在密封容器中，水蒸气分压力随温度上升而增加，那么折合到 20℃ 时水蒸气分压力应为：

$$P_s = \frac{273+20}{273-15} \times 165 = 187\text{Pa}$$

则气体含水量为：

$$c = \frac{187}{0.4 \times 10^6} \times 10^6 = 468 \mu L/L$$

GB/T 8905 规定了 SF_6 设备在 20℃ 时水分含量的允许值，见表 5-3。

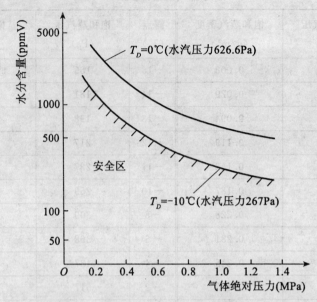

图 5-5 SF$_6$气体含水量与工作气压的关系

表 5-3 运行设备中 SF$_6$气体含水量控制标准

气室	无电弧分解物的隔室	有电弧分解物的隔室
交接验收值（μL/L）	≤500	≤150
运行允许值（μL/L）	≤1000	≤300

（2）含水量的测定。SF$_6$气体含水量的测定方法有多种，其中主要有电解法、露点法和阻容法。

①露点法。用液氮或半导体作为制冷源，使测试系统中镜面温度不断降低，当气体中的水蒸气随着镜面温度逐渐降低而达到饱和时，镜面上开始出现露，这时的镜面温度就是露点，根据这一露点值即可确定气体含水量。必须指出，除大气外的其他蒸汽也能在镜面上冷凝，从而使所观察到的露点不同于相应的水蒸气含量的露点。露点法只适合于间歇测量，特别适合于在实验室条件下测量洁净气体中的水分。测试速度快、精度高。

②电解法。将 SF$_6$气体导入已干燥好的电解池中，气体中水分被五氧化二磷膜层吸收同时被电解，根据电解电流的大小可测得含水量。该法适合于连续测量，是电力行业早期现场普遍使用的测量方法。测量时平衡速度慢，耗气量大。

③阻容法。该法使用传感器测定，较有代表性的是氧化铝传感器和高分子薄膜传感器。例如，氧化铝传感器，其探头的制作是在一块铝片（或铝丝）上，用化学方法使它生成一层薄而多孔的氧化铝，再在氧化铝层上镀一层金，铝衬底和金镀层就构成了电容器的两极。当被试气体通过这一探头时，电容随水分含量的不同而发生变化，根据电容

的变化可测得含水量。阻容法是目前电力行业普遍采用的方法。

3. 运行气体中杂质的管理

前已述及，SF_6 气体在电弧作用下发生分解而产生多种有毒气体，其中 HF、SO_2、H_2SO_3 等物质具有腐蚀性，可对 SF_6 设备构成腐蚀，从而影响设备的运行安全。SF_6 运行气体中杂质的管理，主要是 SF_6 气体中电弧分解气体和水分的管理，即如何降低和去除 SF_6 气体中的电弧分解产物和水分。目前的做法是在 SF_6 设备内装填吸附剂，用吸附剂对 SF_6 气体进行净化处理。

SF_6 电气设备对吸附剂有如下要求：要有足够的机械强度；有足够的吸附容量；对多种杂质及水分都有很好的吸附能力；不含导电性或低介电常数物质；能耐高温或电弧的冲击。

目前可满足要求的国内外常用的吸附剂主要是分子筛和氧化铝。活性氧化铝是由天然氧化铝或铝土矿经特殊处理制成的多孔结构物质，它的比表面积大、机械强度高、物化稳定性好、耐高温、抗腐蚀性能好。活性氧化铝对 SOF_2、SO_2F_2、SF_4、SOF_4、SO_2、S_2F_{10} 等 SF_6 分解产物都具有较好的吸附性能，而且基本上不吸附 SF_6，是较理想的吸附剂。分子筛是一种人工合成沸石-硅铝酸盐晶体。通常使用的分子筛是加入了粘合剂后挤压成球形、条形或片状颗粒。分子筛无毒、无味、无腐蚀性，不溶于水和有机溶剂，能溶于强酸和强碱。分子筛经加热失去结晶水后，晶体内即形成许多微孔，其孔径大小与气体分子直径相近，并且非常均匀。它能把小于孔径的分子吸进孔隙内，把大于孔径的分子挡在孔隙之外。因此，它可根据分子大小把各种组分分离。

吸附剂在使用前需要进行预处理。预处理的目的在于排出吸附剂使用前吸附的水分和其他物质，因为这些被吸附的水分和其他物质会降低吸附剂的有效吸附量，影响吸附剂的吸附效果和使用寿命。预处理方法可分为两种：常压干燥法和真空干燥法。常压干燥法一般在干燥炉内进行，少量吸附剂可在干燥箱内进行。活性氧化铝类吸附剂的干燥温度为 180～200℃；分子筛类吸附剂为 450～550℃。真空干燥法需在真空干燥炉内进行，分子筛类吸附剂的干燥温度为 350℃，当干燥温度低于 200℃且活性氧化铝类吸附剂量较少时，可在真空干燥箱内进行预处理。真空度愈高，真空干燥处理的效果愈好。当干燥至真空度不再下降或吸附剂恒重时，预处理完成。

吸附剂的装入量应满足以下要求：能吸附规定的断路器累积开断电流产生的气态分解产物；能将气室中气体含水量控制在运行允许值以下；不应为了更换吸附剂而排放 SF_6 气体和开启 GIS 封盖。吸附剂的装入量通常是按照吸附分解产物和吸附水分需要量的总和来考虑的。事实上，要精确计算出吸附分解气体和水分的吸附剂需要量是比较困难的。根据实践经验，吸附剂的装入量一般可取气室中 SF_6 气体质量的 10%。正常情况下，GIS 大修时才更换吸附剂。

吸附方式通常有两种：静吸附和动吸附。静吸附是靠气体的对流和扩散作用到达吸附剂表面，从而达到吸附的目的；动吸附是靠强制气体流动通过吸附剂达到吸附的目的，其吸附速度大于静吸附。在 SF_6 设备中，一般采用静吸附。在回收 SF_6 气体时采用动吸附方式。

由于 SF_6 设备中的吸附剂吸附了大量 SF_6 气态有毒分解产物，部分活性氧化铝发生化学吸附而永久地丧失了吸附活性。因此，SF_6设备中的吸附剂多为一次性使用，使用后的吸附剂作为有毒废物处理。处理方法：将用后吸附剂置于容器中，按每克吸附剂加 20mL 浓度为 1mol/L 氢氧化钠的比例，加入适量的氢氧化钠溶液，搅拌后放置 24h。此时，吸附剂中所含溶于水和可水解、碱解的物质绝大部分已转移到氢氧化钠溶液中。再用 0.05mol/L 硫酸中和此溶液至中性即可排放。排放后剩余的固体吸附剂经水冲洗后可作为普通垃圾处理或深埋。

思 考 题

1. SF_6气体为什么有窒息性？使用中应注意什么问题？
2. 为什么SF_6具有优良的绝缘特性？
3. 为什么SF_6气体能及时熄灭电弧？
4. SF_6的电弧分解产物有何危害？为什么不能选用活性炭作吸附剂？
5. 在对SF_6新气进行验收时应如何取样？
6. 如何对运行中的SF_6进行监督和管理？

第六章 煤炭的分类、组成和基准换算

煤炭是天然形成的具有复杂的组成与结构的混合物，要充分利用煤炭资源，必须掌握煤炭的基本特性，了解煤炭质量指标的变化对电力生产过程的影响。本章主要阐述煤的形成过程、煤炭的主要类别及其特性，介绍煤炭的基本组成的表达方式，发电用煤常用的煤炭特性指标、物理意义以及与电力生产的关系等。

第一节 煤的形成与分类

一、煤的形成过程

煤是由古代植物形成的。在生物发展史上，植物经历了由水生到陆生、由低级到高级的逐步进化和发展。几乎所有的植物遗体，只要具备了成煤的条件，都可以转化成煤。不过，低等植物遗体所形成的煤，分布范围小，厚度薄，很少被人利用。自然界形成的应用广泛的煤是由高等植物演变形成的。

远古时期，由于地壳运动，在湖沼、盆地等低洼地带和有水的环境里，高等植物发生倒伏，淹没在水里，逐渐地沉降和堆积。在微生物的作用下，不断地被分解又不断地化合，释放出不稳定的气体后，其余部分渐渐形成了泥炭层，这是煤形成的第一步——泥炭化阶段。

泥炭层沉积之后，由于地壳持续下降而被埋到地下一定深度。泥炭在压力、温度为主的物理化学作用下，逐渐被压紧，失去水分，密度增大。当生物化学作用减弱以至消失后，泥炭中碳元素的含量逐渐增加，氧、氢元素的含量逐渐减少，腐植酸的含量不断降低直至完全消失，经过这一系列的复杂变化，泥炭变成了褐煤。

褐煤在形成后，由于地壳继续沉降而被埋到地下更深的地方，继续受到深部不断增高的温度和压力的作用，煤中有机质分子重新排列、聚合程度增高，煤的结构、物理性质和化学性质继续发生变化。同时，元素组成和含量也在改变，其中碳含量进一步增加，氧和氢的含量逐渐减少，挥发分和水分的含量减少，腐植酸完全消失，煤的光泽增强，密度进一步增大，褐煤逐渐变成烟煤或无烟煤。

在适宜的温度和压力等条件下，泥炭经由褐煤转变为烟煤、无烟煤的阶段称煤化作用阶段。经过泥炭化作用阶段和煤化作用阶段，高等植物转变成为煤。

二、煤的分类

中国煤炭在分类时，对于干燥基灰分 $A_d \leqslant 10.0\%$ 的煤炭使用原煤样，对于 $A_d >$

10.0%的煤样使用$ZnCl_2$重液减灰后的浮煤样。

GB 5751—1986《中国煤炭分类标准》根据煤化程度,将煤分成无烟煤、烟煤和褐煤三大类。干燥无灰基挥发分V_{daf}≤10.0%的煤属于无烟煤;V_{daf}>10.0%~37.0%的煤属于烟煤;V_{daf}>37.0%的煤可能属于褐煤,也可能属于烟煤。这三大类又依据黏结指数$G_{R.I.}$(简记G)、胶质层最大厚度Y、奥亚膨胀度b、干燥无灰基氢H_{daf}、目视比色法透光率P_M和恒湿无灰基高位发热量$Q_{gr,maf}$分为若干小类。

无烟煤根据V_{daf}和H_{daf}分为三个小类:无烟煤01、02和03号。当V_{daf}划分的小类与H_{daf}划分的小类不一致时,以H_{daf}划分的为准。

烟煤首先根据V_{daf}分为:低挥发分烟煤(V_{daf}>10%~20%)、中挥发分烟煤(V_{daf}>20%~28%)、中高挥发分烟煤(V_{daf}>28%~37%)、高挥发分烟煤(V_{daf}>37.0%),并分别用1~4的数码表示在十位,数码越大,煤化程度越低。其次,根据黏结指数G分为不黏结或微黏结煤(G≤5)、弱黏结煤(G>5~20)、中等偏弱黏结煤(G>20~50)、中等偏强黏结煤(G>50~65)、强黏结煤(G>65)五种。又将强黏结煤中Y>25mm或b>150%的煤分出来作为特强黏结煤,并分别用1~6的数码表示在个位,数码越大,煤的黏结性越强。这样,烟煤被分为24个单元,每个单元对应有一个两位数的数码,十位上的数值表示煤化程度,个位上的数值表示黏结性。在24个单元中,按照同类煤的性质基本相似、不同类煤的性质有较大差异的原则进行归类,共分成12个类别,即烟煤的12个大类:贫煤、贫瘦煤、瘦煤、焦煤、肥煤、1/3焦煤、气肥煤、气煤、1/2中黏煤、弱黏煤、不黏煤和长焰煤。

褐煤据P_M分为两小类,分别用数码51和52表示。$Q_{gr,maf}$是区分长焰煤和褐煤的辅助指标,$Q_{gr,maf}$>24MJ/kg的为长焰煤,$Q_{gr,maf}$≤24MJ/kg的为褐煤。

总之,我国煤炭分14大类:烟煤的12个大类、无烟煤和褐煤;17小类:烟煤的12个、无烟煤的3个和褐煤的2个;29个单元:烟煤24个、无烟煤3个、褐煤2个,见表6-1。

表6-1 中国煤炭分类简表

类别	符号	包括数码	V_{daf}(%)	G	Y(mm)	b(%)	P_M(%)	$Q_{gr,maf}$(MJ/kg)
无烟煤	WY	01,02,03	≤10.0					
贫煤	PM	11	>10.0~20.0	≤5				
贫瘦煤	PS	12	>10.0~20.0	>5~20				
瘦煤	SM	13,14	>10.0~20.0	>20~65				
焦煤	JM	24 15.25	>20.0~28.0 10.0~28.0	>50~65 65	≤25.0	(≤150)		
肥煤	FM	16,26,36	>10.0~37.0	(>85)	>25.0			

续表

类别	符号	包括数码	分类指标					
			V_{daf}（%）	G	Y（mm）	b（%）	P_M（%）	$Q_{gr,maf}$（MJ/kg）
$\frac{1}{3}$焦煤	$\frac{1}{3}$JM	35	>28.0~37.0	>65	≤25.0	(≤220)		
气肥煤	QF	46	>37.0	(>85)	>25.0	(>220)		
气煤	QM	34 43, 44, 45	>28.0~37.0 >37.0	>50~65 >35	≤25.0	(≤220)		
$\frac{1}{2}$中黏煤	$\frac{1}{2}$ZN	23, 33	>20.0~37.0	>30~50				
弱黏煤	RN	22, 32	>20.0~37.0	>5~30				
不黏煤	BN	21, 31	>20.0~37.0	≤5				
长焰煤	CY	41, 42	>37.0	≤35			>50	
褐煤	HM	51 52	>37.0 >37.0				≤30 >30~50	≤24

三、各种煤的特性及用途

煤的工业用途与煤的物理性质、化学性质和工艺性质等关系密切。

1. 褐煤（HM）

褐煤的特点是：水分大、孔隙大、密度小、挥发分高、不黏结，含有不同数量的腐植酸。煤中氢含量高达15%~30%，化学反应性强，热稳定性差。块煤加热时破碎严重，存放在空气中容易风化，碎裂成小块甚至粉末。发热量低。煤灰熔点大都较低，煤灰中常有较多的氧化钙。褐煤一般供产地附近的电厂燃用，也可用做化工原料。有些褐煤可用来制造磺化煤或活性炭，有些褐煤可用做提取褐煤蜡的原料，腐植酸含量高的年轻褐煤可用来提取腐植酸，生产腐植酸铵等有机肥料。中国内蒙古霍林河及云南小龙潭矿区是典型褐煤产地。

2. 烟煤

在三大类煤中，烟煤占全国储煤量的62.3%，储量及产量均最大。烟煤的煤化程度高于褐煤而低于无烟煤，特点是挥发分含量范围广，不同类别黏结性差异较大，燃烧时冒烟。

贫煤（PM）是煤化程度最高的烟煤，不黏结或弱黏结。燃烧时火焰短，耐烧，燃点高，发热量比无烟煤高。在生产、储存和使用过程中，不像高挥发分烟煤具有易燃易爆性，是比较理想的电力用煤。特别是挥发分相对较高、中低灰分、中高发热量、低含硫量、低灰熔融温度的贫煤，最受电厂欢迎。我国有为数众多的电厂锅炉是按燃用贫煤设计的。就全国而言，贫煤占全国煤炭储量的5.6%，远低于无烟煤。由于贫煤资源的日益短缺，不少燃用贫煤的锅炉需掺烧无烟煤。低灰低硫的贫煤也可用做高炉喷吹的燃料。中国潞安矿区产典型贫煤。

3. 无烟煤（WY）

无烟煤的特点是挥发分产率低，固定碳含量高，无黏结性，燃点高，锅炉易灭火，燃烧稳定性差，故不宜单独做电力用煤，主要供民用和做合成氨造气的原料。低灰、低硫、可磨性好的无烟煤不仅是理想的高炉喷吹和烧结铁矿石的燃料，而且还可制造各种碳素材料（碳电极、炭块、阳极糊和活性炭等）。某些无烟煤制成的航空用型煤还可用作飞机发动机和车辆发动机的保温材料。北京、晋城和阳泉分别产 01 号（年老）、02 号（典型）和 03 号（年轻）无烟煤。用无烟煤配合炼焦时，需经过细粉碎。一般不提倡将无烟煤作为炼焦配料使用。

四、煤炭产品

1. 煤炭品种的含义

煤炭经过拣矸或筛选加工后，所获得的具有不同质量与用途的煤炭产品，称为煤炭品种。各品种的煤均可作为商品出售，故煤炭品种也就是市场上销售的商品煤的品种。

2. 煤炭品种分类

我国煤炭产品品种与等级的划分，主要根据加工方法、煤炭品质及用途的不同划分为精煤、粒级煤、洗选煤、原煤、低质煤五大类共 28 个品种。前四大类煤炭产品的干燥基灰分均应不大于 40%。

（1）精煤。是指经过精选（干选或湿选）加工生产出来的、符合规定质量要求的煤产品，多为低灰、低硫的优质煤。干燥基灰分≤12.5% 的为冶炼用炼焦精煤；干燥基灰分在 12.51%～16.00% 的为其他用炼焦精煤。

（2）粒级煤。是指经过筛选或洗选加工后、粒度在 6mm 以上的煤炭品种。其中，粒度为 6～13mm 的煤称为粒煤，其他则称为块煤。凡是经过洗选的产品则加洗字，如洗大块、洗中块等。粒级煤共分 14 个品种，它们分别是洗中块、中块、洗混中块、混中块、洗混块、混块、洗大块、大块、洗特大块、特大块、洗小块、小块、洗粒煤、粒煤。

（3）洗选煤。是指经过洗选、分级等加工处理的煤。通过洗选，可有效地降低煤中灰分与含硫量，是提高煤质的重要手段。洗选煤共分 7 个品种，它们分别是洗原煤、洗混煤、混煤、混末煤、末煤、洗粉煤、粉煤。其中混煤是指粒度在 50mm 以下的煤，末煤是指粒度小于 25mm 或小于 13mm 的煤，粉煤是指粒度小于 6mm 的煤。

（4）原煤。是指从煤矿直接开采出来的毛煤中选出规定粒度的矸石（包括黄铁矿等杂物）后的煤炭产品。矸石是指在采煤过程中，从顶、底板或煤层夹矸（夹在煤层中的矿物质层）混入煤中的岩石。

（5）低质煤。是指干燥基灰分 $A_d>40\%$ 的各种煤炭产品。包括 A_d 为 40.01%～49% 的原煤，A_d 为 16.01%～49% 的泥煤，A_d 大于 32% 的中煤及收到基低位发热量小于 14.5MJ/kg 的动力用煤。低质煤分为低质原煤、低质中煤及煤泥三个品种。中煤是指煤经过精选后得到的品质介于精煤与矸石之间的产品。煤泥是指粒度小于 0.5mm 的一种洗煤产品。

上述五类煤炭产品中,原煤价格相对较低,是电厂燃用的主要煤炭品种,特别是中等挥发分及发热量、低含硫量及高灰熔融温度的原煤,特别适合作为电力用煤。精煤质优价高,电厂作为用煤大户,使用精煤,发电成本太高,故一般情况下不会选用。电厂锅炉普遍采用煤粉炉,所有进厂煤均要磨制成粉;粒级煤因自身价高,又要增加制粉能耗,故电厂也不会选用。洗选煤较洗选前质量有所提高,有利于电厂生产;但是煤经洗选,价格上升,水分增大,又不利于电厂生产。因此目前我国动力煤洗选所占比例还较低。低质煤因灰分过高、发热量过低,电厂不宜使用,但为合理利用这部分煤炭资源,只能部分加以掺烧,不能单独燃用。综上所述,电厂主要选用原煤及洗煤产品作为电力用煤,对少量精煤或低质煤,可以适当掺烧,但不能单独使用。

3. 煤炭产品等级

根据灰分的大小按一定间隔将各品种的煤分为若干等级。其中精煤每个等级的灰分间隔为 0.5%;其余的煤炭产品灰分在 4.01%~40.00% 区间的,每个等级的灰分间隔为 1%;在 40.01%~49.00% 区间的,每个等级的灰分间隔为 3%。

根据上述分级,冶炼用炼焦精煤分为 15 个等级,其他用炼焦精煤分为 7 个等级,其余煤炭品种则分为 39 个等级。国家规定,动力用煤按发热量计价,按收到基低位发热量 $Q_{net,ar}$ 的大小划分等级的,每个等级的发热量间隔为 0.5MJ/kg。$Q_{net,ar}$ 在 9.51~29.50MJ/kg 范围内,共分为 40 个等级,并以其编号命名。例如:编号最高一级为 29.5,即 $Q_{net,ar}$ 为 29.01~29.50MJ/kg,编号最低一级为 10,即为 9.51~10.00MJ/kg。

第二节 煤炭的组成和特性指标

煤是多种有机物和无机物的混合物,组成结构非常复杂,并且处在连续的地质化学变化过程中。煤的有机组成主体是聚合物结构,但具体组成并不相同。此外,由于泥炭化和煤化过程的特殊条件,煤中富集了多种元素,因此煤中无机物的组成也十分复杂。包含几十种元素,主要以硅酸盐、碳酸盐、硫酸盐和硫化物等矿物质形式存在,并伴生少量的稀土元素。

虽然煤的总体结构还是一个争论中的问题,但火力发电厂以煤作为燃料,利用的是其燃烧特性,所以只要从其燃烧角度分析和研究煤的组成即可。决定燃烧性能的煤的组成可用煤的工业分析组成和煤的元素分析组成表示。

一、煤的组成

1. 工业分析组成

从燃烧角度看,煤中有些成分可以燃烧释放热量,有的则不能。根据其能否燃烧,可以将煤的组成划分为可燃成分和不可燃成分。煤的可燃成分主要是煤中的有机化合物,在工业上常用挥发分和固定碳表示,符号分别为 V 和 FC。不可燃成分主要是指水分和与煤共生的无机矿物质;无机矿物质因不可燃而存在于煤的燃烧产物中,工业上用灰分表示这一部分组成;因此工业上煤的不可燃成分可分为水分和灰分,符号分别为 M 和 A。总之,煤的工业分析组成可分为水分、灰分、挥发分和固定碳四种成分。

工业分析的四种组成成分的相对含量或多或少，但总和应为100%，即
$$M+A+V+FC=100 \tag{6-1}$$
式中：M、A、V、FC分别表示水分、灰分、挥发分及固定碳含量，%。

在煤的工业分析中，水分、灰分、挥发分含量均通过实际测定而得到，而固定碳则可用差减法$100-M-A-V$计算而得。

根据工业分析指标，可基本上弄清各种煤的性质与特点，从而确定其在工业上的实用价值。在火电厂，对入厂与入炉煤进行工业分析，是一项常规性的检验工作。

2. 元素分析组成

煤的元素分析组成是指组成煤中有机质的碳、氢、氧、氮、硫五种元素。全硫包括可燃硫及不可燃的硫酸盐硫，硫酸盐硫在煤燃烧后存在于灰渣中，所以碳、氢、氧、氮和可燃硫五种成分构成了煤中的可燃成分，与工业分析组成成分中的挥发分和固定碳相对应。煤的组成按元素分析成分来表示，则应为：
$$M+A+C+H+N+O+S_c=100 \tag{6-2}$$
式中：C、H、N、O、S_c分别表示碳、氢、氮、氧及可燃硫的含量，%；M、A的含义同式（6-1）。

由于煤中的不可燃的硫酸盐硫一般含量较低，硫主要以可燃硫形式存在，故可燃硫S_c可近似地用全硫S_t表示。则式（6-2）可写成：
$$M+A+C+H+N+O+S_t=100 \tag{6-3}$$
据式（6-1）和式（6-3）可知，元素组成的可燃成分与工业分析组成的可燃成分间具有以下的关系：
$$V+FC=C+H+N+O+S_t \tag{6-4}$$
煤中各元素含量随煤种不同而异。碳是煤组成中最重要的元素，决定了煤发热量的高低，无烟煤中的碳含量最高，烟煤次之，褐煤最低。氢是组成煤的另一重要元素。氢在煤中的含量随煤的变质程度加深而减少，故无烟煤中氢含量最低，烟煤次之，褐煤最高。氧在煤中呈化合状态存在，它的含量随煤变质程度的加深而减少。氮在煤中含量较少，一般认为是有机氮，其含量多在1%左右。硫在不同产地的煤中，其含量相差较大，通常在0.5%~5%范围内变化。

二、煤炭组成与电力生产的关系

1. 水分

在电力生产过程中，煤炭燃烧后，煤中的水分变为气态，随锅炉烟气排出。1kg水的汽化热为2260kJ。当煤中水分较大时，一是煤的可燃部分的含量相对减少，煤的发热量随之降低，炉膛燃烧温度降低，同时煤的着火热增加，着火推迟。二是煤中的水分在工业燃烧过程中转化为水蒸气，排放过程中带走热量。通常情况下，煤中每增加1%的水分，煤的发热量约降低250~290J/g。三是水分大也给低温受热面的积灰和腐蚀创造了条件。给煤机和落煤管的黏结堵塞以及磨煤机出力下降通常也是水分大造成的。此外，水分还是露天存煤氧化和自燃的主要原因。

从电厂运行角度来看，煤中全水分含量不宜过高。但含量过低，也有不足之处：一

是煤粉燃烧火焰中含有少量水汽,对燃烧能起催化作用;二是煤中含有适量的水,有助于降低煤尘的污染。

总之,燃用烟煤的电厂,煤中全水分宜控制在5%~8%,最好其外在水分不要超过10%,否则将会给电厂生产带来诸多不利影响。

2. 挥发分

虽然各种煤炭的挥发分成分及逸出温度并不相同,但是挥发分含量的高低与煤的着火燃烧特性有很好的相关性。挥发分含量高,煤的着火温度低;反之,挥发分含量低,煤的着火温度高,因而挥发分是判别煤燃烧特性的首要指标。

煤的挥发分过高,如制粉系统中存有积粉,则易导致温度的升高而引发自燃。煤粉燃烧,可能导致制粉系统的破坏,而煤粉与空气的混合物则易引起尘粉爆炸。煤的挥发分过低,虽然不会出现上述现象,但锅炉不易着火,着火后又很易灭火,难以保证锅炉的稳定燃烧。因此,电力用煤期望挥发分不要过高,也不要过低。烟煤中的贫煤、瘦煤、贫瘦煤、不黏煤、弱黏煤等,挥发分既不太低又不太高,而且黏结性较小,宜作电力用煤。电厂选用什么煤,往往受煤炭资源及运输条件限制,一些特性指标欠佳的煤只能作为电力燃料而没有更多的选择余地。这就要求电力系统各部门,特别是电厂应该深入了解各种煤的特性,做好配煤掺烧,加强燃烧调整,以确保锅炉安全经济运行。

对于已投运的电站锅炉,其燃用煤炭的挥发分含量只能在锅炉设计所允许的范围内波动。设计燃用低挥发分的锅炉如果烧高挥发分的煤,会造成炉膛中心逼近喷燃器出口,引起喷燃器烧毁事故;也易使火焰中心偏斜,水冷壁受热不均匀,甚至破坏正常水循环,引起炉管爆管。反之,对于设计烧高挥发分的锅炉,改用低挥发分煤,轻则会推迟着火,缩短煤粉在锅炉内燃烧时间与空间,降低炉膛温度,影响燃烧速度,增加飞灰和炉渣可燃物含量,使得锅炉机械未完全燃烧热损失增加;重则导致锅炉灭火事故。

燃用高挥发分煤的电厂,对煤场存煤监督管理有着特殊要求,特别是要防止煤场存煤的自燃,以免造成巨大损失。

3. 灰分

煤中灰分含量的高低,历来为煤炭供需双方所重视,它直接关系到供需双方的经济收益及实际应用价值。GB/T18666—2002中规定,干燥基灰分A_d可作为煤质验收评价指标。

灰分含量的高低,对电力生产各个环节均产生重要影响。煤中灰分增加,就意味着要将更多的不可燃成分运进电厂,一是增加运力负担及运费;二是增加磨煤机能耗;三是增加除尘、除渣压力;四是缩短灰场的存灰时间,从而对电厂发电成本产生明显影响。

灰分高低严重影响煤炭的着火特性。煤中灰分含量增加时,热量将降低,使燃烧稳定性减弱;灰渣从炉内带走的热量增加,使得锅炉效率降低;煤中灰分含量过大,会使火焰传播速度减慢,着火推迟,严重时造成灭火。因此,灰分大于40%的低质煤,电厂不能单独燃用。燃料灰分越多,受热面的沾污和磨损越严重。炉膛水冷壁受热面的沾污常造成过热器超温爆管,过热器和再热器的沾污常引起高温黏结和高温腐蚀,而尾部受热面的沾污会导致排烟温度的显著上升,从而降低运行的经济性。灰分增多还会加剧尾部受热面磨损，引起尾部受热面的积灰和低温腐蚀。

灰分增高，电厂用煤量和排灰量均增加，导致输煤系统、制粉系统和除灰系统电耗增加，锅炉事故停炉次数增多，设备磨损加剧，临检频度增加，检修费用增高。此外还存在冲灰管道的结垢及磨损，冲灰水排放可能污染物超标等一系列问题。

由于灰分含量较高的煤的各种不利影响，电厂锅炉不宜燃用高灰煤。但是，电厂锅炉也不宜燃用低灰分的精煤，因为电厂锅炉是不会按燃用精煤设计的。燃用精煤，标煤单价就会很高，增加发电成本，同时炉膛温度过高，容易导致锅炉结渣或加剧结渣的严重程度。归根结底，电煤特性必须与锅炉设计煤质相适应，通常电煤灰分宜控制在20%～30%范围内。

4. 含硫量

煤中硫是电厂污染物 SO_2 的来源，其含量的高低不仅影响电厂锅炉运行的安全性，更与经济性指标密切相关。煤中硫的含量对电力生产的影响主要表现在两个方面，一是对锅炉设备的腐蚀，二是对环境的危害。

硫燃烧产物为二氧化硫和少量三氧化硫（约占二氧化硫的1%～3%），易与烟气中的水蒸气形成 H_2SO_3 和 H_2SO_4。当遇低于其露点的金属壁面时，会在上面凝结，造成低温受热面的酸腐蚀。煤中硫含量越高，露点越高，越易在较高温度受热面处凝结，危害也越大。当煤中硫含量较高时，为减轻腐蚀，必须提高排烟温度，从而导致排烟热损失增加，锅炉热效率下降，如不采取有效措施，会有明显的堵灰和腐蚀，对锅炉危害很大。此外，随煤中硫含量的增加，煤粉的自燃倾向加大。

SO_2 是造成环境污染的根源之一，SO_2 形成的酸雨，对农作物危害极大，对建筑物的腐蚀也十分严重。煤中硫燃烧形成的 SO_2 是大气 SO_2 污染的主要来源。

三、电力用煤特性指标

电力用煤的燃烧性能除了与煤的工业分析和元素分析组成有关以外，还与煤的部分特性指标有关。

1. 发热量

电力生产是将煤炭燃烧释放的热能转化为电能，转化的效率直接与煤炭自身具有的燃烧热相关。单位质量的煤完全燃烧所释放出的热量即为发热量，符号 Q，单位 kJ/g 或 MJ/kg。发热量是发电用煤质量评价与应用的最重要的指标。

发热量数值不仅取决于煤炭本身，还取决于煤炭燃烧条件和终态产物的状态。根据燃烧条件和燃烧产物的状态，发热量表达方式有弹筒发热量、高位发热量和低位发热量，符号分别为 Q_b、Q_{gr} 和 Q_{net}。高位发热量是指单位质量煤炭在空气中完全燃烧产生 CO_2（g）、H_2O（l）、SO_2（g）、N_2 和固态灰时所能释放出的热量，是评定煤质的指标。低位发热量是指单位质量煤炭在锅炉中完全燃烧所释放出的热量，是实际工业燃烧所能利用的热能的最大值。

2. 煤灰熔融性

煤灰熔融性是指煤灰受热时，由固态向液态转化过程中表现出的性质。由于煤灰是混合物，所以没有固定的熔点。在表示其熔融性时，使用由固态到液态的变化过程中特征变化点的温度来表征，分别是变形温度 DT、软化温度 ST、半球温度 HT 和流动温度 FT，单位℃。

煤燃尽后剩余的灰分，由多种无机物组成，当受热时，先是共熔体熔化，然后熔解煤灰中其他高熔点成分。煤灰熔融温度的高低，不仅取决于煤灰的化学组成，同时还与测定时样品所处气氛条件有关，因为测定时气氛的氧化性或还原性，直接影响到混合物中金属元素存在的价态。

煤灰熔融性特征温度越低，越易于熔化，引起锅炉结渣的可能性越大。因此，煤灰熔融性是发电用煤应用中的重要指标。

3. 可磨性

可磨性用于表征煤炭磨制成粉的难易程度。电站锅炉都是采用煤粉燃烧方式，入炉煤粉的粒度大多在几十微米，而电力常用煤炭的标称最大粒度为 50mm。因此，在生产工艺中需要将大量的原煤磨制成符合要求的煤粉，磨制过程中的能量消耗与磨煤效率取决于煤炭自身的可磨性。

发电用煤的可磨性通常用哈氏可磨性指数来表示，它是一个无量纲的量。在规定条件下，将达到空气干燥状态的煤样进行破碎，与规定的标准煤样的结果进行对比，即可得出样品的哈氏可磨性指数。该数值越大，表示煤炭越容易被磨制成粉。

哈氏可磨性指数这一特性指标是设计与选用磨煤机的重要依据。通常，若哈氏可磨性指数降低 10，要将煤炭磨制成同样的细度，磨煤机的出力约减少 25%。

4. 煤粉细度

煤粉细度对煤炭燃烧的经济性有直接的关系，无论何种煤，都可以通过细化煤粉的方式提高燃烧反应速度，改善燃烧效果。

煤粉细度是指煤粉中不同粒度颗粒所占的质量百分数，用 R_x 表示。x 指筛分用的筛网孔径，单位 μm。煤粉越细，在锅炉中的燃尽度越高，灰渣未完全燃烧热损失越小，但制粉系统能耗越高。

5. 着火点

煤的着火点是指煤在规定条件下加热到开始燃烧时的温度。可用于判断煤着火的难易程度和自燃倾向。

通常煤炭的挥发分越高，煤的着火温度越低，越容易自燃；反之，煤的挥发分越低，煤的着火温度越高。

动力用煤常用特性指标及符号见表 6-2。

表 6-2 常用动力用煤特性指标及符号

特性指标	英文名称	符号	特性指标	英文名称	符号
水分	moisture	M	全硫	total sulfur	S_t
全水分	total moisture	M_t	硫铁矿硫	pyritic sulfur	S_p
灰分	ash content	A	硫酸盐硫	sulphate sulfur	S_s
挥发分	volatile matter	V	有机硫	organic sulfur	S_o

续表

特性指标	英文名称	符号	特性指标	英文名称	符号
固定碳	fixed carbon	FC	变形温度	deformation temperature	DT
高位发热量	gross calorific value	Q_{gr}	软化温度	softening temperature	ST
低位发热量	net calorific value	Q_{net}	半球温度	hemispherical temperature	HT
碳	carbon	C	流动温度	fluid temperature	FT
氢	hydrogen	H	哈氏可磨性指数	Hardgrove grindability index	HGI
氧	oxygen	O	碳酸盐二氧化碳	carbornate carbon dioxide	CO_2
氮	nitrogen	N	着火温度	ignition temperature	
硫	sulfur	S	灰成分	ash analysis	

第三节 煤的基准及其应用

煤由可燃成分及不可燃成分两部分所组成，其中不可燃成分中的水分受外界环境影响大，易于自然蒸发而引起含量的波动，其他成分的百分含量则随之而变。因此，比较不同状态下的煤炭，需要剔除某些随外界条件而改变的成分，形成新的成分组合。这种按照煤存在的状态或者根据需要而规定的成分组合称为基准。在任一给定的基准条件下，都将此时的考察对象视为一个整体，各约定组分的质量百分含量之和均为100。因此，采用的基准不同，组分的质量百分含量的数值大小也不同。

一、电力用煤常用基准

基准的种类较多，包括收到基、空气干燥基、干燥基和干燥无灰基、干燥无矿物质基、恒湿无灰基和恒湿无矿物质基等。电力用煤常用基准有四种。

(1) 收到基：以收到状态的煤中所有组分的组合为基准，用符号 ar 表示。
(2) 空气干燥基：以达到空气干燥状态时煤中成分的组合为基准，用 ad 表示。
(3) 干燥基：以达到干燥状态、不含水分的煤中成分的组合为基准，用 d 表示。
(4) 干燥无灰基：以不含水分和灰分的煤中成分的组合为基准，用 daf 表示。

收到基可以理解为电厂所收到的原煤所处的状态。空气干燥基也就是实验室内测定煤质特性指标时试样所处的状态。干燥基也就是除去了全部水分的干煤所处的状态。干燥无灰基则是假想不计算不可燃成分的煤所处的状态。基准的这种分类完全是为了应用的需要。

根据不同基准的含义可知，同一煤质特性指标，当采用不同基准来表示时，就会有不同的值。其中以收到基所表示的值最小，空气干燥基次之，干燥基较大，干燥无灰基最大。

在表示煤中各种成分的百分含量时，必须标明基准，方法是将基准符号标在组成成分符号的右下角。例如，收到基灰分用 A_{ar} 表示；干燥基固定碳用 FC_d 表示；空气干燥基水分用 M_{ad} 表示；干燥无灰基挥发分用 V_{daf} 表示；空气干燥基氢元素符号为 H_{ad}。煤质特性指标右下角有一个以上符号时，基的符号放在后边，符号间用逗号分开，读法是由后向前读。例如，空气干燥基全硫符号为 $S_{t,ad}$；空气干燥基弹筒发热量符号为 $Q_{b,ad}$；空气干燥基高位发热量符号为 $Q_{gr,ad}$，收到基低位发热量符号为 $Q_{net,ar}$。

不论使用何种基准，煤中以质量百分含量表示的各种成分之和都应是100，所以各种基准也可用下列各式表示：

收到基：
$$M_t + A_{ar} + V_{ar} + FC_{ar} = 100 \tag{6-5}$$
$$M_t + A_{ar} + C_{ar} + H_{ar} + O_{ar} + N_{ar} + S_{c,ar} = 100 \tag{6-6}$$

式（6-5）和式（6-6）中全水分 M_t 也就是收到基水分，M_t 与 M_{ar} 是一样的。式中 $S_{c,ar}$ 为收到基可燃硫，它也可近似地用收到基全硫 $S_{t,ar}$ 来表示。

空气干燥基：
$$M_{ad} + A_{ad} + V_{ad} + FC_{ad} = 100 \tag{6-7}$$
$$M_{ad} + A_{ad} + C_{ad} + H_{ad} + O_{ad} + N_{ad} + S_{c,ad} = 100 \tag{6-8}$$

干燥基：
$$A_d + V_d + FC_d = 100 \tag{6-9}$$
$$A_d + C_d + H_d + O_d + N_d + S_{c,d} = 100 \tag{6-10}$$

由于是干燥基，即不含水分，故式（6-9）及式（6-10）中没有水分指标。

干燥无灰基：
$$V_{daf} + FC_{daf} = 100 \tag{6-11}$$
$$C_{daf} + H_{daf} + O_{daf} + N_{daf} + S_{c,daf} = 100 \tag{6-12}$$

由于干燥无灰基不含不可燃成分的水分及灰分，仅有可燃成分的挥发分及固定碳，故式（6-11）及式（6-12）中没有水分及灰分指标。

收到基、空气干燥基、干燥基及干燥无灰基四种基准是最常用的，也是应用最广泛的。但是煤的基准不仅限于这些，以下对其他方面的基准作一简要介绍。

恒湿无灰基是指以30℃相对湿度为96%时所含的水分和假想的无灰状态的煤为基准的表示方法，符号为 maf。

干燥无矿物基是指以假想的干燥无矿物质状态的煤为基准的表示方法，符号为 dmmf。煤中矿物质是由各种盐类组成的复杂混合物，在多种情况下，矿物质主要是由铁、铝、钙、镁、钠、钾的硅酸盐构成的，其中黏土占较大比重。

无硫基是以假想的无硫状态的煤为基准的表示方法，符号为 sf。无论何种煤均含有硫，只是其含量不同而已，所以无硫煤是不存在的，只是假想状态。

实验室常使用空气干燥基煤样进行煤质分析，所得结果为空气干燥基数据。然而实际应用数据不一定是空气干燥基数据，可能是收到基、干燥基或干燥无灰基数据。由于这些不同的基准之间具有一定的换算关系，因此可以根据需要将实验室的分析结果换算为其他的基准。

二、基准换算

进行基准换算，首先应清楚不同基准间的区别。实际上四种常用基准间的差异，就在于是否含有水分、灰分。例如：收到基与干燥基间的区别，就在于相差全水分；空气干燥基与干燥无灰基间的区别，就在于相差空气干燥基水分及灰分；干燥基与干燥无灰基间的区别，就在于相差灰分等。然后根据换算基本原理就可以实现不同基准间的换算。换算基本原理为物质不灭定律：煤中任一成分的分析结果无论采用哪种基准表示，该成分的绝对质量不变。

1. 应用物质不灭定律进行基准换算

已知 X_{ad}（表示工业分析或元素分析中任一成分的空气干燥基质量百分数）和 M_{ad}，求 X_d。

设空气干燥煤样的质量为 100，则在此基准下成分 X 的绝对质量为 X_{ad}。同样可知干燥煤样的质量为 $100-M_{ad}$，根据物质不灭定律，X 的绝对质量保持不变，即有

$$X_{ad} = (100 - M_{ad}) \times \frac{X_d}{100}$$

$$X_d = X_{ad} \times \frac{100}{100 - M_{ad}}$$

同理可得干燥基和干燥无灰基间的换算公式为

$$X_{daf} = X_d \times \frac{100}{100 - A_d}$$

$$X_d = X_{daf} \times \frac{100 - A_d}{100}$$

干燥基和收到基间的换算公式为

$$X_{ar} = X_d \times \frac{100 - M_t}{100}$$

$$X_d = X_{ar} \times \frac{100}{100 - M_t}$$

2. 基准换算公式

由上述结果可见，基准换算通用公式可表示为

$$X = kX_0 \tag{6-13}$$

式中，X_0——按原基准计算的某一成分的百分含量；

X——按新基准计算的同一成分的百分含量；

k——换算系数。

两种不同基准使用式（6-13）进行换算时，不同基准下同一成分绝对含量存在差异的不满足该式。例如空气干燥基和收到基之间进行换算时，M_{ad} 和 M_{ar}（或 M_t）存在外在水分 M_f（收到状态）的差异，因此不满足式（6-13），即 $M_{ar}k \neq M_{ad}$。只有绝对含量

没有差异的成分才满足基准换算公式。例如 $(M_{ar} - M_f)k = M_{ad}$。

3. 收到基和空气干燥基间的换算

已知某煤 X_{ad}、M_{ar} 和 M_{ad}，求 X_{ar}。

要求 X_{ar}，只需求出换算系数 k，然后据式（6-13）计算即可。除水分外，A_{ar} 和 A_{ad}、V_{ar} 和 V_{ad}、FC_{ar} 和 FC_{ad} 满足式（6-13）的换算关系，即

$$A_{ar} = kA_{ad}$$
$$V_{ar} = kV_{ad}$$
$$FC_{ar} = kFC_{ad}$$

将上述等式两边分别相加得

$$A_{ar} + V_{ar} + FC_{ar} = k(A_{ad} + V_{ad} + FC_{ad})$$

将式（6-5）和式（6-7）代入可得 $100 - M_{ar} = k(100 - M_{ad})$

则

$$k = \frac{100 - M_{ar}}{100 - M_{ad}}$$

$$X_{ar} = X_{ad} \frac{100 - M_{ar}}{100 - M_{ad}} \tag{6-14}$$

求 X_{ar} 也可使用物质不灭定律。设收到基煤样的质量为 100，则 X 的绝对质量为 X_{ar}；空气干燥基煤样的质量为 $100 - M_f$，根据物质不灭定律，X 的绝对质量保持不变，即有

$$X_{ar} = X_{ad} \times \frac{100 - M_f}{100} \tag{6-15}$$

式（6-15）与式（6-14）是相同的。这可以由收到基水分与外在水分、空气干燥基水分的关系得到证明。

收到基水分 M_{ar} 可分为外在水分 M_f 和收到基内在水分 $M_{inh,ar}$，在空气干燥状态下，外在水分全部失去，而内在水分不损失，此时在煤样中的百分含量为 $M_{inh,ad}$，等于 M_{ad}。$M_{inh,ar}$ 和 M_{ad} 满足式（6-15），即

$$M_{inh,ar} = M_{ad} \times \frac{100 - M_f}{100}$$

则

$$M_{ar} = M_f + M_{ad} \times \frac{100 - M_f}{100} \tag{6-16}$$

整理得

$$M_f = \frac{100(M_{ar} - M_{ad})}{100 - M_{ad}} \tag{6-17}$$

将式（6-17）代入式（6-15）即可得到式（6-14）。

表 6-3 给出了不同基准间的换算系数。可以看出换算系数有一定的规律性：按收到基—空气干燥基—干燥基—干燥无灰基的顺序，换算系数 k 数值依次增大；如依上述顺序变换，则 $k > 1$；反之，则 $k < 1$。在实际应用中，换算系数可以直接查表 6-3 得到。

例 6-1 收到基灰分 25.00，设煤的全水分为 11.50，若换成干燥基灰分 A_d 应为多少？

解：$k = \dfrac{100}{100 - M_t} = 1.130$

表 6-3　　　　　　　　　　　　　　不同基准间的换算系数

已知基	换算后基			
	收到基	空气干燥基	干燥基	干燥无灰基
收到基	1	$\dfrac{100-M_{ad}}{100-M_t}$	$\dfrac{100}{100-M_t}$	$\dfrac{100}{100-M_t-A_{ar}}$
空气干燥基	$\dfrac{100-M_t}{100-M_{ad}}$	1	$\dfrac{100}{100-M_{ad}}$	$\dfrac{100}{100-M_{ad}-A_{ar}}$
干燥基	$\dfrac{100-M_t}{100}$	$\dfrac{100-M_{ad}}{100}$	1	$\dfrac{100}{100-A_d}$
干燥无灰基	$\dfrac{100-M_t-A_{ar}}{100}$	$\dfrac{100-M_{ad}-A_{ar}}{100}$	$\dfrac{100-A_d}{100}$	1

注：$M_t = M_{ar}$

$$A_d = kA_{ar} = 1.130 \times 25.00 = 28.25$$

答：干燥基灰分的百分含量为 28.25。

例 6-2　已知干燥无灰基挥发分 V_{daf} 为 15.00，$M_{ad}=2.60$，$A_{ad}=24.40$，问空气干燥基挥发分 V_{ad} 为多少？

解：$k = \dfrac{100-M_{ad}-A_{ad}}{100} = 0.7300$

$$V_{ad} = kV_{daf} = 0.7300 \times 15.00 = 10.95$$

答：空气干燥基挥发分的百分含量为 10.95。

例 6-3　已知某空气干燥基煤样 $M_{ad}=1.50$，$A_{ad}=6.67$，并已知其外在水分含量 $M_f=2.00$。求收到基灰分和干燥基灰分。

解：据式 (6-15)，$A_{ar} = A_{ad} \times \dfrac{100-M_t}{100} = 6.67 \times \dfrac{100-2.00}{100} = 6.54$

$$A_d = A_{ad} \times \dfrac{100}{100-M_{ad}} = 6.67 \times \dfrac{100}{100-1.50} = 6.77$$

答：收到基灰分的百分含量为 6.54，干燥基灰分的百分含量为 6.77。

例 6-4　已知某煤样 $M_{ad}=1.50$，$M_t=5.00$，$Q_{gr,ad}=25.92$ kJ/g。求收到基高位发热量 $Q_{gr,ar}$。

解：$Q_{gr,ar} = Q_{gr,ad} \times \dfrac{100-M_t}{100-M_{ad}} = 25.92 \times \dfrac{100-5.00}{100-1.50} = 25.0$ kJ/g

答：收到基高位发热量为 25.0 kJ/g。

例 6-5　取炉前煤样，其全水分百分含量为 12.00，将煤样制成分析试样，其分析结果如下：$M_{ad}=1.24$，$S_{t,ad}=1.72$。求 $S_{t,ar}$。

解：$S_{t,ar} = S_{t,ad} \times \dfrac{100-M_t}{100-M_{ad}} = 1.72 \times \dfrac{100-12.00}{100-1.24} = 1.53$

答：$S_{t,ar}$ 为 1.53。

三、基准的应用

试验室所测特性指标除了煤中全水分以收到基来表示，其他均以空气干燥基表示。因此，只有进行基准换算后的数据才能在不同方面应用。

1. 收到基

以收到基表示的煤质特性指标，直接反映了锅炉燃用原煤各特性指标的情况。在电厂的煤场、输煤与锅炉系统设备的设计中，设计部门均要求提供收到基的各特性指标值。

由于收到基低位发热量可以表示原煤实际上用来发电的热量，故它是计算发供电煤耗的基本参数。虽然各电厂燃用煤种不同，其发热量也可能相差很大，但采用标准煤耗作为各电厂耗煤情况的度量，就使得不同电厂之间这一最重要的经济指标具有了可比性。试验室直接测出来的是空气干燥基弹筒发热量，它必须经过一定的校正与换算，最后才能求出计算标准煤耗所需的收到基低位发热量。

2. 空气干燥基

空气干燥基值是换算到其他基准的基础，故煤质试验室提供的以空气干燥基值表示的各项特性指标值必须测准，否则换算到其他基准的值也不可能正确。要保证煤质特性指标的空气干燥基值测准，关键在于所用的试样必须真正处于空气干燥状态。如将试样置于空气中连续干燥 1h，其质量变化不大于 0.1%，则认为达到空气干燥状态。如果试样尚未达到空气干燥状态或者制样时受热温度过高，将使测定结果全都偏低或偏高。

3. 干燥基

煤的干燥基是一种假想状态。干燥煤样一旦与空气接触，就会吸收空气中的水分，直至与空气中的湿分相平衡为止。

由于干燥基不受试样水分波动的影响，故使得不同单位在不同环境下对同一样品的测定结果具有可比性。在煤质检测中，对任何一项检测项目，标准中均有精密度要求。精密度又分重复精密度（室内允许差）及再现精密度（空间允许差）。考核重复精密度用空气干燥基表示；考核再现精密度，则用干燥基表示。

干燥基意味着煤中不含水分，即干煤所处的状态。为了检查检测结果的准确性，普遍使用标准煤样，而标准煤样的特性指标值均以干燥基表示。这样在不同湿度下，所测出的空气干燥基特性指标值虽各不相同，但经换算成干燥基，实测值与标准煤样的标准值之间也就具有直接可比性，从而可对各种条件下的测定结果的准确性加以判断。

总之，煤中水分受环境影响而变化，在不少场合，要排除水分对检测结果的影响，就需要应用干燥基。

4. 干燥无灰基

干燥无灰基挥发分 V_{daf} 的应用最多，它的高低反映了煤的变质程度，在我国煤炭分类中，V_{daf} 是主要分类参数。

由于干燥无灰基不计水分及灰分，因此在锅炉燃烧及设计煤质中均要求提供 V_{daf} 值。挥发分是煤中最易燃烧的成分，而固定碳的燃烧温度要比挥发分高得多，燃烧速度也慢得多，所以 V_{daf} 在电厂锅炉设计与燃烧调整中应用甚多。

思 考 题

1. 何谓煤的变质作用？
2. 我国煤炭根据煤化程度分为哪几类？
3. 煤炭产品根据加工方法、用途和煤炭品质的不同划分为哪几大类？其中电力用煤属于哪种煤炭产品？
4. 煤的工业分析组成和元素分析组成分别包括哪些成分？
5. 煤的工业分析与元素分析有什么关系？
6. 动力用煤的煤质特性主要包括哪些？
7. 煤中水分对锅炉设备的运行有何影响？
8. 挥发分对锅炉设备的运行有何影响？
9. 灰分对锅炉设备的运行有什么影响？
10. 什么叫基准？常用的燃煤基准有哪些？
11. 据下列入厂煤实验结果，计算干燥基灰分、全硫，干燥无灰基挥发分和收到基高位发热量。已知 $M_t=5.00\%$，$M_{ad}=1.50\%$，$A_{ad}=23.85\%$，$V_{ad}=18.20\%$，$S_{t,ad}=2.50\%$，$Q_{gr,ad}=25.92\text{kJ/g}$。

第七章 煤样的采集与制备

电厂锅炉的燃用煤都有一定的质量要求,而煤质特性检测,是通过采样、制样与化验这三个相互联系、又相对独立的环节来完成的。它们对检测结果的影响,以采样最大,制样次之,化验最小。故要获得准确的煤质检验结果,关键在于采样与制样。

煤是化学组成及粒度都很不均匀的固体物料。从大量煤中采制出的极少量样品,应能够代表这批煤的平均质量,即样品应具有代表性。这具有很大的难度,因此煤样的采集与制备必须遵循一定的原则,采用科学的方法。

本章主要阐述采样的基本概念和原理,介绍入厂煤、入炉煤、入炉煤粉和灰渣的采样方法,以及煤样的制备方法等内容。

第一节 采样的基本概念和原理

一、基本概念

采样中涉及众多名词术语,了解重要的也是常用的名词术语的含义,将有助于学习、理解采样原理和方法,从而能更快、更好地掌握电力用煤采样技术。

(1) 批与采样单元。需进行总体性质测定的一个独立煤样,称为批。例如,一列火车从煤矿运进 1 500t 原煤到电厂,电厂按标准规定进行采样、制样与化验,作为煤质验收依据,此 1 500t 原煤就是一批。

从一批煤中采取一个总样所代表的煤量,称为采样单元。从一批煤中采取几个总样,这批煤就由几个采样单元组成,其单位为个,而一采样单元的煤量单位为吨。例如,一列火车装原煤 900t、精煤 400t、洗煤 500t,则这批煤由三个采样单元所组成,各采样单元的煤量分别为 900t、400t 和 500t,各采样单元应分别采样。

(2) 子样、总样与分样。子样是指采样器具操作一次所采取的或截取一次煤流全断面所采取的一份样。采集子样必须按标准规定进行,不能随意地在运输工具上或煤流中采集某一点的煤作为子样。在不同地方采样时,每一次的采样量、采样位置与采样器具都应符合标准规定。

从一采样单元取出的全部子样合并成的煤样称为总样。子样是总样的组成单元。一采样单元所采子样数与每个子样量的乘积,就是总样量。例如,一采样单元煤量为 1 000t,共采集 60 个子样,如每个子样量应采 2kg,则此总样量为 120kg。

由若干子样构成,代表整个采样单元的一部分的煤样,称为分样。分样代表总样的一部分煤样,应能保持与总样一致的性质。

二、煤的不均匀度

由于古代植物在形成煤的变异过程中本身化学组成就具有不均匀性的特征,在煤的开采、运输、装卸和储存等过程中,也会增加许多不均匀性的因素,致使即使是同一矿区同一批量的煤的质量也很不均匀,不均匀度就是用来衡量一批煤的不均匀程度的参数。煤的不均匀度主要由煤中水分、灰分、粒度等指标决定。在煤的各项成分中,矿物质的分布最不均匀,所以在表示煤的不均匀度时灰分最具有代表意义。此外,灰分的测定方法较简单,误差也小。因此,实际应用中常用灰分的不均匀度表示煤的不均匀度。全硫在煤中的分布也是不均匀的,故也可用于表示煤的不均匀度,但没有灰分应用多。

煤的不均匀度是用所采样品灰分的标准偏差 σ 或 S 来表示的,计算公式为:

$$\sigma = \sqrt{\frac{\sum_{i=1}^{n}(X_i - \overline{X})^2}{n}} \qquad (7-1)$$

$$S = \sqrt{\frac{\sum_{i=1}^{n}(X_i - \overline{X})^2}{n-1}} \qquad (7-2)$$

式中:X——测定值;

$\overline{X}$——测定结果的平均值;

n——测定次数,与采取的子样数相对应。

当采取的子样数 n 趋于无穷大时或采取子样数很多、$\overline{X}$ 可代表真实值时,用式(7-1)计算不均匀度。例如当电厂燃用的煤种或矿区基本不变时,根据火电厂长期积累的大量数据(A_d),可以用式(7-1)计算煤的不均匀度。当从一批煤中采取的子样数不够多、$\overline{X}$ 不能代表真实值时,可用式(7-2)计算不均匀度。

标准偏差 S 或 σ 越大,表示煤质越不均匀。标准偏差 S 或 σ 越小,则表示煤质越均匀。标准偏差 S 或 σ 大小反映了煤的不确定度的大小,值越大,煤的不均匀度越大,要想达到同样的采样精密度就要增加采取的子样数目。

三、采样精密度

1. 采样精密度

单次采样测定值与对同一煤种(同一来源,相同性质)进行无数次采样测定的平均值的差值(在95%概率下)的极限值。可用下式表示:

$$D = X - \overline{X} \qquad (7-3)$$

式中:D 为采样精密度,即绝对偏差。

如果所采取的样本的测定值 X 落在总体真实值 $\overline{X}$ 的一定偏差范围内,则此样本具有代表性。一定的偏差范围与一定的概率是相对应的。当选用概率较大时,则采样偏差 D 范围就较宽,采样精密度较低;反之,当选用概率较小时,则采样偏差 D 范围就较窄,采样精密度较高,但样本的代表性降低。为了使采取的样本既具有足够的代表性,又具有较高的精密度,国标规定,采样精密度应具有95%的置信概率。

当采取的子样数(测定次数)无限多时,采样精密度或偏差的概率符合正态分布;然而实际采取的子样数总是有限的,此时采样精密度或偏差的概率已偏离正态分布,符合t分布。因此,采样精密度或偏差常用t分布计算,公式如下:

$$D = \pm t \frac{S}{\sqrt{n}} \tag{7-4}$$

式中:t为采样精密度或偏差的概率密度函数的自变量;D、S、n的意义同上。在95%概率下,$n \to \infty$时,$t=1.96$,代入式(7-4),则

$$D = \pm 1.96 \frac{S}{\sqrt{n}} \tag{7-5}$$

精密度与准确度是两个不同的概念。精密度用于表示各测定结果之间的符合程度,而准确度则表示测定结果与真值的接近程度。当真值不可能准确得到时,即准确度得不到时,此时只能对同一煤的一系列测定结果间彼此的符合程度——精密度作出估计。当采用的采样、制样和化验方法无系统偏差时,精密度就是准确度。

原煤、筛选煤、精煤和其他洗煤(包括中煤)等产品的采样精密度规定见表7-1。

表 7-1　　　　　　　　　　采样精密度[①]

原煤、筛选煤		精　煤	其他洗煤（包括中煤）
干基灰分≤20%	干基灰分>20%		
±1/10×灰分但不小于±1%（绝对值）	±2%（绝对值）	±1%（绝对值）	±1.5%（绝对值）

注:①实际应用中为采样、制样和化验总精密度。

例 7-1　按国家标准要求,对 1 000t A_d>20%的原煤,应采集 60 个子样,采集精密度可达到±2%,如仅采集 40 个子样,采集精密度为多少?

解:据式(7-5)可得

$$D_1 = \pm 1.96 \frac{S}{\sqrt{60}}$$

$$D_2 = \pm 1.96 \frac{S}{\sqrt{40}}$$

将上两式相比、移项得:$D_2 = \pm D_1 \sqrt{\frac{60}{40}} = \pm 2\% \times \sqrt{\frac{6}{4}} = \pm 2.4\%$

答:采样精密度为±2.4%。

2. 采样精密度的核对

由表7-1可以看出,采样精密度按原煤、洗煤、精煤的顺序依次增高,这是因为各品种煤的均匀度依次增高所致。采样精密度的高低取决于煤炭产品的品种,对原煤来说,它还与灰分 A_d 值有关。

采样的精密度能否达到国标的要求,需通过试验进行核对,方法为极差法。其程序是将按规定采集的子样分成6个平行样品即分样,对每个平行样品分别制样化验,对6

个化验结果进行数理统计分析以判断是否达到所要求的精度。核对至少应每半年进行一次。一般需连续进行二次或三次试验（分二周至三周进行），如连续二次符合要求（或不符合要求）或三次中有二次符合要求（或不符合要求），表示该半年中的采样达到（或未达到）规定的精密度要求。

四、子样数目

一批煤可以是一个或多个采样单元。精煤和特种工业用煤，按品种、分用户以 1 000t（±100t，下同）为一采样单元，其他煤按品种、不分用户以 1 000t 为一采样单元。进出口煤按品种、分国别以交货量或一天的实际运量为一采样单元。运量超过 1 000t 或不足 1 000t 时，可以实际运量为一采样单元。如需进行单批煤质量核对，应对同一采样单元进行采样、制样和化验。

1. 子样数目的确定

将式（7-5）变形得子样数目的计算公式如下：

$$n = 1.96^2 \frac{S^2}{D^2} \tag{7-6}$$

当干燥基灰分已知时，据式（7-1）或式（7-2）可计算得到不均匀度，而采样精密度可近似查表 7-1 得到，代入式（7-6）便可确定满足精密度要求的最小子样数目。

例 7-2 如例 7-1 中采样精密度由±2％提高到±1％，应采集多少子样数？

解：由于是同一批煤，不均匀度不变，因此，据式（7-6）可得：$\frac{n_1}{n_2} = \frac{D_2^2}{D_1^2}$

则应采集的子样数为：$n_2 = n_1 \frac{D_1^2}{D_2^2} = 60 \times \frac{2^2}{1^2} = 240$

由计算可知：要提高采样精密度，即减小 D 值，就得增加子样数。另外，采集的子样数也不是越多越好，随着子样数增加，样品量增多，制样工作量加大。

2. 规定的最小子样数目

1 000t 原煤、筛选煤、精煤及其他洗煤（包括中煤）和粒度大于 100mm 的块煤应采取的最少子样数目规定于表 7-2。

表 7-2　　　　　　　　　　1000t 最少子样数目

品　种	干基灰分	采样地点				
		煤流	火车	汽车	船舶	煤堆
原煤、筛选煤	>20％	60	60	60	60	60
	≤20％	30	60	60	60	60
精　煤		15	20	20	20	20
其他洗煤（包括中煤）		20	20	20	20	20

煤量超过 1 000t 的子样数目，按式（7-7）计算：

$$N = n\sqrt{\frac{m}{1000}} \tag{7-7}$$

式中：N 为实际应采子样数目，个；n 为表 7-2 规定的子样数目，个；m 为实际采样煤量，t。

煤量少于 1 000t 时，子样数目根据表 7-2 规定数目按比例递减，但最少不能少于表 7-3 规定的数目。

表 7-3　　　　　　　　　　煤量少于 1000t 的最少子样数

煤　种	干基灰分	采 样 地 点				
		煤流	火车	汽车	船舶	煤堆
原煤、筛选煤	>20%	18	18	18	表 7-2 规定数目的 1/2	表 7-2 规定数目的 1/2
	≤20%	10	18	18		
精　　煤		10	10	10		
其他洗煤（包括中煤）		10	10	10		

五、子样质量

子样的最小质量等于商品煤标称最大粒度的 0.06 倍，但最少为 0.5kg。部分粒度的子样最小质量见表 7-4。所谓标称最大粒度，并不是全部煤中最大粒度者，而是指筛上物最接近于 5% 时那个筛的尺寸。如一批煤中，有 95% 的煤粒度小于 50mm，有 5% 大于 50mm，则最大粒度记为 50mm。

表 7-4　　　　　　　　　　　　子 样 最 小 质 量

最大粒度　mm	≤6	13	25	50	100
质量参考值　kg	0.5	0.8	1.5	3.0	6.0

第二节　煤样的采集

一、入厂煤样的采取

1. 火车顶部的采样

子样数目和子样质量按上述规定确定。但原煤和筛选煤每车不论车皮容量大小至少采取 3 个子样；精煤、其他洗煤和粒度大于 100mm 的块煤每车至少取 1 个子样。

火车采样依据子样点的布置方法分为斜线 3 点采样、斜线 5 点采样和均匀布点采样三种。

(1) 斜线 3 点采样。如图 7-1（a）所示，3 个子样布置在车皮对角线上，1、3 子样距车角 1m，第 2 个子样位于对角线中央。采样时，每车采取 3 个子样。原煤和筛选煤的采样可以选用这种方法。

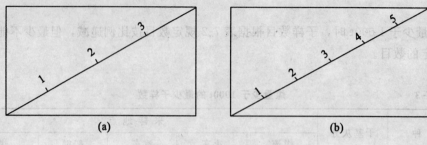

图 7-1　火车顶部采样点的布置

（2）斜线 5 点采样。如图 7-1（b）所示，5 个子样布置在车皮对角线上，1、5 两子样距车角 1m，其余 3 个子样等距分布在 1、5 两子样之间。采样按 5 点循环方式每车采取 1 个子样。精煤、其他洗煤和粒度大于 100mm 的块煤的采样可选用该法。

（3）均匀布点采样。将采样车厢表面分成若干面积相等、边长为 1m～2m 的小块并编号（一般为 15 块或 18 块），如图 7-2 所示，采样时将采样点均匀布置在各个小块的中部。采样方法：①系统采样法。本法仅适用于每车采取的子样相等的情况。采样时，第一个子样从第一车厢的小块中随机采取，其余子样顺序从后继车厢中轮流采取。每车子样数超过 2 个时，应将相继的、数量与欲采子样数相等的号编成一组并编号。同样先用随机方法决定第一个车厢采样点位置或组位置，然后顺着与其相继的点或组的数字顺序、从后继的车箱中依次轮流采取子样。②随机采样法。采样前先制作数量与小块数相等的牌子并编号，一个牌子对应于一个小块。将牌子放入一个袋子中。按车厢顺序采样时，先从袋中取出数量与需从该车厢采取的子样数相等的牌子，然后再从与牌号相应的小块中采取子样，并将抽出的牌子放入另一个袋子中。当原袋中牌子取完时，反过来从另一袋子中抽取牌子，再放回原袋。如是交替，直到采样完毕。

1	4	7	10	13	16
2	5	8	11	14	17
3	6	9	12	15	18

图 7-2　均匀布点采样

原煤，经按 GB 477 测定，若粒度大于 150mm 的煤块（包括矸石）含量超过 5%，则采取商品煤时，大于 150mm 的不再取入，而是单独制样分析，该批煤的灰分或发热量应按式（7-8）计算：

$$X_d = \frac{X_{d1}P + X_{d2}(100-P)}{100} \tag{7-8}$$

式中，X_d 为商品煤的实际灰分或发热量,%或 MJ/kg；X_{d1} 为粒度大于 150mm 煤块的灰分或发热量,%或 MJ/kg；X_{d2} 为不采粒度大于 150mm 煤块时的灰分或发热量,%或 MJ/kg；P 为粒度大于 150mm 煤块的百分率,%。

2. 汽车上采样

采用均匀布点采样时，子样位置的选择与火车采样原则相同，用系统采样或随机采样方法采取子样。

沿车箱对角线方向采样时，无论原煤、筛选煤、精煤、其他洗煤或粒度大于 150mm 块煤，均按图 7-1（a）所示，3 点循环方式采取子样，首尾两点距车角 0.5m。同一批次的斜线方向要求一致。对同一煤种一天的发运量不足 30t 时（每车按 5t 计），其采样点布置应本着中间采样点和车角采样点比例基本保持相等的原则。例如五辆车采 6 个子样，其采样点布置见图 7-3。

与火车一样，采样时挖坑到 0.4m 以下，清除滚落的坑内的煤块或矸石后再采取。

图 7-3　五辆车采样点的布置

3. 船上采样

船上不直接采取仲裁煤样和进出口煤样，一般也不直接采取其他商品煤样，而应在装（卸）煤过程中于皮带输送机煤流中或其他装（卸）工具，如汽车上采样。

直接在船上采样，一般以 1 仓煤为 1 采样单元，也可将 1 仓煤分成若干采样单元。

依据均匀布点原则，将船舱分成 2~3 层（每 3~4m 分一层），将子样均匀分布在各层表面上。图 7-4 为分 3 层采样的分层例子。

4. 煤堆采样

煤堆上不采取仲裁煤样和出口煤样，必要时应用迁移煤堆、在迁移过程中采样的方式采样。子样点布置依据均匀布点原则，根据煤堆的形状和子样数目，将子样分布在煤堆的顶、腰和底（距地面 0.5m）上，采样时应先除去 0.2m 的表面层。

二、入炉原煤样的采取

（1）采样单元及分析检验单元。以每个班（值）的上煤量为一个采样单元；全水分测定以每个班（值）的上煤量为一个分析检验单元；其他项目以一天（24h）的上煤量为一个分析检验单元。

（2）采样的精密度（D）。采用干燥基灰分计算时，在 95% 的置信概率下 D 为 ±1% 以内。

（3）子样数目的确定。子样数目由采样精密度（D）和入炉原煤的不均匀度（S）

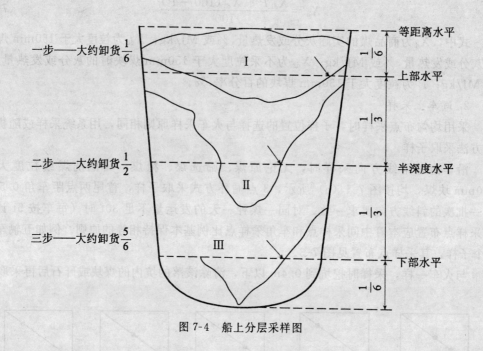

图 7-4 船上分层采样图

来确定。若电厂为一日 i 班制,且每班上煤量平均分配,则每班(值)应采子样数目 n 按式(7-9)计算:

$$n=\frac{5S^2}{iD^2} \tag{7-9}$$

式中:n 为每班(值)应采子样数目;i 为假定电厂为一日 i 班制,且每班上煤量平均分配;D 为采样精密度,若取±1%,则以 $D=1$ 代入式(7-9)中;S 为以一天(24h)的入厂煤(或入炉煤)干燥基平均灰分(A_d)为基础,据式(7-2)计算上年度共 m($m>300$)天的平均灰分的标准偏差值。

若每班(值)上煤量不是平均分配,而是按不同的比例 r_j 上煤,则第 j 班(值)应采子样数目 n_j 按式(7-10)计算:

$$n_j=\frac{5S^2}{D^2}r_j \tag{7-10}$$

式中:n_j 为第 j 班(值)应采子样数目;r_j 为第 j 班(值)的上煤比例,即 r_j 为第 j 班(值)的上煤量占当日总上煤量的比例,且 $\sum r_j=1$,即 $r_1+r_2+\cdots+r_j+\cdots+r_i=1$

(4)子样质量的确定。子样质量由上煤皮带宽度、上煤量和煤流的最大粒度决定,以实际采取整个煤流横截面且不留底煤为适宜。

(5)采样周期。对于一班(值)内连续均匀上煤时,应根据由式(7-9)计算的子样数目来均匀分配采样周期;对于一班(值)内间歇上煤时,则应根据上煤流量加以调整,流量大时应缩短采样周期,相反应延长采样周期。为保证在正常流量采样,采样时应注意避开煤流的头尾部分。

对煤流厚度相对保持稳定的场合,可以间隔时间作为采样周期,即每隔一定的时间采取一个子样。我国燃煤机械采样装置多数是按照这种方式设计和运行的。子样时间间隔按式（7-11）计算：

$$T \leqslant \frac{60G}{Qn} \tag{7-11}$$

式中：T 为子样时间间隔，min；G 为采样单元煤量，t；Q 为煤流量，t/h；n 为子样数目。

如果带式输送机上安装有物料计量装置，则可按质量间隔采样，即每上一定质量的煤采取一个子样。这种采样方式与皮带上煤层厚度无关，精密度高。我国有一些入炉煤机械采样装置是采用这种方式设计和运行的。子样质量间隔可按式（7-12）计算：

$$m \leqslant \frac{G}{n} \tag{7-12}$$

式中：m 为子样质量间隔，t。

(6) 采样方法。有人工采样和机械采样两种，可在皮带上和落煤流处采取，其中落煤流处采样是采集到满意子样的最可靠方法。使用采样机械时，须以恒定速度横贯整个下落煤流，确保采集整个下落煤流全断面作为一个子样。人工采样时，可用长柄采样铲以一定速度横贯整个下落煤流面，并在煤流两边交替进行采样。对于煤流面宽、流量大的煤流，一次采样操作横截下落煤流的全断面难以做到时，可在煤流的两边分 2 到 3 次按左右或左中右的顺序横截煤流断面，采样铲只允许进入或退出时通过下落煤流，不允许两次通过。

从运行皮带上采样时，只有当皮带运行速度不大于 1.5m/s，煤层厚度不超过 0.3m，流量不超过 200t/h 时，才能用人工采样。而当今电厂输煤条件已远远超出了这些限制，所以目前我国电厂入炉煤的采样多采用机械采样。

三、入炉煤粉样的采取

对于中储式制粉系统，可在旋风分离器下粉管或给粉机落煤管中采样。对于直吹式制粉系统，可在一次风煤粉管道中采用等速采样器采样。

(1) 活动采样管。在旋风分离器下粉管中采样时，可采用煤粉活动采样管，其结构如图 7-5 所示。采样时：a) 使内外管槽形开口相互遮盖，并使内管的槽口处于垂直向上的位置；b) 拧开锁气器堵头，迅速将采样管插入并保持密封；c) 转动外管槽口使之

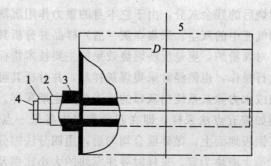

1—内管；2—外管；3—管座；4—堵头；5—下粉管
图 7-5 煤粉活动采样管

垂直朝上以接受煤粉；d) 采样管装满煤粉后，恢复内外管的槽口处于遮盖位置；e) 取出采样管，立即拧上堵头，把煤粉样倒入密封的容器中，若采样量较大时，可用二分器缩分出500g。

(2) 自由沉降采样器。自由沉降采样管是一根直径约30mm的金属弯管，采样端口收缩，直径为2mm左右，其结构如图7-6所示。采样时：a) 将采样管安装在给粉机出口的垂直下粉管中，采样管孔对准下粉管中心线；b) 下粉管外采样管露出部分用石棉或其他绝热材料围缠保温，下端用橡胶管连接采样瓶；c) 为使煤粉样能自由滑落至样品罐中，采样管与垂直线夹角不应超过30°；d) 每次装入采样器后都要检查系统气密性，只要采样管路不漏气，就能连续采样。

(3) 等速采样。采样装置见图7-7。采样时：a) 将采样管安装在风粉流向下的垂直管道中，管口对准管道中心；b) 采样时在管道内对准气粉流动方向沿管道直径逐点移动，以采取平均试样；c) 采样时，应用微差压计监视管口内外的静压差，用调节阀调节抽气装置的抽力，维持管内外静压差在规定范围内，使

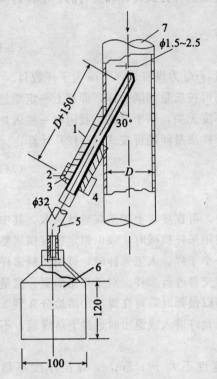

1—斜管座；2—压板；3—橡皮垫；4—端盖；
5—采样管；6—样品罐；7—下粉管
图7-6 煤粉自由沉降采样器

得管内外气流速度相等，以保证等速采样；d) 采集的气粉样经两级旋风分离器分离，煤粉由气流中分离出来后落入样品罐中。采样系统要保持良好的气密性，并防止堵塞。

四、飞灰和炉渣煤样的采取

燃料在炉膛内燃烧后的残余灰分，由于它本身的重力作用沉落到灰斗中的部分称为炉渣。飞灰是指在烟气流中的灰尘。采集煤灰（渣）样品并分析其可燃物含量是重要的煤灰测定项目之一，对煤粉炉，更是反映燃烧效果的主要技术指标。在日常运行中，为了监督和不断改进运行操作，也需经常采集煤灰样品，并分析其可燃物含量。

炉渣样可在机械或水力除灰系统出灰口的适当位置定期采样。如用小车除灰，可在车上点攫法采样，例如按五点法采样，即在四角和当中各采一点。如遇到较多大块炉渣，可将其全部铺在钢板地面上，敲碎混合均匀后，用四分法缩分采样。采样工具的宽度，原则上以能装入最大渣块为宜。采样时要注意块的大小比例及其外观颜色。每值每炉采样量应不少于总炉渣量的5%，最少不得少于10kg。

无论何种燃烧方式的锅炉，其飞灰采样都是在锅炉尾部烟道中进行的。将采样管安

第七章　煤样的采集与制备

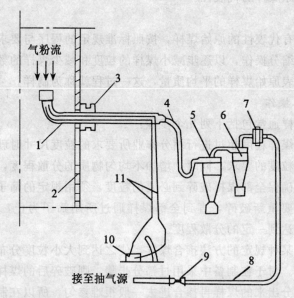

1—采样管；2—输煤管壁；3—管座；4—软橡胶管；5、6—二级旋风子；7—过滤器；
8—帆布胶管；9—调节阀；10—微压计；11—静压传递管

图 7-7　活动等速采样系统

装在省煤器出口，管口要对准烟气流。为取得代表性飞灰样本，必须采用等速采样法采样，即调节采样管口的烟速应接近于烟道的流速。否则，将会引起采样偏差加大。采集的气粉样经旋风分离器分离，煤粉落入样品罐中。采样时，露在烟道外的采样管部分应予保温，采样系统要保持良好的密封性，取样瓶一次取样量不足时可分多次采取。

如果采用撞击式飞灰采样器采样，采样器应安装在空气预热器出口的水平烟道或省煤器后的垂直烟道上。采样器要求密封，外露部分应予保温。集灰瓶一次取样量不足时可分多次采取。由于撞击式飞灰采样器捕捉到的主要是较粗粒度的飞灰，故测得的可燃物量一般偏高。在使用这种取样器时，应先用抽气式等速飞灰采样系统进行比较标定，求得其修正因数。

第三节　煤样的制备

对于煤炭，采取的总样质量通常有数公斤至数百公斤，而在试验室化验时只需由总样制备得到的空气干燥煤样 100g 左右，因此有必要将总样制备成化验所需的试样。同时，还要保持总样的平均煤质特性。要达到这一要求，就要将所采取的具有代表性的总样，按照规定的制备方法——破碎、掺合、缩分和制样。由于总样一般数量较大，不可能在制备过程中全部磨制到试验室所需的粒度。这是因为在磨制中会消耗大量的人力和时间，同时还会引起尘化而增加损失量。所以，总样制备应遵循破碎与缩分相互交替进行，并在缩分的每一段要严格监控，使缩分出的保留样品量达到相应粒度所要求的最小保留质量,以保持原煤样的代表性。

1. 制样的含义

对所采集的具有代表性的原始煤样,按照标准规定的程序与要求,对其反复应用破碎、筛分、掺合、缩分操作,以逐步减小煤样的粒度和减少煤样的数量,使得最终所缩制出来的试样能代表原始煤样的平均质量,这一过程就称为制样。

2. 制样的基本操作

试验室制备煤样通常包括下列几个步骤:

(1) 破碎。当煤样粒度超过进行缩分作业所要求的粒度尺寸时就需破碎,使之减小粒度,以满足缩分粒度的要求。同时,增加不均匀物质的分散程度,以减少缩分误差。

(2) 筛分。为确保全部煤样破碎到必要的粒度,须用规定的筛子筛分。筛分后凡未通过筛子的煤样都要重新破碎,直到全部煤样通过所用筛子为止,以保证在各制样阶段,各不均匀物质达到一定的分散程度。

(3) 掺合。用某种规定的方法掺合煤样,使之达到大小粒度分布均匀的目的,以减少下一步缩分误差。对于在制备中采用过筛分步骤,则破碎后的煤样更需掺合,使之尽可能均匀。因为筛分出来的煤样再掺合进去一般很难掺匀,所以在制备煤样中要尽可能减少筛分步骤。掺合的方法通常采用堆锥法:把已破碎、筛分的煤样用平板铁锹铲起,在钢板上堆成一个圆锥体。堆锥时,由于煤样中大小不同颗粒的离析作用,粗粒的煤总是分布在圆锥底部四周,细粒的煤及煤粉则集中于煤堆的中部和顶部。为使煤样掺匀,堆掺时必须围着煤堆一铲一铲地将煤从锥底铲起。每锹铲起的煤样不应过多,并分两三次撒落在新锥顶端,使之均匀地落在新锥的四周。如此反复堆掺三次,可以进行缩分。

(4) 缩分。由人工或机械方法将煤样缩制成两部分或多部分,以达到减少数量的目的。

缩分方法有四分法、二分器缩分法和机械缩分法。

1) 四分法。掺合工作结束后,由煤样堆顶端,从中心向周围均匀地将煤样摊平(煤样较多时)或压平(煤样较少时)成厚度适当的扁平体。将十字分样板放在扁平体的正中,向下压至底部,煤样被分成四个相等的扇形体,见图7-8。将相对的两个扇形体弃去,留下的两个扇形体按程序规定的粒度和质量限度,制备成一般分析煤样或适当粒度的其他煤样。为不失煤样的代表性,这一操作的关键在于堆锥,要力求锥体四周的粒度分布一致。否则,煤样就很难有代表性。国际标准中建议除了因水分大无法使用机械缩分器外,不主张使用四分法。

2) 二分器缩分法。缩分前不需要掺合。缩分时,用与二分器宽度相同的簸箕铲取煤样;然后将簸箕倾斜着沿二分器的整个长度往复摆动,以使煤样自由落下,比较均匀地通过二分器。缩分后煤样被分成两份,任取一边的煤样留用,另一边煤样抛弃。二分器结构见图7-9。缩分较湿的煤样时,要不时振动二分器,以免堵塞格槽。该法适用于粒度小于13mm,数量较少的煤样。

3) 机械缩分法。该法采用缩分机或破碎缩分联合制样机可直接缩分出全水分煤样、试验室煤样(粒度一般为3mm以下)或存查煤样;制样效率高,不损失煤样中的水分;适用于数量较大煤样的缩分。但是,该法不能直接缩分出分析煤样,要得到分析煤样,可用二分器进一步缩制。

(5) 干燥。在制备煤样过程中,有时遇到煤样太湿,无法进一步破碎缩分时,有必要进行干燥,干燥温度一般不应超过 40℃。

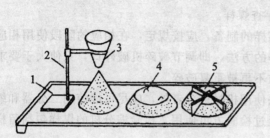

1—制样台;2—支架;3—漏斗;4—压锥圆铁;5—十字缩分器
图 7-8　煤样的缩分

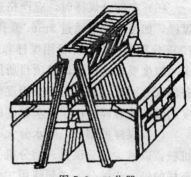

图 7-9　二分器

上述各步骤构成了一个完整制样阶段,其中 1～4 各步骤可重复多次,直到煤的数量和粒度大小符合试验要求为止。然而所有煤样并非都要经过这些步骤,应视煤样状态和试验要求而定。例如煤样粒度已较细(符合缩分时要求的粒度),且数量较多时,则可不必破碎而直接掺合和缩分。又如煤样量尽管不多,但其粒度较大,超过缩分要求的粒度,则要先进行破碎再缩分。再如煤样较湿无法进行下一步制备作业,则需先进行干燥,等等。总之,煤样所处状态是多种多样的,其要求也各不相同。

在制备煤样中要灵活运用上述几个步骤,但又不失制样的原则,这样制备出的煤样不仅符合试验要求,而且还可保持原煤样的代表性。

3. 制样的基本原则

(1) 制样的目的是将采集的煤样经过破碎、混合和缩分等程序制备成能代表原来煤样的分析(试验)用煤样。制样方案的设计,以获得足够小的制样方差和不过大的留样量为准。

(2) 煤样制备和分析的总精度为 $0.05D^2$,并无系统偏差。D 为采样、制样和分析的总精密度(见表 7-1)。

(3) 在下列情况下需要按规定检验煤样制备的精密度:
a) 采用新的缩分机和破碎缩分联合机械时;b) 对煤样制备的精密度发生怀疑时;c) 其他认为有必要检验煤样制备的精密度时。

(4) 在缩制过程中尽可能减少煤粒、煤粉、水分的损失以及外界杂质的混入。每次破碎、缩分前后,机器和用具都要清扫干净。制样人员在制备煤样的过程中,应穿专用鞋,以免污染煤样。

对不易清扫的密封式破碎机(如锤式破碎机)和联合破碎缩分机,只用于处理单一品种的大量煤样时,处理每个煤样之前,可采取该煤样的煤通过机器予以"冲洗",弃去"冲洗"煤后再处理煤样。处理完之后,应反复开、停机器几次,以排净滞留煤样。

（5）除使用联合破碎缩分机外，煤样应破碎至全部通过相应的筛子，再进行缩分。对最大粒度超过 25mm 以上的煤粒，无论其数量多少都要先破碎到 25mm 以下时才允许缩分。

（6）在缩分煤样时，应严格遵守粒度所要求的最小保留样品量。粒度小于 3mm 的煤样，如使之全部通过 3mm 圆孔筛，则可用二分器直接缩分出不少于 100g 和不少于 700g 分别用于制备分析用煤样和作为存查煤样。

粒度要求特殊的试验项目所用的煤样的制备，应按规定，在相应的阶段使用相应设备制取。同时在破碎时应采用逐级破碎的方法，即调节破碎机破碎口，只使大于要求粒度的颗粒被破碎，小于要求粒度的颗粒不再被重复破碎。

（7）煤样的缩分，除水分大、无法使用机械缩分者外，应尽可能使用二分器和缩分机械，以减少缩分误差。缩分机必须经过检验方可使用。检验缩分机的煤样包括留样和弃样的进一步缩分，必须使用二分器。

（8）煤样的制备既可一次完成，也可分几部分处理。若分几部分，则每部分都应按同一比例缩分出煤样，再将各部分煤样合起来作为一个煤样。

4. 各种煤样的制备方法

（1）分析煤样的制备方法。煤样应按规定的制备程序（见图 7-10）及时制备成空气干燥煤样，或先制成适当粒级的试验室煤样。如果水分过大，影响进一步破碎、缩分时，应事先在不高于 40℃ 温度下适当地进行干燥。

在粉碎成 0.2mm 的煤样之前，应用磁铁将煤样中铁屑吸去，再粉碎到全部通过孔径为 0.2mm 的筛子，并使之达到空气干燥状态，然后装入煤样瓶中（装入煤样的量应不超过煤样瓶容积的 3/4，以便使用时混合），送交化验室化验。

空气干燥方法如下：将煤样放入盘中，摊成均匀的薄层，于温度不超过 40℃ 下干燥。如连续干燥 1h 后，煤样的质量变化不超过 0.1%，即达到空气干燥状态。空气干燥也可在煤样破碎到 0.2mm 之前进行。

（2）全水分煤样的制备。测定全水分的煤样既可由水分专用煤样制备，也可在制备一般分析煤样过程中分取。

测定全水分专用的煤样有 13mm 和 6mm 两种，前者煤样量约 3kg，后者不应少于 1.25kg。缩制时，除了使用一次能缩分出足够数量的全水分煤样的缩分机以外，应将煤样破碎到规定粒度后，稍加混合，摊平后立即用九点法（布点如图 7-11）缩取，装入煤样瓶中封严（装样量不得超过煤样瓶容积的 3/4），称出质量，贴好标签，速送化验室测定全水分。全水分煤样的制备要迅速。

（3）存查煤样。存查煤样除必须在容器上贴标签外，还应在容器内放入煤样标签，封好。一般存查煤样的缩分见图 7-10。如有特殊要求，可根据需要决定存查煤样的粒度和质量。

商品煤存查煤样，从报出结果之日起一般应保存 2 个月，以备复查。生产检查煤样的保存时间由有关煤质检查部门决定。其他分析试验煤样，根据需要确定保存时间。

（4）入炉煤粉样品的制备。用于分析煤粉细度时，需经过空气冷却至室温。若有特

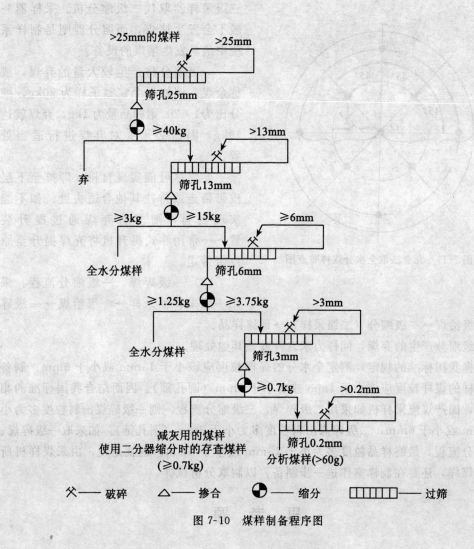

图 7-10　煤样制备程序图

殊要求时则冷却至质量恒定,即 1h 之内两次称量质量变化小于 0.1%。

用于成分分析时,一般只需晾干后进一步磨细至粒度小于 0.2mm,其样品量需由不少于 5 次采集的子样组成,混匀后取出样品不少于 50g。

5. 机械采制样流程

机械采制样流程可分为一级碎煤、一级缩分流程和二级碎煤、二级缩分流程两种。

(1) 二级碎煤、二级缩分流程。采用一级采样器采样→一级给煤→一级碎煤→二级给煤→一级缩分(二级采样)→二级碎煤→二级缩分(三级采样)→最终样品。

该系统中的主要设备为采样器(俗称采样头)、给煤机、碎煤机、缩分机。

一级采样器,又称初级采样器;二级采样器则相当于一级缩分机;三级采样器相当于二级缩分机。采样器与缩分机具有相似的功能,即从相对大量的煤中,缩分或取出一小部分煤样,它能代表原煤样的平均特性。国外产品多用二级采样器取代一级缩分机,

155

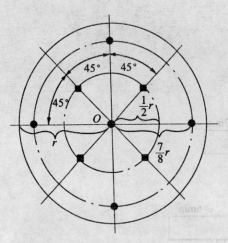

图 7-11　九点法取全水分煤样布点图

三级采样器取代二级缩分机。采样器一般不会发生堵煤，而缩分器则是制样系统中最易发生堵煤的设备。

一级缩分将产生较大量的弃煤，或称余煤。例如 1 个完整子样为 20kg，缩分比为 1∶20，则样品量为 1kg，弃煤就达 19kg，因而必须要对弃煤进行适当处置。

弃煤尽可能实现自排，即排至下层皮带带走或排往其他合适去处。如不能实现自排，则多将弃煤通过提升装置——常用斗式提升机将弃煤提升至原皮带带走。

（2）一级碎煤、一级缩分流程。采用一级采样器采样→一级给煤→一级碎煤→二级给煤→一级缩分（二级采样）→最终样品。

一级缩分产生的弃煤，同样力求自排或做其他处理。

根据我国标准的规定，测定全水分的煤样粒度应该小于 13mm 或小于 6mm；制备分析试样的煤样粒度应该小于 1mm 或者小于 3mm（圆孔筛）。因而结合我国标准的相关规定，国产煤流采样机如采用二级碎煤、二级缩分流程，则一级碎煤出料粒度多为小于 13mm 或小于 6mm，二级碎煤出料粒度多为小于 3mm（圆孔筛）。如采取一级碎煤、一级缩分流程，最终样品粒度多为小于 13mm 或小于 6mm。也就是说，由采煤样机所制取的煤样，还要在制样室作进一步制备，以制取分析试样。

思 考 题

1. 什么是批与采样单元？
2. 什么是子样？什么是分样？它们一样吗？
3. 煤的不均匀度常用什么表示？何谓采样精密度？
4. 在煤的采样中，子样数目和所采最小质量是如何确定的？
5. 已知火车运送的一批煤的总质量小于 1 000t，其灰分含量为 18.23%，最大粒度为 40mm，问应采集煤样的总质量至少为多少千克？
6. 已知火车运送的一批煤，总质量为 1 200t，灰分含量大于 20%，最大粒度为 60mm，问应采集的子样数及所采煤样的质量最少为多少？
7. 对于火车和汽车车厢中的入厂煤如何进行采样？
8. 如何采取入炉原煤样？
9. 采取入炉煤粉样有哪几种方法？简述其采样步骤。
10. 什么叫制样？制样过程通常包括哪几步？每一步的目的或作用是什么？

11. 简述原始煤样的缩制过程。
12. 简述全水分煤样的缩制方法。
13. 简述电厂机械采制样的流程。

第八章　煤的组成成分分析

煤的工业分析与元素分析是评价煤炭质量、合理利用煤炭资源的最重要的基础数据。对电力用煤而言，根据煤的工业组成和元素组成可以判断煤的燃烧特性。煤的工业分析包括水分、灰分、挥发分、固定碳四个分析项目，反映了煤的基本特性，是煤炭分类、计质和计价的重要指标，是火电厂最为重要的基础性试验，是每天必做的常规检测项目。煤的元素分析包括碳、氢、氧、氮和硫五种成分的分析，其分析数据可用于计算锅炉理论空气量、过剩空气量和排烟空气量，是锅炉煤种设计、设备安全运行的基本参数，硫含量还是电厂环保的主要控制指标之一。因此，掌握煤的工业分析和元素分析技术，具有重要意义和实用价值。

第一节　水分的测定

水分是煤中的不可燃成分，它是评价动力用煤经济价值的最基本指标之一。煤中水分含量与煤的变质程度和结构有关。煤的变质程度不同，水分也就不同。一般泥炭的水分最大、褐煤次之，烟煤和无烟煤最小。

一、煤中水分的存在形态

煤中水分的存在形式，根据其结合状态可分为游离态和化合态两种。

1. 游离水

游离水是指以机械方式附着在煤颗粒的表面和以物理化学吸附的方式存在于煤中的水分，简而言之，是煤的内毛细管或表面吸附的水。在 $105\sim110℃$ 的温度下，经过 $1\sim2h$ 后，游离水一般就可逸出。

根据水分存在的条件和位置，游离水又分为外在水分及内在水分。

所谓外在水分，是指吸附在煤外部毛细孔内，并在一定条件下煤样与周围空气湿度达到平衡时所失去的水分，即空气干燥状态下所失去的水分。外在水分的蒸汽压与同温度下纯水的蒸汽压相等，在空气中，这部分水分子会不断蒸发，直至煤表面的水蒸气压与周围空气的湿度达到平衡为止，这部分失去的水分就是外在水分。煤中外在水分的含量常用其在煤样中所占的质量分数或质量百分比表示，符号为 M_f。

所谓内在水分，是指吸附在煤内部毛细孔内，并在一定条件下煤样在空气干燥状态下保持的水分，又称吸着水分或固有水分。由于内在水分的蒸汽压小于纯水的蒸汽压，因而在室温下不易失去，通常需要在 $105\sim110℃$ 的温度下干燥一定时间才能析出。煤中内在水分的含量常用其在煤样中所占的质量分数或质量百分比表示，符号为 M_{inh}。由于内在水分含量是在空气干燥状态下测得的，所以在无特别说明时，M_{inh}与空气干燥基水分M_{ad}相对应，实际上是$M_{ad,inh}$。它不同于收到基内在水分$M_{ar,inh}$。$M_{ad,inh}$与$M_{ar,inh}$符合空气干燥基和收到基之间的基准换算表达式。内在水分含量的多少与煤的内表面积有关，变质程度越浅，内表面积越大，其内在水分就越高。

2. 化合水

化合水是以化合方式同煤中矿物质结合的水，又称为结晶水，如硫酸钙($CaSO_4 \cdot 2H_2O$)、黏土（$Al_2O_3 \cdot 2SiO_2 \cdot 2H_2O$）中的结晶水。结晶水在煤中含量通常很低，一般要在200℃以上才能分解析出，此时煤中有机物也会有少量分解。

二、煤中全水分的测定

煤的外在水分与内在水分的总和，称为全水分。全水分实际上就是煤中的游离水，不包含化合水。全水分含量常用其在煤样中所占的质量分数或质量百分比表示，符号为M_t。由于收到基水分是指使用状态时水分在煤中的质量分数或质量百分含量，所以就是原煤的全水分M_t，等于收到基外在水分M_f与收到基内在水分$M_{ar,inh}$之和。

测定全水分（即收到基水分）的煤样，既可由水分专用煤样制备，也可在制备分析煤样过程中分取。

1. 测定方法概述

方法A。称为通氮干燥法，其方法要点是：称取一定量（10～12g，精度0.01g）粒度小于6mm的煤样，置于105～110℃鼓风干燥箱中，在干燥的氮气流中直到干燥至恒重（连续两次干燥煤样质量减少不超过0.01g或质量有所增加），根据煤样的质量损失计算出水分含量。方法A可适用于所有煤种。

方法B。称为空气干燥法，其方法要点是：称取一定量（10～12g，精度0.01g）粒度小于6mm的煤样，置于105～110℃鼓风干燥箱中，在空气流中干燥至质量恒重（连续两次干燥煤样质量减少不超过0.01g或质量有所增加），然后根据煤样的质量损失计算出水分含量。方法B适用于烟煤及无烟煤。

方法C。称为微波干燥法，其方法要点是：称取一定量（10～12g，精度0.01g）粒度小于6mm的煤样，置于微波炉内。煤中水分子在微波发生器的交变电场作用下，高速振动产生摩擦热，使水分迅速蒸发。根据煤样的失重来计算出全水分含量。方法C适用于烟煤及褐煤。

方法D。其方法要点是：一步法，称取一定量（500g，精度0.5g）粒度小于13mm的煤样，置于105～110℃鼓风干燥箱中，在空气流中干燥至质量恒重（连续两次干燥煤样质量减少不超过0.5g或质量有所增加），然后根据煤样的质量损失计算出水分含量。两步法，将粒度小于13mm的煤样（500g，精度0.5g），在温度不高于40℃的环境下干燥到质量恒重（连续干燥1h质量变化不大于0.1%），测定外在水分；再将煤样破碎到粒度小于3mm，按方法B测定内在水分，然后计算出全水分含量。方法D适用于外在水分高的烟煤及无烟煤。

2. 测定条件

（1）粒度。全水分煤样的粒度必须符合要求。煤样粒度太大，将导致在规定时间内干燥不完全，使全水分测定结果偏低。在有的电厂中，制备测定全水分煤样时，并不用规定孔径的筛子筛分，而凭目测估计煤样粒度，这是不允许的。

（2）煤样量。方法 A、B 和 C 采用粒度小于 6mm 的煤样，取煤样于煤样瓶中，质量不少于 1.25kg，测定全水分时，称煤样量为 10～12g；方法 D 采用粒度小于 13mm 的煤样，取煤样量约 3kg，测定全水分时，称煤样量为 500g。

（3）温度。煤样的干燥温度必须按要求加以控制。为此，干燥箱控温性能应该良好。干燥箱要附有鼓风装置，这样有助于干燥箱内各部温度均匀，又可以加速箱内水分的排出。由于在鼓风条件下，水分蒸发比较完全，故全水分的测定要比不鼓风条件下的测定值高，这对水分含量高的煤样更为突出。

（4）时间。干燥时间应为煤样达到完全干燥的最短时间。如煤样已达到干燥状态，继续鼓风干燥，只能增加煤样的氧化，这对变质程度较低的煤来说更为明显，而且也浪费了时间与电能。

（5）恒重。判断煤样是否完全干燥，是以恒重作为依据的。方法是在测定过程中，进行检查性试验，每次 30min，直到煤样减量不超过初始煤样量的 0.1% 或质量有所增加时为止。在后一种情况下，应以增重前的一次质量作为计算依据。

（6）冷却。煤样在微波、氮气或空气中干燥完毕，从干燥器中取出后，应立即盖好称量瓶的盖子，并置于干燥器中，冷却至室温后称量；否则温度较高的煤样将因吸潮而增重，给测定带来误差。

3. 结果计算

全水分测定结果按式（8-1）计算：

$$M_t = \frac{m_1}{m} \times 100 \tag{8-1}$$

式中：M_t 是煤样的全水分，%；m 是煤样的质量，g；m_1 是干燥后煤样减少的质量，g。报告值修约至小数点后一位。

如果在运送过程中煤样的水分有损失，则按式（8-2）求出补正后的全水分值：

$$M_t = M_1 + \frac{m_1}{m}(100 - M_1) \tag{8-2}$$

式中：M_1 是煤样运送过程中的水分损失量，%。当 M_1（质量分数）大于 1% 时，表明煤样在运送过程中可能受到意外损失，则不可补正。但测得的水分可作为试验室收到煤样的全水分。在报告结果时，应注明未经补正水分损失，并将煤样容器标签和密封情况一并报告。

两步法中，测定外在水分时煤样所处状态为收到基，测定内在水分时煤样所处状态为空气干燥基。由于基准不同，所以计算全水分不能采用外在水分和内在水分的分析结果直接相加的方法，必须将空气干燥基内在水分换算为收到基内在水分，然后加上外在水分才等于全水分。计算公式为

$$M_t = M_f + \frac{100 - M_f}{100} M_{inh} \tag{8-3}$$

式中：M_f 是煤样的外在水分含量，%；M_{inh} 是空气干燥状态下煤样的内在水分含量，%。

三、空气干燥基水分（分析水分）的测定

空气干燥基水分，是指在一定条件下，煤样与周围空气湿度达到平衡时所含的水分，常与分析水分混用，对应于空气干燥基内在水分 M_{inh}。

煤中空气干燥基水分含量通常随煤的变质程度加深而逐渐减少。变质程度较浅的煤，如褐煤，在热风干燥过程中易于氧化，给水分的测定带来误差，因此对于不同的煤种，分析煤样的水分宜采用不同的方法。

1. 测定方法

方法 A。称为通氮干燥法，其方法要点是：称取一定量（$1\pm0.1g$，精度 $0.0002g$）的空气干燥煤样，置于 105~110℃ 鼓风干燥箱中，在干燥的氮气流中干燥至恒重，根据煤样的失重来计算水分含量。

由于煤样在 105~110℃ 的干燥过程中，通入干燥的氮气，将有效地防止煤样的氧化。所以方法 A 适用于所有煤种。该法需配有箱体严密的小空间干燥箱，它有气体进出口，并带有自动控温装置；对所用的氮气，其纯度要求达到 99.9%，含氧量小于 100ppm。由于测定成本高，一般适用于科研部门和仲裁样品实验。

方法 B。称为蒸馏法，所用测定装置见图 8-1。其方法要点是：称取一定量（25g，精度 0.001g）的空气干燥煤样于圆底烧瓶中，加入甲苯共沸，分馏出的液体收集在水

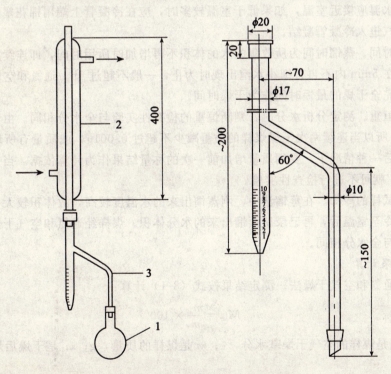

1—蒸馏烧瓶；2—冷凝管；3—水分测定管
图 8-1 蒸馏装置示意图

分测定管中并分层,量出水的体积,从而计算出煤中水分含量。

方法 B 适用于所有煤种,但更多的是应用该法测定褐煤及油母页岩中的水分,因为褐煤水分高而又易氧化,不易采用干燥法。

蒸馏法不仅可以避免褐煤试样的氧化,而且由于称样量较多,样品具有较好的代表性,故蒸馏法常作为标准方法,供仲裁与校验之用;另一方面,该法使用甲苯,是有毒易燃的有机溶剂,成本高,测定手续也较复杂,故在一般情况下,也可用干燥法测定,具体测定条件如何控制,则应通过与蒸馏法的对比实验来加以确定。

方法 C。称为空气干燥法,其方法要点是:称取一定量(1±0.1g,精度 0.0002g)的空气干燥煤样,置于 105~110℃ 鼓风干燥箱中,在空气流中干燥至恒重,然后根据煤样的失重来计算水分含量。

方法 C 适用于烟煤及无烟煤。由于该法所需设备简单,操作方便,一次可同时测定数个样品,测定条件易于控制,宜作为日常例行监督的检验方法。但是由于煤样在空气中干燥时会发生不同程度的氧化,因此不适合作仲裁方法。

2. 测定条件

(1) 粒度。不论采用何种方法,分析煤样粒度应小于 0.2mm。

(2) 温度。蒸馏时,通过电炉调温控制合适的温度,使在冷凝管口滴下的液滴数为每秒 2~4 滴,并防止煤样附于蒸馏瓶颈部。通氮和空气干燥温度为 105~110℃。冷凝管的冷却水温应接近室温,如果低于室温较多时,应在冷凝管上端用棉花塞住,以免空气中的水汽进入冷凝管凝结。

(3) 时间。蒸馏时间为所收集的水的体积不再增加时所用时间,即连续加热至馏出液清澈并在 5min 内不再有细小水泡出现时为止,一般不超过 1h。通氮和空气干燥则以煤样达到完全干燥的最短时间作为干燥时间。

(4) 恒重。测定分析水分时,判断恒重的检查性实验与全水分相同。由于称样量是 1±0.1g,所以当连续两次干燥煤样的质量减少不超过 0.001g,或质量有所增加时达到恒重。在后一种情况下,要用质量增加前一次的称量结果作为计算依据。当分析水分小于 2% 时,就可不进行检查性实验。

(5) 试样的冷却。在蒸馏法中,刚蒸馏出来的水温度较高,故体积较大,必须待水分测定管冷至室温后,再记录所蒸馏出来的水分体积。煤样经通氮和空气干燥完毕后的冷却方式与全水分相同。

3. 结果计算

(1) 通氮和空气干燥法。测定结果按式 (8-1) 计算:

$$M_{ad} = \frac{m_1}{m} \times 100 \tag{8-4}$$

式中:M_{ad} 是煤样的空气干燥基水分,%;m 是煤样的质量,g;m_1 是干燥后煤样减少的质量,g。

(2) 蒸馏法。从水分测定管读出被蒸出的水的体积毫升数,然后从回收曲线上查出试样中水的实际体积。

回收曲线用下述方法绘制:用微量滴定管准确量取 0,1,2,3,…,10mL 蒸馏水，分别放入蒸馏烧瓶中。每瓶各加 80mL 甲苯，然后按方法 B（不加煤样）进行蒸馏。根据水的加入量和实际蒸出的毫升数绘制回收曲线。更换试剂时，需重作回收曲线。

空气干燥煤样的水分按下式计算：

$$M_{ad} = \frac{V\rho}{m} \times 100 \tag{8-5}$$

式中：V 是由回收曲线图上查出的水的体积，mL；ρ 是水的密度，20℃时取 1.00g/mL。

例 8-1 取粒度不超过 13mm 的煤样 500.5g，在温度不高于 50℃的环境下干燥后称量为 490.5g。该煤样的外在水分含量是多少（%）？将上述干燥后的煤样破碎至粒度不超过 6mm，称取 11.02g，置于 15.86g 的空称量瓶中，在 105~110℃干燥恒重后称量为 26.33g。该煤样的内在水分（空气干燥基）和全水分（收到基）分别是多少？

解：煤样的外在水分为

$$M_f = \frac{500.5 - 490.5}{500.5} \times 100 = 2.0$$

煤样的内在水分为

$$M_{inh} = \frac{15.86 + 11.02 - 26.33}{11.02} \times 100 = 5.0$$

煤样的全水分为

$$M_t = M_f + \frac{100 - M_f}{100} M_{inh} = 2.0 + \frac{98.0}{100} \times 5.0 = 6.9$$

答：全水分含量为 6.9%。

例 8-2 设将粒度不超过 6mm 的全水分煤样装入容器中，密封后称量为 500g，容器质量为 150g。化验室收到煤样后，容器和试样质量共 497g，测定煤样全水分时称取试样 10.00g，干燥后失重 1.06g。问煤样装入容器时的全水分是多少？

解：设运输中煤样水分损失为 M_1，则

$$M_1 = \frac{500 - 497}{500 - 150} \times 100 = 0.86$$

设煤样的全水分为 M_t，

$$M_t = 0.86 + \frac{1.06}{10.00} \times (100 - 0.86) = 11.4$$

答：全水分含量为 11.4%。

例 8-3 用质量为 20.8055g 的称量瓶称取煤样 1.0030g，在 105~110℃温度下干燥后，称得质量为 21.8010g，检查性干燥后称量为 21.8005g，问分析煤样的水分是多少？

解：煤样加称量瓶质量为

$$20.8055 + 1.0030 = 21.8085 \text{ (g)}$$

故空气干燥基水分为

$$M_{ad} = \frac{21.8085 - 21.8005}{1.0030} \times 100 = 0.80$$

答：分析煤样的水分含量是 0.8%。

第二节 灰分的测定

灰分是煤中的不可燃成分，其含量的高低是评价煤质优劣的一项重要指标，它对电厂生产有着十分重要的影响。

一、灰分的来源和组成

煤中所有可燃成分完全燃烧，以及煤中矿物质在一定温度下产生一系列分解、化合等反应后的残渣即为煤中的灰分。所谓矿物质，是指附存于煤中除水分以外的所有无机物质。煤中矿物质又分为内在矿物质及外在矿物质两种。内在矿物质是在成煤过程中形成的，分为原生矿物质和次生矿物质。由成煤植物本身所含金属元素组成的，叫做原生矿物质；在成煤过程中由外界混入的矿物质，叫做次生矿物质。外来矿物质是指在采煤过程中混入的矿物质，它容易用机械或洗选方法除去。

煤中矿物质含量越多，灰分含量越高，发热量则越低，燃烧稳定性也就越差。煤中矿物质是由各种盐类组成的复杂混合物。在大多数情况下，铁、铝、钙、镁、钾、钠的硅酸盐构成矿物质的主要成分，其中黏土占较大比重。此外，还常有硫铁矿、碳酸钙、碳酸镁、硫酸钙、硫酸铁、氧化亚铁，以及有机酸盐形态存在的其他金属氧化物、磷酸盐、氧化物等。在815℃温度下灼烧后，许多组成成分发生了变化。主要反应如下：

黏土、石膏等水合物在200℃以上失去结晶水：

$$2SiO_2 \cdot Al_2O_3 \cdot 2H_2O \xrightarrow{>200℃} 2SiO_2 + Al_2O_3 + 2H_2O \uparrow$$

$$CaSO_4 \cdot 2H_2O \xrightarrow{>200℃} CaSO_4 + 2H_2O \uparrow$$

在500℃时，硫铁矿氧化分解，碳酸盐不分解：

$$4FeS_2 + 11O_2 \xrightarrow{500℃} 2Fe_2O_3 + 8SO_2 \uparrow$$

在815℃时，碳酸盐受热分解，硫酸盐不分解：

$$CaCO_3 + MgCO_3 \xrightarrow{815℃} CaO + MgO + 2CO_2 \uparrow$$

$$FeCO_3 \xrightarrow{815℃} FeO + CO_2 \uparrow$$

氧化亚铁的氧化：

$$4FeO + O_2 \xrightarrow{815℃} 2Fe_2O_3$$

硫酸钙的生成：

$$2CaCO_3 + 2SO_2 + O_2 \xrightarrow{815℃} 2CaSO_4 + 2CO_2 \uparrow$$

矿物质发生变化后形成的灰分依据矿物质的来源可分为内在灰分和外来灰分两类。由原生及次生矿物质所形成的灰分，称为内在灰分；而由外来矿物质所形成的灰分，则称为外在灰分。

二、灰分的测定

1. 测定方法

测定煤中灰分有两种方法,即缓慢灰化法和快速灰化法。

(1) 缓慢灰化法。称取一定量的空气干燥煤样,放入马弗炉中,以一定的速度加热到 $815\pm10℃$,灰化并灼烧到质量恒定。以残留物的质量占煤样质量的百分数作为灰分产率。

(2) 快速灰化法。包括两种方法。

方法 A 提要,将装有煤样的灰皿放在预先加热至 $815\pm10℃$ 的灰分快速测定仪的传送带上,煤样自动送入仪器内完全灰化,然后送出。以残留物的质量占煤样质量的百分数作为灰分产率。

方法 A 要求配备专用的快速灰分测定仪(见图 8-2)。另一方面,由于每次测定的煤样挥发分不同,灰分含量各异,即不同煤样达到完全燃烧的条件并不相同,因而传送带传送速度的调节不那么容易,有时对某些试样会出现燃烧不完全的情况。

方法 B 提要,将装有煤样的灰皿由炉外逐渐送入预先加热至 $815\pm10℃$ 的马弗炉中灰化并灼烧至质量恒定。以残留物的质量占煤样质量的百分数作为灰分产率。方法 B 所用仪器与缓慢灰化法相同。

快速灰化法因没有采取分段升温,煤样在灰化过程中产生的 SO_2 常常来不及排出炉外,就与灰中 CaO 反应形成硫酸钙而被固定下来,使灰分值增高,故快速灰化法测定结果不及缓慢灰化法准确。

虽说方法 A 及方法 B 均为快速法,但提高速度有限,且测定结果的准确性及操作的方便性等方面都不理想,所以实际上使用上述快速测定法者并不多。

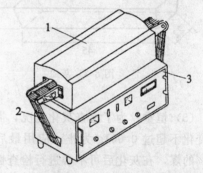

1—管式电炉;2—传递带;3—控制仪

图 8-2 灰分快速测定仪

总之,快速灰化法仅作为常规分析方法,适用于例行的监督实验,在仲裁及校核试验中需采用缓慢灰化法来测定煤中灰分含量。

2. 测定条件

(1) 灰化温度。标准方法规定灰化最终温度为 $815\pm10℃$,该温度实际上是指碳酸盐已经分解完全而硫酸盐尚未分解的温度。煤在灰化过程中,即在 $815\pm10℃$ 范围内所发生的主要变化是:各种矿物质先后失去结晶水,500℃ 左右时,硫化物分解生成二氧化硫;815℃ 左右时,碳酸盐矿物质分解。

为了较好地控制炉内温度,对炉内温度场应进行测定,以确定能达到所规定的 $815\pm10℃$ 的温度所在位置。目前测温用仪表多改用数显温控仪,以取代动圈表,测温精度有所提高,温度可以精确到度。温度升高过程中,热惯性的影响是明显存在的,这将对炉温的严格控制产生不利影响。

(2) 分段升温。缓慢灰化法采用分段升温，即500℃以前升温速度要慢，使硫化物分解有足够的时间；在500℃时要求恒温30min，以保证硫化物分解产生的二氧化硫排出炉外；最后将炉温升到815±10℃，此时碳酸钙分解，而二氧化硫已排出炉外。

如果二氧化硫气体不能及时从炉内排出，它将与氧化钙发生反应生成硫酸钙被固定于灰中，从而使得灰分测定结果偏高。为此，高温炉要安装烟囱，则可参照有烟囱的高温炉自行加工，将其安装于高温炉上或者将炉门保留适当缝隙。但有的高温炉不关严炉门就断电，则可将炉门上看火孔打开或增设通风孔。

(3) 厚度。测定灰分时，煤样在灰皿中的厚度应控制在每平方厘米的质量不超过0.15g。灰皿结构见图8-3。煤样厚度过大，即使完全灰化也会使灰分的测定值偏高。这是由于煤表面灰化后，底部生成的硫氧化物会被表面灰中氧化钙所固定，从而出现灰分测定值偏高的倾向。

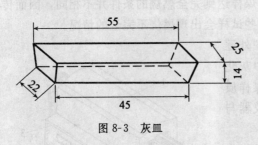

图8-3 灰皿

(4) 煤种。在灰化方式上，最好选用单一煤种单独灰化。如多种样品置于同一炉中灰化，由于在灰化过程中反应产物的互相作用，将影响灰分含量。煤样混烧与单烧相比，其测定结果往往不同，特别是煤中硫含量及灰中氧化钙含量较高时，其测定结果的偏差更为明显。

(5) 恒重。为了检查灰化情况，需进行检查性灼烧，每次20min，直到两次灼烧质量变化不超过0.001g为止，应用最后一次灼烧后的质量进行灰分计算。对灰分小于15%的煤，在灰化后可不必进行检查性灼烧。在电厂中，多采用一次性灼烧完全的办法来测定灰分。至于一次性灼烧应需多少时间，应按不同的煤源，通过与检查性灼烧相对照后来加以确定。

3. 结果计算

空气干燥煤样的灰分按式 (8-6) 计算：

$$A_{ad}=\frac{m_1}{m}\times 100 \tag{8-6}$$

式中：A_{ad}——空气干燥煤样的灰分产率，%；

m_1——残留物的质量，g；

m——煤样的质量，g。

第三节 挥发分的测定

挥发分含量是煤炭分类的主要依据之一，也是评定其燃烧特性的首要指标。挥发分是煤中可燃成分，不同煤种的挥发分含量及组成是不同的。煤的挥发分含量基本随煤的变质程度加深而减少，而挥发分开始逸出温度则随煤的变质程度加深而增高。挥发分是指将煤样在 900±10℃于隔绝空气的条件下，加热 7min，煤中有机物分解出来的液体（呈蒸汽状态）和气体产物。挥发分不是煤中的固有物质，而是煤在特定条件下受热分解的产物，故将挥发分称为挥发分产率更为恰当，不过习惯上仍简称为挥发分。

一、挥发分的逸出

在隔绝空气条件下加热，煤中挥发性物质的逸出过程大体如下：
（1）在 20~200℃，放出吸附于煤中的水分、二氧化碳和甲烷等气体。
（2）在 200~500℃，含氧官能团分解产生二氧化碳和水，非芳香族物质呈气态或液态，脱离煤的基本结构单元，分解出大量的甲烷、烯烃和低温焦油类物质。
（3）在 500~700℃，热分解更加剧烈，主要是甲基以及较长的侧链分解产生甲烷、氢和一氧化碳等，基本结构单元的芳香族碳环聚合形成半焦。
（4）700~950℃半焦分解，产生大量的氢和一氧化碳、低温焦油和气态产物二次裂解，受热不稳定的一些原子团从煤的基本结构上失去并发生分解，基本结构单元缩聚、脱氢。

二、挥发分的测定

1. 方法提要

称取一定量的空气干燥煤样，放在带盖的瓷坩埚中，在 900±10℃温度下，隔绝空气加热 7min。以减少的质量占煤样质量的百分数，减去该煤样的水分含量（M_{ad}）作为挥发分产率。

2. 测定要求

（1）温度与时间。严格控制加热温度（900±10℃）和加热时间（准确的 7min），是挥发分测定中的关键。在此条件下，各种煤中有机物的热分解反应趋于完全，挥发分测定结果比较稳定。

要准确控制加热时间 7min，应用秒表或其他较精确的计时器计时。计时从装有试样的坩埚送入高温炉恒温区时开始，一般提前 2~3s 打开炉门，正好 7min 时，将坩埚移出高温炉。在放入坩埚时炉温会有所下降，炉温恢复的这段时间也应包括在 7min 里，而且必须在 3min 内恢复至 900±10℃，否则此试验作废。为保证开炉门时炉温下降较少，并能迅速回升至 900±10℃，通常采取的方法是将马弗炉预先加热至 920℃左右。温度与时间控制不严，将可能导致测定结果产生较大的误差。

（2）坩埚。测定挥发分时，必须使用带有配合严密的盖的瓷坩埚，见图 8-4，总质量为 15~20g。称量试样时必须连同坩埚盖一起称量，否则，将把坩埚盖内表面的附着物计入挥发分中，使测定结果偏高。为了使同一炉中测定的各个试样保持相同的试验条件，应将挥发分坩埚置于坩埚架上，将其放于高温炉恒温区域内。这样可避免坩埚底与高温炉壁接触，又使各个坩埚所处温度尽可能一致。

（3）煤样。如果在测定时，坩埚及其盖的外表面聚有黑烟，这多是因为煤中挥发分含量太大，逸出速度太快所造成。如遇上这种情况，试验应作废。此时可将煤样压饼并切成小块后重新测定，如仍出现上述情况，则称量可酌量减少。

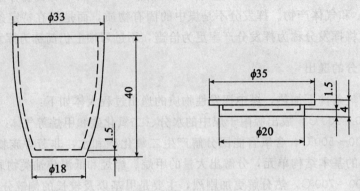

图 8-4 挥发分坩埚

（4）冷却。从炉中取出坩埚后，先应置于空气中冷却 5～10min，再移入干燥器中冷却至室温（约 15～20min）后称量。

3. 结果计算

空气干燥基煤样的挥发分按下式计算：

$$V_{ad} = \frac{m_1}{m} \times 100 - M_{ad} \tag{8-7}$$

当空气干燥煤样中碳酸盐二氧化碳含量为 2%～12% 时，则

$$V_{ad} = \frac{m_1}{m} \times 100 - M_{ad} - (CO_2)_{ad} \tag{8-8}$$

当空气干燥煤样中碳酸盐二氧化碳含量大于 12% 时，则

$$V_{ad} = \frac{m_1}{m} \times 100 - M_{ad} - [(CO_2)_{ad} - (CO_2)_{ad}(焦渣)] \tag{8-9}$$

式中：V_{ad}——空气干燥基挥发分，%；

m_1——煤样受热后的失重，g；

m——煤样重，g；

$(CO_2)_{ad}$——空气干燥煤样中碳酸盐二氧化碳含量，%；

$(CO_2)_{ad}$（焦渣）——焦渣中二氧化碳对煤样的百分数，%。

三、焦渣特征分类

煤中挥发分失去以后，所残留的不挥发物称为焦渣。根据焦渣外部特征，可初步鉴定煤的黏结性、膨胀性和熔融性。所谓煤的黏结性，是指煤在干馏时黏结自身或外加惰性物质的能力。焦渣特征对锅炉燃烧有一定的影响，因而对焦渣特征的判别也包括在煤的工业分析范围之内。

测定挥发分所得焦渣的特征，按下列规定加以区分：

（1）粉状——全部是粉末，没有相互黏着的颗粒。

（2）黏着——用手指轻碰即成粉末或基本上是粉末，其中较大的团块轻轻一碰即成粉末。

(3) 弱黏结——用手指轻压即成小块。

(4) 不熔融黏结——以手指用力压才裂成小块，焦渣上表面无光泽，下表面稍有银白色光泽。

(5) 不膨胀熔融黏结——焦渣形成扁平的块，煤粒的界线不易分清，焦渣上表面有明显银白色金属光泽，下表面银白色光泽更明显。

(6) 微膨胀熔融黏结——用手指压不碎，焦渣的上、下表面均有银白色金属光泽，但焦渣表面具有较小的膨胀泡（或小气泡）。

(7) 膨胀熔融黏结——焦渣上、下表面有银白色金属光泽，明显膨胀，但高度不超过 15mm。

(8) 强膨胀熔融黏结——焦渣上、下表面有银白色金属光泽，焦渣高度大于 15mm。

为了简便起见，通常用上列序号作为各种焦渣特征的代号。

四、固定碳的计算

固定碳含量对锅炉燃烧有着重要影响，因此固定碳的计算是煤的工业分析的重要内容之一。

由于煤的组成是其工业分析四项指标之和，所以空气干燥基固定碳 FC_{ad} 的计算式为：

$$FC_{ad} = 100 - M_{ad} - A_{ad} - V_{ad} \tag{8-10}$$

当空气干燥煤样中碳酸盐二氧化碳含量大于 2% 时，

$$FC_{ad} = 100 - (M_{ad} + A_{ad} + V_{ad}) - (CO_2)_{ad} \tag{8-11}$$

由于测定挥发分后得到的焦渣含有灰分和固定碳，所以将焦渣含量减去灰分含量，就是固定碳含量，即：

$$FC_{ad} = \frac{m_{焦渣}}{m} \times 100 - A_{ad} \tag{8-12}$$

式中：$m_{焦渣}$——焦渣的质量，g；

m——煤样质量，g。

当空气干燥煤样中碳酸盐二氧化碳含量大于 12% 时，式 (8-12) 计算结果还应减去焦渣中的 $(CO_2)_{ad}$。

例 8-4 已知空坩埚质量为 20.5420g，加入煤样后质量为 21.5411g，在 900±10℃下，加热 7min 后称量为 21.3523g，该煤样的空气干燥基水分为 2.68%，求该煤样的空气干燥基挥发分和干燥基挥发分分别是多少？

解：煤样质量 m 为

$$m = 21.5411 - 20.5420 = 0.9991 \text{g}$$

灼烧失重用 m_1 表示

$$m_1 = 21.5411 - 21.3523 = 0.1888 \text{g}$$

$$V_{ad} = \frac{m_1}{m} \times 100 - M_{ad} = \frac{0.1888}{0.9991} \times 100 - 2.68 = 18.22$$

$$V_\mathrm{d} = V_\mathrm{ad} \frac{100}{100 - M_\mathrm{ad}} = 18.22 \times \frac{100}{100 - 2.68} = 18.72$$

答：空气干燥基挥发分含量为 18.22%，干燥基挥发分含量是 18.72%。

第四节 碳氢元素的测定

煤是一种具有高碳氢比的复杂混合物，其结构单元以缩合芳香环为核心，缩合环的数目随煤化程度的增加而增加。煤中碳氢含量的测定方法有多种，既有国标规定的元素炉法和电量-重量法，又有行业标准高温燃烧红外吸收法，每种方法各具特点。元素炉法又分为三节炉法和二节炉法，其中三节炉法应用最普遍；高温法较元素炉法快速，系统结构较简单，测定结果与国标法同样可靠；高温燃烧红外吸收法具有技术先进、测试效率高、结果可靠的特点，不过仪器价格高。

一、国标元素炉法

1. 测定原理

称取一定量的空气干燥煤样在氧气流中燃烧，碳氢元素定量地转化为二氧化碳和水，其反应式如下：

$$C + O_2 \xrightarrow{850℃} CO_2$$

$$2H_2 + O_2 \xrightarrow{850℃} 2H_2O$$

生成的水和二氧化碳分别用吸水剂和二氧化碳吸收剂吸收，由吸收剂的增重计算煤中碳和氢的含量。

2. 干扰的消除

(1) 三节炉法。测定中，为确保煤样燃烧完全，防止燃烧不完全而产生的部分一氧化碳，在第二节炉中加装针状氧化铜，使生成的一氧化碳进一步氧化成二氧化碳。

$$CO + CuO \xrightarrow{800℃} CO_2 + Cu$$

煤样中硫燃烧后主要转变成二氧化硫，还有少量三氧化硫。它们是酸性氧化物，可以被碱性物质吸收从而干扰碳的测定。测定中采用铬酸铅消除其干扰，铬酸铅装在第三节炉中。

$$4PbCrO_4 + 4SO_2 \xrightarrow{600℃} 4PbSO_4 + 2Cr_2O_3 + O_2$$

$$4PbCrO_4 + 4SO_3 \xrightarrow{600℃} 4PbSO_4 + 2Cr_2O_3 + 3O_2$$

氯的干扰在燃烧管尾部用银丝卷消除。

$$2Ag + Cl_2 \xrightarrow{180℃} 2AgCl$$

测定中，煤中部分氮燃烧后生成二氧化氮，如不加以去除，则会干扰碳的测定，使碳的测定结果偏高。为消除其干扰，采用的方法是在二氧化碳吸收瓶前加装除氮管，内装粒状二氧化锰。反应如下：

$$MnO_2 + 2NO_2 = Mn(NO_3)_2$$

(2) 二节炉法。与三节炉法不同的是，二节炉法在第二节炉中利用高锰酸银热解产物消除硫和氯的干扰，反应为

$$AgMnO_4 \xrightarrow{500℃} MnO_2 + Ag + O_2$$
$$2SO_2 + 4Ag + 7MnO_2 == 2Ag_2SO_4 + 2Mn_2O_3 + Mn_3O_4$$
$$2Ag + Cl_2 == 2AgCl$$

氮干扰的消除与三节炉法相同。

3. 测定装置

用元素炉法测定煤中的碳和氢的装置由三部分组成：净化系统、燃烧系统及吸收系统。结构如图 8-5 所示。

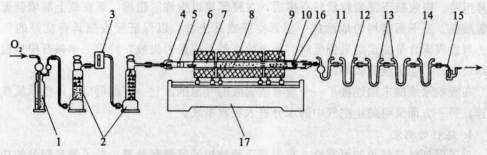

1—鹅头洗气瓶；2—气体干燥塔；3—流量计；4—橡皮帽；5—铜丝卷；6—燃烧舟；7—燃烧管；8—氧化铜；9—铬酸铅；10—银丝卷；11—吸水 U 形管；12—除氮 U 形管；13—吸二氧化碳 U 形管；14—保护用 U 形管；15—气泡计；16—保温套管；17—三节电炉

图 8-5 元素炉法碳氢测定装置图

(1) 净化系统。净化系统的主要作用是清除氧气源及管路中的水分，由气体干燥塔和流量计组成。气体干燥塔有 2 个，一个上部（约 2/3）装氯化钙（或过氯酸镁），下部（约 1/3）装碱石棉（或碱石灰）；另一个装氯化钙（或过氯酸镁），主要用于除去水分。微型浮子流量计串联在氧气净化系统中间，用于指示氧气流速。

(2) 燃烧系统。三节炉燃烧系统主要由燃烧管和三节电炉构成，二节炉燃烧系统由燃烧管和二节电炉构成。燃烧管一般采用气密刚玉管、不锈钢管、素瓷管和石英管，应用较多的是前两种，素瓷管价格低但气密性稍差。每节电炉装有热电偶，测温和控温装置。对三节炉来说，燃烧管长 1 100～1 200mm，第一节炉控制温度为 850℃，第二节炉控制温度为 800℃，第三节炉控制温度为 600℃，上下侧温度应均匀，第一节电炉可沿水平方向移动。位于第一节炉的管段用于放置燃烧舟，位于第二节炉的管段填装针状氧化铜，位于第三节炉的管段填装粒状铬酸铅，在其中间及前后均用铜丝卷隔开。铜丝卷具有分散气流的作用，可以保证燃烧过程中生成的一氧化碳、硫的氧化物与管中所填装的试剂充分反应，并被有效地转化或去除。在燃烧管出口端填装银丝卷，以便在 180℃下去除氯的影响。对二节炉来说，燃烧管长 800mm，第一节炉控制温度为 850℃，第二节炉控制温度为 500℃，上下侧温度应均匀。与三节炉不同之处是没有第三节炉，位于第二节炉的管段填装的是制备好的高锰酸银的热解产物，可以有效去除氯

和硫的氧化物。

(3) 吸收系统。由吸水 U 形管、二氧化碳吸收管、除氮管和气泡计组成。

吸水 U 形管内的水分吸收剂可选用粒状无水过氯酸镁、浓硫酸、无水氯化钙等。为了称量方便、减少通气阻力，一般多选用高效固体吸收剂。因此，U 形管内装粒状无水氯化钙或无水过氯酸镁。

二氧化碳吸收管有 2 个，每个的前 2/3 装粒状碱石棉或碱石灰，后 1/3 装粒状无水氯化钙或无水过氯酸镁。除氮 U 形管的前 2/3 装粒状二氧化锰，后 1/3 装粒状无水氯化钙或无水过氯酸镁。由于 U 形管容积小，而每次测定后碱石棉增重较大，很易失效，所以二氧化碳常需用二级吸收方式。实践中，二氧化碳的吸收常采用二氧化碳吸收瓶，通常一只吸收瓶就可保证将二氧化碳完全吸收。吸收瓶上下活塞均为磨口，瓶塞与瓶身对号组装。吸收瓶下部装粒状碱石棉后，在腰部填以少许脱脂棉，而在瓶上部填装无水过氯酸镁。上下活塞均匀地涂抹一层真空脂或凡士林，以保证吸收瓶具有良好的气密性。当发现碳含量测定结果偏低时，就应检查碱石棉是否失效，约有一半碱石棉呈白色的结块状时，应更换吸收剂。

在吸收系统的末端连接了一个装有浓硫酸的气泡剂。它一方面可以大体指示氧气流流速；另一方面又可防止空气中的水分进入吸收系统。

4. 煤样的测定

为了保证试验结果的可靠性，首先要正确地组装好整套装置，并了解各部分的功能及要求，保持全系统的气密性。在完成空白试验的基础上，方可进行煤样的测定。

(1) 空白试验。所谓空白试验，是指在不装试样而又和试样燃烧一致的条件下，测出燃烧管内残存有机物及水分作为空白值。如果在测定装置的整个系统中残存一些有机物及水分，势必影响碳、氢测定结果；由于氧气已经经过净化，进入燃烧系统前已经去除了残存于氧气中的水分，故系统中残存的有机物主要来自于燃烧管及所装的试剂。

将装置按图 8-5 连接好，检查整个系统的气密性，直到每一部分都不漏气以后，开始通电升温，并接通氧气。在升温过程中，将第一节电炉往返移动几次，并将新装好的吸收系统通气 20min 左右。取下吸收系统，用绒布擦净，在天平旁放置 10min 左右后称量。当第一节炉达到并保持在 850±10℃，第二节炉达到并保持在 800±10℃，第三节炉达到并保持在 600±10℃ 后开始做空白试验。此时将第一节炉移至紧靠第二节炉，接上已经通气并称量过的吸收系统。在一个燃烧舟上加入三氧化钨（数量和煤样分析时相当）。打开橡皮帽，取出铜丝卷，将装有三氧化钨的燃烧舟用镍铬丝推至第一节炉入口处，将铜丝卷放在燃烧舟后面，套紧橡皮帽，接通氧气，调节氧气流量为 120mL/min。移动第一节炉，使燃烧舟位于炉子中心，通气 23min，将炉子移回原位。2min 后取下 U 形管，用绒布擦净，在天平旁放置 10min 后称量。吸水 U 形管的质量增加数即为空白值。重复上述试验，直到连续两次所得空白值相差不超过 0.0010g，除氮管、二氧化碳吸收管最后一次质量变化不超过 0.0005g 为止。取两次空白值的平均值作为当天氢的空白值。

在做空白试验前，应先确定保温套管的位置，使出口端温度尽可能高又不会使橡皮帽热分解。如空白值不易达到稳定，则可适当调节燃烧管的位置。

空白试验每天均需进行。如一天中更换了吸收剂，则应重新进行空白试验。

(2) 煤样的测定。当完成空白试验后，即可开始测定煤样。第一节炉控制在850±10℃，第二节炉控制在800±10℃，第三节炉为600±10℃，并使第一节炉紧靠第二节炉。

在预先灼烧过的粗舟中称取粒度小于0.2mm的空气干燥煤样0.2g，精确至0.0002g，并均匀铺平。在煤样上铺一层三氧化二铬。可把燃烧舟暂存入专用的磨口玻璃管或不加干燥剂的干燥器中。

接上已称量的吸收系统，并以120mL/min的流量通入氧气。关闭靠近燃烧管出口端的U形管，打开橡皮帽，取出铜丝卷，迅速将燃烧舟放入燃烧管中，使其前端刚好在第一节炉口。再将铜丝卷放在燃烧舟后面，套紧橡皮帽，立即开启U形管，通入氧气，并保持120mL/min的流量。1min后向净化系统方向移动第一节炉，使燃烧舟的一半进入炉子。过2min，使燃烧舟全部进入炉子。再过2min，使燃烧舟位于炉子中心。保温18min后，把第一节炉移回原位。2min后，停止排水抽气，关闭和拆下吸收系统，用绒布擦净，在天平旁放置10min后称量（除氮管不称量）。

也可使用二节炉进行碳、氢测定。此时第一节炉控温在850±10℃，第二节炉控温在500±10℃，并使第一节炉紧靠第二节炉。每次试验时间为20min。空白试验通气18min，过2min后取下U形管。测定煤样时燃烧舟位于炉子中心时，保温13min，其他操作同三节炉法。

煤样测定中水分吸收管的增重减去空白值可计算得到煤中含氢量。

(3) 装置可靠性检查。为了检查测定装置是否可靠，可称取0.2~0.3g分析纯蔗糖（HG3—100）或分析纯苯甲酸（HG3—987），加入20~30mg纯"硫华"进行3次以上碳、氢测定。测定时，应先将试剂放入第一节炉炉口，再升温，且移炉速度应放慢，以防标准有机试剂爆燃。如实测的碳、氢值与理论计算值的差值，氢不超过±0.10%，碳不超过±0.30%，并且无系统偏差，表明测定装置可用，否则须查明原因并彻底纠正后才能进行正式测定。如使用二节炉，则在第一节炉移至紧靠第二节炉5min以后，待炉口温度降至100~200℃，再放有机试剂，并慢慢移炉，而不能采用上述降低炉温的方法。

5. 操作条件

碳氢测定装置比较复杂，操作条件的控制也很严格。

(1) 系统气密性。系统各部件包括干燥塔、燃烧管、吸收管、吸收瓶等，其共同要求就是均需保证其严密性，这是全系统具有良好气密性的前提条件。例如氧气净化系统中所用干燥塔应具磨口塞；检查各种玻璃仪器的气密性时，可在其进出口的活塞处涂以肥皂水，在通气状态下观察有无气泡冒出。对于燃烧管，可将它置于盛水的长水槽中，通入空气或氧气，观察管子上是否有气泡冒出。燃烧管两端所用的橡胶塞应富有弹性，与燃烧管壁的接触、配合应紧密。系统中各部件用细口径的乳胶管相连接，对发黏、老化发脆的乳胶管应及时更换掉。

如果发现流量计指示不稳定，且流速呈下降趋势，说明净化系统中有漏气之处；如果流量计指示稳定，但气泡剂不冒泡，则说明自流量计后的系统中有漏气或堵塞之处。漏气的原因则多为橡胶塞或玻璃磨口塞未能塞紧管口或瓶口。堵塞的原因则多为活塞孔未能对齐或它被凡士林堵塞所致。如遇到堵塞情况，应尽快查找堵塞的位置。否则，系统内积存的充足氧气有可能将管塞或瓶塞冲开，影响试验的顺利进行。

(2) 恒重。测定煤样之前，吸水 U 形管和二氧化碳吸收瓶质量必须达到恒重要求。当水分吸收管前后两次称重差值不超过 0.001 0g、二氧化碳吸收瓶不超过 0.000 5g 时，即认为达到恒重。否则，要继续通气，直至达到恒重为止。

吸收管或瓶不能达到恒重的原因除了空气湿度原因以外，另一常见原因是系统不严密。如果连续三次称重（每次通氧气 25min）仍达不到恒重要求，就应逐段检查系统中有无漏气之处，并予以消除。同时也应注意一下氧气净化系统中的水分吸收剂是否失效，如失效，应立即换。

(3) 氧气流速。一定的氧气流速是保证煤样燃烧完全的必要条件。另外，氧气还起到载气的作用，燃烧产物二氧化碳及水汽由氧气流携带进入吸收系统。氧气流速太低，则试样中的碳有可能燃烧不完全，同时燃烧后的水汽有可能部分滞留在燃烧管内，不能完全随氧气带出，从而使碳、氢测定结果偏低；氧气流速太高，燃烧产物则有可能来不及吸收而部分地排出系统外，从而也会导致测定结果偏低。因此，在测定中，适当控制氧气流速是必要的。为了不影响测定结果的准确性，又便于控制，对燃烧 0.2g 的试样，不论其煤种如何，氧气流速一般均应稳定地控制在 120mL/min。对于不同煤种来说，氧量都是足够的。

(4) 燃烧时间和温度。测定煤样时，试样应由低温段逐渐移入高温段，以确保试样燃烧完全。对于易爆燃的煤样，可先将称有试样的燃烧舟的 1/3 推入第一节炉中，保持 5min；再移动第一节炉，使燃烧舟的 2/3 进入第一节炉中，保持 5min；最后移动第一节炉，令燃烧舟处于第一节炉的中心处，并保持 15min，最后再缓慢地将第一节炉推回原处。对于某些灰分较高的无烟煤或贫煤来说，可适当延长燃烧时间 3~5min。在检查装置可靠性时，由于所用有机试剂是纯物质，比煤易燃烧，所以将有机试剂推入炉中时，炉温应从低温升起以防试样爆燃；或者将第一节炉保持 850℃，而将试样置于炉外低温段位置，以缓慢的速度移动第一节炉，使试样逐步提高温度，最后进入第一节炉中心燃尽。除上述方法外，还可应用标准煤样来校验碳、氢测定结果的可靠性。

6. 结果计算

空气干燥基煤样的碳、氢含量按下式计算：

$$C_{ad} = \frac{0.2729 m_1}{m} \times 100 \tag{8-13}$$

$$H_{ad} = \frac{0.1119(m_2 - m_3)}{m} \times 100 - 0.1119 M_{ad} \tag{8-14}$$

式中：0.2729——二氧化碳换算成碳的系数；

0.1119——水换算成氢的系数；

m——空气干燥煤样质量，g；

m_1——二氧化碳吸收管增加质量，g；

m_2——水分吸收管增加质量，g；

m_3——水分的空白值，g；

M_{ad}——空气干燥煤样水分,%。

在计算氢含量时,一是要考虑水分空白值的影响;二是在试样燃烧时,煤样中自身水分蒸发同时被水分吸收剂所吸收,故在计算中要予以扣除。

当煤中碳酸盐二氧化碳含量大于2%时,则碳含量应按下式计算:

$$C_{ad} = \frac{0.2729 m_1}{m} \times 100 - 0.2729 (CO_2)_{ad} \tag{8-15}$$

式中:$(CO_2)_{ad}$——空气干燥基煤样中的碳酸盐二氧化碳含量。

因为试样中碳酸盐二氧化碳并非碳的燃烧产物,在燃烧过程中,这部分二氧化碳释放出来后同样为二氧化碳吸收剂所吸收。故计算含碳量时,应把碳酸盐二氧化碳折算成碳减去。

二、高温法

测定原理是将煤样置于1350℃高温及180~200mL/min的高速氧气流中燃烧,煤中碳和氢燃烧后分别转变成二氧化碳和水,用不同的吸收剂吸收,根据吸收剂的增重来计算碳和氢的含量。

该法与国标元素炉法装置基本相同,只是试样燃烧系统和除氮有所不同:a)高温法的燃烧温度更高、氧气流速更大,试样在燃烧过程中一般不产生一氧化碳,所以不必在燃烧管中填装针状氧化铜;b)利用保持在800℃下的银丝卷可同时去除硫和氯,不必填装铬酸铅;c)在1350℃的高温下,煤中氮以氮气形式析出,故不必用二氧化锰来消除氮氧化物的影响。

与国标法相似,高温法测定碳和氢可分为两节炉法或单节炉法。两节炉法的燃烧管使用两节炉加热。第一节炉通常为硅碳管炉,控制温度为1350℃;第二节炉为电阻丝高温炉,控温800℃。试样置于第一节炉中燃烧,银丝卷置于第二节炉中。单节炉法使用一节炉加热,燃烧装置简单,炉温易于控制,但自燃烧管中心沿轴向温度递减,不存在800℃的恒温区,故银丝卷温度不能严格控制。

三、电量-重量法

国标 GB/T 15460 规定了电量-重量法测定煤中碳氢含量的方法。

测定原理是将煤样置于通氧的燃烧炉中燃烧,生成的水与五氧化二磷反应生成偏磷酸,反应为:

$$H_2O + P_2O_5 = 2HPO_3$$

偏磷酸在电极上放电,反应为:

阳极:$2PO_3^- - 2e = P_2O_5 + \frac{1}{2}O_2 \uparrow$

阴极:$2H^+ + e = H_2 \uparrow$

随着水含量的减少,转移的电荷数越来越少,直至电解结束,根据其转移的电荷量可以计算出煤中氢的含量;生成的二氧化碳用吸收剂吸收后,据其增重计算煤中含碳量。煤样燃烧产生的硫的氧化物和氯用高锰酸银热分解产物吸收,氮氧化物用粒状二氧化锰吸收,以消除它们对碳的干扰。可见,电量-重量法测定碳元素的原理与国标元素炉法是一样的。

与元素炉法相同,电量-重量法的测定装置也分为净化系统、燃烧系统和吸收系统三部分。燃烧系统中的燃烧管中填装有氧化铜和高锰酸银热分解产物,前者可使氧气中的可燃杂质充分燃尽,后者用于吸收硫氧化物和氯;吸收系统主要由电解池、除氮管和二氧化碳吸收管组成;装置较为复杂。

第五节 氮元素的测定

煤中氮含量不高,但其存在形态极为复杂。一般认为,煤中氮均为有机氮。煤中氮含量的测定,各国标准中均采用经典的或改进的开氏法。

一、开氏法

1. 测定原理

称取一定量的空气干燥煤样,加入无水硫酸钠、硫酸汞和硒粉的混合催化剂和硫酸,加热分解,氮转化为硫酸氢铵。加入过量的氢氧化钠溶液,把氨蒸出并吸收在硼酸溶液中,用硫酸标准溶液滴定。根据用去的硫酸量计算煤中氮的含量。

根据上述原理,可将开氏法测定氮分为试样的消化、消化液蒸馏、氨的吸收和硫酸滴定四个反应阶段。

(1) 消化。煤样在浓硫酸和催化剂的作用下氧化分解,煤中氮转化成硫酸氢铵的反应称为消化反应。反应式如下:

$$煤中有机成分 \xrightarrow{浓硫酸,混合催化剂} CO_2\uparrow + CO\uparrow + SO_2\uparrow + H_2O\uparrow + SO_3\uparrow + Cl_2\uparrow + NH_4HSO_4 + H_2\uparrow$$

(2) 蒸馏。消化反应中生成的硫酸氢铵在过量碱的作用下析出氨,它可通过水汽蒸馏法来加以收集。原消化液中残存的硫酸在过量氢氧化钠作用下被中和掉,故蒸馏反应可直接用硫酸氢铵与氢氧化钠的反应来表示。

$$NH_4HSO_4 + 2NaOH \xrightleftharpoons{\Delta} Na_2SO_4 + 2H_2O + NH_3\uparrow$$

(3) 吸收。蒸馏过程中析出的氨用硼酸溶液来吸收,反应式如下

$$H_3BO_3 + xNH_3 = H_3BO_3 \cdot xNH_3$$

(4) 滴定。一般采用硫酸标准溶液来滴定上述硼酸吸收液。以甲基红-亚甲基蓝混合指示剂指示终点,反应式如下

$$2H_3BO_3 \cdot xNH_3 + xH_2SO_4 = x(NH_4)_2SO_4 + 2H_3BO_3$$

2. 测定装置

测定装置包括消化与蒸馏装置两部分。

消化装置是一铝加热体,将称好试样与试剂的开氏瓶放入铝加热体的孔中,并用石棉板盖住开氏瓶的球形部分,此为国标中所介绍的消化装置。而实际上应用较多的是将装有试样与试剂的开氏瓶置于可调电炉上加热消化,开氏瓶的球形部分可用切除去半圆

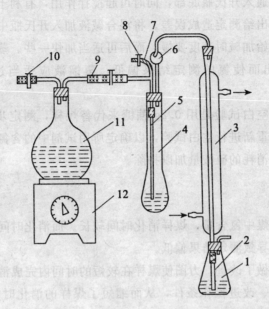

1—锥形瓶；2，5—玻璃管；3—直形玻璃冷凝管；4—开氏瓶；6—开氏球；
7，9—橡皮管；8，10—夹子；11—圆底烧瓶；12—可调电炉

图 8-6 蒸馏装置

形的两块泡沫保温砖包住，以利于消化。

蒸馏装置如图 8-6 所示，主要由可调电炉、开氏瓶、直形冷凝管和锥形瓶组成。在 250mL 开氏瓶中注入 25mL 混合碱溶液，然后通入蒸汽进行蒸馏。蒸馏时，蒸馏瓶内的水受热产生的蒸汽进入开氏瓶，加热消化液使氨蒸出，并具有搅拌作用。蒸出的氨经冷却后进入锥形瓶，被硼酸吸收液吸收。

3. 测定条件

(1) 消化。煤样消化温度应控制在 350℃ 左右。为防止硒粉飞溅，应在开氏瓶口插入一小漏斗；如在消化过程中，煤样溅于瓶壁，可将开氏瓶移出电炉，稍冷后用少量浓硫酸沿瓶壁将附于其上的少量煤粉样带入瓶底反应液中。消化时间为消化至溶液清澈透明、漂浮的黑色颗粒完全消失为止的时间，时间不宜过长，否则因硫酸的蒸发导致形成 $(NH_4)_2SO_4$，其在 280℃ 时分解产生 NH_3。消化时间应随煤样变质程度的加深而适当延长。对于不易消化的煤样，例如无烟煤，可将 0.2mm 的空气干燥煤样磨细至 0.1mm 以下，并加入高锰酸钾或铬酸酐 0.2～0.5g 再按上述方法消化，分解后如无黑色粒状物，表示消化完全。

为了简化操作、蒸馏时易于安装开氏球和加碱漏斗，煤样消化可以直接采用 500mL 的开氏瓶，消化后直接将其移至蒸馏装置中。

(2) 蒸馏。往开氏瓶中加入的水量应合适，如加热时水产生太快，可通过螺旋夹适当排气，以免将瓶塞顶开。通入开氏瓶中的玻璃管应接近瓶底约 2mm，一方面它可使

水汽沿此玻璃管直接通入开氏瓶底部，同时可起搅拌作用，有利于氨的蒸出。整套装置应严密，以防氨的逸出给测定造成误差。将混合碱液加入开氏瓶中，由于向消化液中加碱时剧烈放热，故开始加碱时速度要慢，而后可适当加快一些。蒸馏液要直接通入吸收液中，以防氨的逸出而使氮的测定结果偏低，蒸馏液应适当过量，以防蒸馏不完全。

（3）空白试验。空白试验是用 0.2g 蔗糖来代替煤样，测定步骤与煤样完全相同。每更换一批试剂，应重新进行空白试验，以确定所用试剂中的含氮量。在测定结果计算中，应将空白试验所消耗的硫酸量加以扣除。

二、快速法

采用开氏法测定煤中氮含量，煤样消化时间较长。而消化时间过长，会使生成的硫酸氢铵部分分解，而导致测定结果偏低。

许多人对开氏法做了改进，力图使煤样在较短的时间内完成消化。快速法通过采用不同催化剂与氧化剂、改进操作条件，从而缩短了煤样的消化时间，可使煤样消化在 1h 内完成，其他方面与开氏法基本一样。

消化原理是以焦硫酸钾与铬酸的混合物为氧化剂，以三氧化二钴做催化剂，在 200℃下消化，一般 40~60min 即可消化完全。其后按开氏法蒸馏出氨，并由硼酸溶液吸收，以硫酸标准溶液来滴定，从而计算出煤中含氮量。

消化时准确称取煤样 0.10~0.15g，将其置于干燥的开氏瓶中，往其中加入 4mL 铬酸溶液、5g 焦硫酸钾及 0.25g 三氧化二钴。将开氏瓶与冷凝管紧密连接，由冷凝管上方加入 10mL 浓硫酸。然后将开氏瓶置于甘油浴上加热，在油浴温度达到 200±10℃时，保持 40~60min，煤样即可消化完全。此时，开氏瓶中溶液的颜色由原来的橙红色变为墨绿色。

为提高试验效率，可采用多联电炉同时进行多个煤样的消化，然后集中进行蒸馏、收集操作也是可行的。

消化和蒸馏装置中，最好各自配用冷凝管。否则，消化完毕，必须把冷凝管洗净，绝对不能残留酸液。否则，蒸出的氨就会被冷凝管中残存的酸中和，从而使测定结果大大偏低。

第六节 煤中硫元素的测定

煤中含硫量的高低是评价煤质的重要指标之一。煤中各种形态硫的总和称为全硫。全硫按存在形态划分，可分为有机硫和无机硫两大类，无机硫又分为硫酸盐硫和硫化物硫两种；根据其燃烧特性划分则可分为可燃硫和不可燃硫两大类。全硫含量的测定方法很多，国标中规定了三种方法：艾士卡法、库仑滴定法和高温燃烧中和法，此外还有红外吸收法。四种方法的比较见表 8-1。

表 8-1　　　　　　　　　各种全硫测定方法的比较

特　点	红外吸收法	艾士卡法	库仑滴定法	燃烧中和法
准确性	高	高	较高	相对较差
测试时间	120~160s	12h	5~6min	15~20min
操作程序	自动	繁琐	较简单	尚简单
所用仪器	红外测硫仪	无特殊仪器	库仑测硫仪	使用管式炉
应用情况	可普遍使用	宜作仲裁用	普遍使用	很少使用
主要缺点	仪器价格较高	效率太低	仪器故障率较高	测试结果相对较差

一、煤中全硫的测定

1. 艾士卡法

经典的艾士卡法在各国测定标准中，均列为首要的标准方法，多用于仲裁分析。

(1) 测定原理。艾士卡法是利用艾士卡试剂（2份氧化镁及1份无水碳酸钠）与煤样充分混合均匀；在有空气渗入的条件下，在1~2h内从室温升至800~850℃下灼烧，煤中各种形态的可燃硫全部氧化成硫氧化物，主要为二氧化硫；在氧化镁与碳酸钠的作用下，它们最后形成可溶性的硫酸镁或硫酸钠。此外，煤中的不可燃硫硫酸盐硫与艾士卡试剂发生复分解反应也转变为可溶性硫酸盐。反应为：

$$煤 + O_2 \longrightarrow CO_2\uparrow + H_2O + N_2\uparrow + SO_2\uparrow + SO_3\uparrow$$
$$2Na_2CO_3 + 2SO_2 + O_2 = 2Na_2SO_4 + CO_2\uparrow$$
$$Na_2CO_3 + SO_3 = Na_2SO_4 + CO_2\uparrow$$
$$2MgO + 2SO_2 + O_2 = 2MgSO_4$$
$$MgO + SO_3 = MgSO_4$$
$$CaSO_4 + Na_2CO_3 \xrightarrow{\Delta} CaCO_3 + Na_2SO_4$$

然后，用热的除盐水溶解灼烧后的残渣，可溶性硫酸盐以硫酸根形态转移入溶液中；滤去不溶残渣后，在一定酸度下，用氯化钡沉淀硫酸根，用重量分析法测定灼烧至恒重的硫酸钡的质量，从而计算出煤样中全硫的含量。反应为：

$$Na_2SO_4 + MgSO_4 + 2BaCl_2 \xrightarrow{\text{一定酸度}} 2BaSO_4\downarrow + 2NaCl + MgCl_2$$

艾士卡试剂（简称艾氏剂）中的氧化镁可以防止碳酸钠在较低温度下熔化，使煤样混合剂可以保持疏松状态，有利于氧的渗入，促进氧化反应的进行。同时硫的氧化物也能直接与氧化镁反应，在空气中氧的作用下，最后生成硫酸镁。

采用了艾氏剂，由于氧易于溶入，从而使煤与碳酸钠及氧化镁的反应得以充分进行。

(2) 操作条件。

① 混合。为确保硫氧化物跟碳酸钠与氧化镁反应完全，煤样与艾氏剂必须充分混合均匀。测定使用的碳酸钠如果吸潮结成小块，将大大降低艾氏剂的作用，同时也无法

与试样混合均匀，从而使全硫含量测定结果偏低。此时，可将受潮的碳酸钠或艾氏剂在 105℃温度下干燥，并将颗粒充分研细后再用；如受潮较重，则不宜再用。自配艾氏剂时，氧化镁及无水碳酸钠最好用一级品，即优级纯或保证试剂；如无一级品，至少也得用二级试剂，即分析纯试剂。为防止挥发物过快逸出，确保反应完全，在试样与艾氏剂的混合物上还应覆盖 1g 艾氏剂。

② 熔样温度与时间。试样应从低温放入高温炉中，并缓慢升温至方法规定的温度条件。熔样时间应保证试样能够燃烧完全。温度太低、时间太短，都有可能导致试样燃烧不完全。如果在燃烧产物中发现存在未燃尽的煤粒，就应继续燃烧一段时间，直至试样燃烧完全为止。

③ 过滤。将可溶性硫酸盐转移入溶液中以后，用定性滤纸过滤，滤液用于测定硫酸根。过滤时，为了防止可溶性硫酸盐附着在滤渣上，应用热除盐水充分洗涤滤纸上的沉淀物，直至无硫酸根离子为止。如洗涤不充分，可能导致测定结果偏低。

过滤硫酸钡沉淀时，应采用致密定量滤纸，烧杯中的硫酸钡沉淀应完全转移到滤纸上，沉淀同样要用热除盐水多次洗涤，直至无氯离子为止。同时还应注意防止硫酸钡细小颗粒浮游于滤纸上造成损失，故过滤时应避免滤纸上积存滤液太多。

④ 沉淀与沉化。沉淀硫酸钡时首先应控制好硫酸钡沉淀时的溶液酸度。在加入氯化钡溶液前，洗涤液总体积应为 250~300mL。然后滴加 1:1 盐酸，使溶液呈中性后再加 2mL。在微酸性条件下，可溶性硫酸盐可以与氯化钡反应生成硫酸钡沉淀。新生成的硫酸钡颗粒很细，易透过滤纸，必须进行沉化，以获得较粗的硫酸钡沉淀颗粒。沉化时最好将沉淀保温静止过夜；也可在微沸状态下保持 2h。

⑤ 灼烧与恒重。将带有沉淀的滤纸转移到已恒重的坩埚中，可先于低温下令滤纸灰化，而后转入高温炉中，将炉温升到 850℃。为了减少检查性灼烧（恒重）这一环节，一般可按规定要求适当延长灼烧时间。

(3) 结果的计算。煤中全硫含量按下式计算：

$$S_{t,ad} = \frac{(m_1 - m_2) \times 0.1374}{m} \times 100 \tag{8-16}$$

式中：$S_{t,ad}$——空气干燥基全硫含量，%；

m_1——硫酸钡质量，g；

m_2——空白试验的硫酸钡质量，g；

0.1374——由硫酸钡折算成硫的系数；

m——煤样质量，g。

由于艾氏剂的纯度限制，它可能多少含有一点硫酸盐，所以需要做空白试验，即在不加试样的条件下，按照与测定试样相同的步骤进行试验，以消除艾氏剂的干扰。

2. 库仑滴定法

库仑滴定法是目前电力部门较普遍使用的一种煤中全硫测定方法。该法操作比较简便，自动化程度高，实验时间短，测定结果精密度好，但准确性不如艾士卡法，特别是对低硫及高硫煤的测定更是如此。

(1) 基本原理。在电解池中有面积约 150mm² 的铂电解电极对和面积约 15mm² 的铂指示电极对。测定时铂电解电极对上通有直流电，电解液中的碘化钾和溴化钾在阳极发生放电反应：

$$2I^- - 2e = I_2$$
$$2Br^- - 2e = Br_2$$

产生 I_2 和 Br_2。

煤样在催化剂作用下，于空气流中燃烧分解，煤中硫转变成硫氧化物（主要为二氧化硫，还有少量三氧化硫），被空气流带入电解池中，首先与水反应生成亚硫酸及少量的硫酸。反应为：

$$SO_2 + H_2O = H_2SO_3$$
$$SO_3 + H_2O = H_2SO_4$$

生成的亚硫酸立即与电解产物 I_2 和 Br_2 发生氧化还原反应：

$$I_2 + H_2SO_3 + H_2O = H_2SO_4 + 2H^+ + 2I^-$$
$$Br_2 + H_2SO_3 + H_2O = H_2SO_4 + 2H^+ + 2Br^-$$

产生与二氧化硫含量相对应的一定量的碘离子和溴离子，重复上述放电反应、氧化还原反应，直至溶液中的 I_2 和 Br_2 的浓度恢复到初始浓度（不再有 I^- 和 Br^-）。此时铂指示电极上只有很少的残余电流通过，指示断电，电解完成。然后由库仑积分器计算碘离子和溴离子放电所转移的电量，实际上就是二氧化硫氧化为硫酸所转移的电量。

根据法拉第电解定律：电解时电极上析出物质的量与通过电解液的电量成正比；每通过 96 485C 的电量，在电极上析出 1mol 的物质；其表达式为：

$$m = \frac{Q}{F}M_m = \frac{It}{96485}M_m \tag{8-17}$$

式中：m——电极上析出物质的量，g；

M_m——物质的摩尔质量，g/mol；

F——法拉第常数，96485；

I——通入电解液的电流，A；

t——通入电流的时间，s。

库仑积分器据式（8-17）计算全硫的质量，并据煤样质量转化成全硫的百分含量。

（2）仪器结构和流程。库仑测硫仪结构见图 8-7，由空气净化系统（图中 1~5）、试样燃烧和温度控制系统（图中 13~16）和库仑滴定系统（图中 6~12）三部分组成。

空气净化系统：由电磁泵所提供的约 1 500mL/min 空气，经内装氢氧化钠及变色硅胶的净化管净化。

试样燃烧和温度控制系统：主要由高温炉和送样程序控制器组成。硅碳管高温炉能加热到 1 200℃ 以上并有 90mm 以上长的高温带 1 150±5℃，附有铂铑-铂热电偶测温及控温装置，炉内装有耐温 1 300℃ 以上的异径燃烧管，燃烧管及燃烧舟均为气密刚玉加工而成。送样程序控制器控制盛煤样燃烧舟按指定的程序前进或后退。

库仑滴定系统：由电解池（包括铂电解电极对、铂指示电极对、微孔熔板过滤器和电解液）、库仑积分器和电磁搅拌器组成。电解池高 120~180mm，容量不少于 40mL，内有面积约 150mm² 的铂电解电极对和面积约 15mm² 的铂指示电极对，指示电极响应

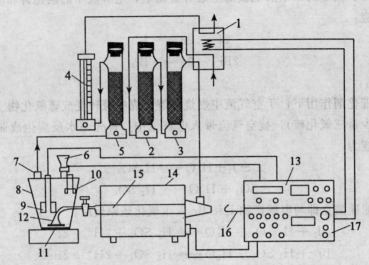

1—电磁泵；2—硅胶过滤塔；3—氢氧化钠过滤塔；4—流量计；5—硅胶过滤塔；6—加液漏斗；7—排气口；8—电解池；9—电解电极；10—指示电极；11—搅拌棒；12—微孔熔板过滤器；13—库仑积分器；14—燃烧炉；15—石英管；16—进样器；17—程序控温器

图 8-7　库仑测硫仪结构流程图

时间应小于 1s；电解液由 5gKI、5gKBr 和 10mL 冰醋酸溶于 250～300mL 蒸馏水中配制而成；电磁搅拌器转速约 500r/min 且连续可调，借助旋转磁场驱动电解池内的一塑料封装的铁芯棒以 2 000r/min 的速度迅速搅动电解液，使电解生成的游离碘迅速扩散，以便与二氧化硫快速反应。库仑积分器电解电流在 0～350mA 范围内线性积分度为 ±0.1%，配有 4～6 位数字显示器和打印机，用于计量电解所耗用的电量，并对二氧化硫的损失及其他误差作出校正。

测定硫的流程为：用于氧化煤样的空气由电磁泵 1 送进硅胶过滤塔 2 和氢氧化钠过滤塔 3 净化后，可以 1 000mL/min 的流量送入燃烧系统。流量计 4 用来指示流量。试样由进样器 16 自动推入石英管 15 中，在 500℃处停留 45s，再自动推进到 1 150℃处停留 4min 15s 后自动返回。石英管置于能升温至 1 150℃的硅碳管燃烧炉 14 内。试样燃烧后形成的二氧化硫随同燃烧气体经微孔熔板过滤器 12，以分散的小气泡形式进入电解池 8 内，并与电解生成的游离碘反应，而燃烧气体则被电磁泵由排气口 7 排出。因排出的气体携带水汽，需经硅胶过滤塔 5 干燥后进入流量计 4 以指示流量。

(3) 操作条件。

① 称样量不得低于 50mg，且在煤样上应覆盖一薄层三氧化钨，以确保硫酸盐在 1 150～1 200℃完全分解；

② 新配制的电解液为淡黄色，pH 值应在 1～2 之间。当电解液 pH<1 或呈深黄色时，要及时更换。否则在酸性介质下有非电解质 I_2 与 Br_2 生成，导致测定结果偏低。

③ 载气为空气，不能使用氧气，空气流量不得低于 1 000mL/min。在测定过程中，应保持系统中的气路通畅。

④ 电解池内应保持清洁。在测定样品时，电解池应保持完全密封，要防止电解液倒吸。搅拌速度要尽可能快。

3. 高温燃烧中和法

(1) 基本原理。煤样在氧气流中于高温下燃烧，煤中各种形态的硫氧化分解成硫氧化物，用过氧化氢吸收，使其生成的硫酸，然后用氢氧化钠标准溶液来滴定生成的酸，则可求出煤中的含硫量。

燃烧中和法测硫的主要反应如下所示：

$$煤 \xrightarrow{1200℃, O_2 催化剂} SO_2\uparrow + CO_2\uparrow + H_2O + Cl_2\uparrow + SO_3\uparrow + NO_2\uparrow \cdots$$

$$SO_2 + H_2O_2 \longrightarrow H_2SO_4$$

$$H_2SO_4 + 2NaOH == Na_2SO_4 + 2H_2O$$

该法的关键是如何使煤中硫酸盐在不太高的温度下得以充分分解。为此，试样要置于高温氧气流中，并选择适当的催化剂条件下燃烧才能达此目的。常用的催化剂除氧化钨以外，还有石英砂、氧化铝、磷酸铁等。

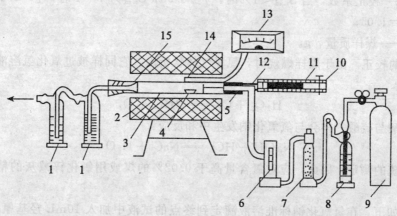

1—吸收瓶；2—高温炉；3—燃烧管；4—燃烧舟；5—橡胶塞；6—微型流量计；7—干燥塔；8—洗气瓶；9—氧气瓶；10—橡胶管；11—样品推入棒；12—T形玻璃管；13—高温计；14—热电偶；15—接收管

图 8-8 燃烧中和法测定全硫装置

(2) 仪器结构与测定步骤。测定装置由氧气净化系统、燃烧装置及反应产物吸收装置三部分组成，见图 8-8。由于氧气净化系统和燃烧装置的结构功能与前述净化和高温炉燃烧装置相似，故不再复述。吸收装置为带有微孔玻璃熔板的锥形吸收瓶，内装 H_2O_2 溶液。测定前应首先将高温炉加热并控制在 $1\,200 \pm 10℃$；然后连接好 2 个吸收瓶，并检查其气密性。测定时首先称取 0.2g（称准至 0.000 2g）煤样于燃烧舟中并盖上一薄层三氧化钨。将盛有煤样的燃烧舟放在燃烧管入口端，随即用带 T 形管的橡皮塞塞紧，然后以 350mL/min 的流量通入氧气。用镍铬丝推棒将燃烧舟推到 500℃温度区预热 5min，再将舟推到高温区，立即撤回推棒，使煤样在该区燃烧 10min。停止送氧气，先取下靠近燃烧管的吸收瓶，再取下另一个吸收瓶。取下带 T 形管的橡皮塞，用镍铬丝钩取出燃烧舟。取下吸收瓶塞，用水清洗气体过滤器 2～3 次。清洗时，用洗耳球加压，排出洗液。分别向 2 个吸收瓶内加入 3～4 滴混合指示剂，用氢氧化钠标准溶液滴定至溶液由桃红色变为钢灰色，记下氢氧化钠溶液的用量。然后在燃烧舟内放一薄层三氧化钨（不加煤样），按上述步骤测定空白值。

(3) 结果计算与校正。

① 结果计算。煤中全硫含量按式（8-18）计算。

$$S_{t,ad} = \frac{(V_1 - V_0) \times c \times 0.016 \times f}{m} \times 100 \tag{8-18}$$

式中：$S_{t,ad}$——空气干燥煤样中全硫含量，%；

V_1——煤样测定时，氢氧化钠标准溶液的用量，mL；

V_0——空白测定时，氢氧化钠标准溶液的用量，mL；

c——氢氧化钠标准溶液的浓度，mmol/mL；

0.016——硫的毫摩尔质量，g/mmol；

f——校正系数，当 $S_{t,ad} < 1\%$ 时，$f = 0.95$；$S_{t,ad}$ 为 1～4 时，$f = 1.00$；$S_{t,ad} > 4\%$ 时，$f = 1.05$；

m——煤样质量，g。

② 氯的校正。由于煤样燃烧时，氯呈气体状析出，它同样被过氧化氢溶液吸收，其反应如下：

$$H_2O_2 + Cl_2 = 2HCl + O_2$$

产生的盐酸与硫酸一样会与氢氧化钠发生中和反应：

$$NaOH + HCl = NaCl + H_2O$$

从而干扰硫的测定。因此，应对氯含量高于 0.02% 的煤或用氯化锌减灰的精煤进行氯的校正。

方法如下：在氢氧化钠标准溶液滴定到终点的试液中加入 10mL 羟基氰化汞溶液，它与氯化钠反应转变成定量的氢氧化钠，反应式为：

$$Hg(OH)CN + NaCl = Hg(Cl)CN + NaOH$$

然后用标准硫酸溶液滴定所生成的氢氧化钠，由上述测定的硫含量中，减去与氯含量相当的硫的含量，才是煤中全硫含量。计算式为：

$$S'_{t,ad} = S_{t,ad} - \frac{c_{\frac{1}{2}H_2SO_4} \times V_2 \times 0.016}{m} \times 100 \tag{8-19}$$

式中：$S'_{t,ad}$——校正后的空气干燥煤样全硫含量，%；

$S_{t,ad}$——按式（8-18）计算的全硫含量，%；

$c_{\frac{1}{2}H_2SO_4}$——硫酸标准溶液的浓度，mmol/mL；

V_2——硫酸标准溶液的用量，mL；

0.016——硫的毫摩尔质量，g/mmol；

m——煤样质量，g。

(4) 测试技术要求。

① 氧气流速。氧气流速可根据煤样及其含硫量加以适当控制，通常控制流速为350mL/min。在整个测定过程中，切不可中断氧气流。

② 燃烧管。由于燃烧管要承受1 200℃的高温，故对其材质应具有特殊要求。目前常用的为石英管及刚玉燃烧管。石英燃烧管价格高且质脆易断，而气密刚玉管虽可满足耐温要求，价格也比较低，但在试样分期推进高温区的过程中易产生横向裂纹。

试样燃烧所生成的硫氧化物，与煤中水分及氢燃烧后生成的水分作用，形成酸。它易附于燃烧管出口端管壁上，从而使测定结果偏低。煤中含硫量越大，偏低程度越明显。为克服这一缺点，可在燃烧管出口端加装喇叭状的中性硬质玻璃或石英玻璃接收器。喇叭口的口径应略小于燃烧管内径。由于硫酸的沸点是336℃，故接收器固定在400℃左右的位置上较好。燃烧完毕，将此接收器用水冲洗，其冲洗液并入过氧化氢吸收液中。

③ 吸收装置。为了确保燃烧产物被过氧化氢溶液完全吸收，宜采用具有微孔玻璃熔板的气体吸收瓶进行二次吸收。吸收完毕，可将吸收液合并在一起，同时用水将两个吸收瓶冲洗干净，冲洗液一起并入吸收液中，用标准氢氧化钠溶液滴定，同时还要做空白试验。

4. 红外吸收法

红外测硫法具有结果准确、测试周期短、自动化程度高的特点，在科研院所和大型电厂煤质试验室得到大量应用。目前，国内电力行业应用较多的仪器主要是美国力可(LECO)公司生产的SC132、SC432、SC-144DR等型号的红外测硫仪。

(1) 测定原理与系统流程。被测煤样在通氧条件下置于高温炉中燃烧，约50s后吹入氧气，使煤样充分燃尽。煤中硫与氧反应生成SO_2，取样泵按一定流量连续不断地将燃烧后的气体经干燥与过滤后送入红外检测器，SO_2吸收红外光，吸光度与其浓度成正比，吸光度的大小以电信号输出，经滤波放大处理后，进行V/F转换，即将SO_2浓度转换到与其相应的一定频率，通过光电隔离，输入计算机。计算机对采集到的信号进行积分，并按预先绘制的曲线进行折算，最后可准确得到试样中硫的含量。系统流程如图8-9所示。

(2) 红外测硫仪。红外测硫仪主要由下述部件组成：

① 红外检测器。这是红外测硫仪最为关键性部件。各种异核分子的气体，如CO、CO_2、SO_2、CH_4、NO等对红外线具有吸收作用，吸光度与浓度的关系遵循朗伯-比尔定律；双原子分子如O_2、N_2等没有吸收作用。

② 高温炉及燃烧管。该法对高温炉具有较高的技术要求，一是要求炉温能升至1 350℃以上，且能控制升温速度；二是要求高温炉不能因受热损坏，导致漏气情况的发生；三是要求高温炉产生的高温不致影响测硫仪其他部件，如红外检测器、信号放大电路的正常工作。

燃烧管位于炉膛中心位置，必须能承受1 500℃以上的高温，同时承受温度升降的能力也应符合测硫仪的要求。

③ 计算机采样控制系统。采集红外检测器输送过来的信号进行处理得到硫的含量。

(3) 测试要求。

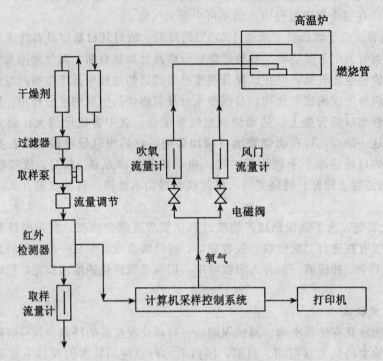

图 8-9　红外测硫仪工作原理图

① 保持气路通畅。采用红外法测硫时,因燃烧产生的较细灰粒有可能随氧气进入气路系统在局部积灰造成气路不畅、抽气受阻,测定时间延长,检测结果偏低,因此应及时清理气路系统。一般情况下,对 0.35g 试样来说,每测 100 个样品宜清灰一次;对 0.15g 试样来说,每测 200 个样品宜清灰一次。

② 仪器校正。为保证所测结果准确可靠,每天在正式测定样品前,均应该用标准煤样对测硫仪进行校正。如果测试结果精密度合格,其平均值落在标准煤样的不确定度范围内,说明仪器的校准系数是稳定的,则可开始测定;否则,应检查测试条件,若测试结果存在显著性差异,则应对仪器进行全面检查,重新标定校准系数,对精密度、准确度检验合格后方可进行测定。

二、煤中各种形态硫及其测定

硫在各种煤中是普遍存在的,其差别只是含量高低不等及其形态有别。煤中含硫量与成煤条件有关。

硫在煤中的存在形态通常分为两大类:一类是与有机物结合而存在的硫,称为有机硫,以符号 S_o 表示;另一类则是与无机物结合而存在的硫,称为无机硫,包括硫化物硫和硫酸盐硫。其中硫化物硫大部分以硫铁矿硫(FeS_2)的形态存在,因而常把硫化物硫称为硫铁矿硫,以符号 S_p 表示。硫酸盐硫以符号 S_s 表示。某些煤中偶尔还存在少量单质硫。

煤中各种形态的硫，按其燃烧特性划分，则分为可燃硫及不可燃硫。一切有机硫及硫化物硫、元素硫均为可燃硫。硫酸盐硫属于不可燃硫，它在煤燃烧后残存于煤灰中。

煤中全硫含量，实际上就是上述三种形态硫的总和，即：

$$S_t = S_p + S_o + S_s \tag{8-20}$$

当煤中含硫量较低时，往往以有机硫为主；而高硫煤则往往以硫化物硫，特别是硫铁矿硫为主。动力用煤含硫量一般为 0.5%～3%，煤中可燃硫通常在全硫中所占比重很大，如 90% 甚至更高。

1. 硫酸盐硫的测定

(1) 方法原理。硫酸盐能溶于稀盐酸，而硫铁矿硫与有机硫均与稀盐酸不起作用。故可用稀盐酸直接浸出煤中的硫酸盐硫，加入氯化钡形成硫酸钡沉淀，根据硫酸钡的量可以计算出煤中硫酸盐硫的含量。其反应式如下：

$$CaSO_4 \cdot 2H_2O + 2HCl = CaCl_2 + H_2SO_4 + 2H_2O$$

$$H_2SO_4 + BaCl_2 = BaSO_4 \downarrow + 2HCl$$

(2) 测定方法概述。称取分析煤样 1g，放入锥形瓶中，加入 0.5～1mL 乙醇湿润煤样，然后加入 5mol/L 的盐酸 50mL，摇均匀，加热微沸 30min。稍冷后以慢速定性滤纸过滤，用热水冲洗煤样数次。然后将煤样全部转移到滤纸上，用热水洗至无铁离子为止（用硫氰酸钾检验）。如滤液呈黄色，表示含铁量很高，这时应加入少许铝粉或锌粉使铁还原、黄色消失后再过滤，用水洗到无氯离子为止。过滤后，将滤纸与煤样一起叠好，放入原锥形瓶中，供测定硫铁矿硫用。

往滤液中加入 2～3 滴甲基橙指示剂，用 1:1 的氨水中和至微碱性，此时溶液呈黄色，再加 5mol/L 盐酸溶液调节至呈红色，再加 2mL，溶液呈微酸性。

将溶液体积调整到 250mL 左右，加热沸腾，在不断搅拌的条件下滴加 10% 的氯化钡溶液 10mL。然后按艾士卡法测全硫的步骤进行沉淀的沉化、过滤、洗涤、灰化、灼烧和称量。最后据式 (8-16) 计算得硫酸盐硫含量。

2. 硫铁矿硫的测定

(1) 测定原理。硫铁矿硫能溶于硝酸，其反应式如下：

$$FeS_2 + 4H^+ + 5NO_3^- = Fe^{3+} + 2SO_4^{2-} + 5NO + 2H_2O$$

由上述反应可知，硫铁矿硫溶于稀硝酸时，产生一定量的 Fe^{3+} 及 SO_4^{2-}，其摩尔比为 1:2，故可测定氧化后生成的 Fe^{3+} 再换算成硫；另一种方法是用氯化钡直接沉淀 SO_4^{2-} 形成硫酸钡的重量法测定，该方法测定结果偏低，原因是硫铁矿硫与稀硝酸反应时，其中一部分硫由于氧化不完全形成了元素硫。

$$FeS_2 + 4H^+ + 3NO_3^- = Fe^{3+} + SO_4^{2-} + 3NO + S + 2H_2O$$

(2) 测定方法概述。向装有待测硫铁矿硫的锥形瓶中加入 1:7 的硝酸 50mL，煮沸 30min，用慢速定性滤纸过滤，并用热水洗至无铁离子为止。在滤液中加入 2mL 过氧化氢，煮沸约 5min，以消除由于煤分解时所产生的颜色。

向煮沸的溶液中，加入 1:1 的氨水直至出现铁的沉淀，待沉淀完全，再多加 2mL，将溶液煮沸，用快速定性滤纸过滤，用热水冲洗沉淀及烧杯壁 1～2 次。穿破滤纸，用热水流把沉淀洗到原烧杯中，并用 10mL 5mol/L 的盐酸冲洗滤纸四周，以除去其上的痕量铁,再用热水洗至无铁离子为止。

盖上表面皿,将溶液加热至沸,溶液体积约 20～30mL,在不断搅拌的条件下滴加氯化亚锡溶液,直至黄色消失,多加 2 滴,迅速冷却后,用水冲洗表面皿及杯壁。加入 10mL 氯化汞饱和溶液,此时将有丝状氯化亚汞沉淀形成。放置片刻,用水稀释到 100mL,加入 15mL 的硫酸-磷酸混合液及 5 滴二苯胺磺酸钠指示剂,用重铬酸钾标准溶液滴定到稳定的紫色为终点。根据重铬酸钾标准溶液的消耗量及空白试验的消耗量计算出煤中硫铁矿硫含量。

(3) 结果计算。硫铁矿硫的含量用式 (8-21) 计算。

$$S_{p,ad} = \frac{(V_1 - V_0)c}{m} \times 0.05585 \times 1.148 \times 100 \tag{8-21}$$

式中:$S_{p,ad}$——空气干燥基煤中硫铁矿硫的含量,%;
V_1——测定煤样时重铬酸钾标准溶液用量,mL;
V_0——空白实验时重铬酸钾标准溶液用量,mL;
c——重铬酸钾标准液的浓度,mol/L;
0.05585——铁的毫摩尔质量,g/mmol;
1.148——由铁换算成硫的因数;
m——煤样质量,g。

3. 有机硫的计算

根据煤中全硫、硫酸盐硫、硫铁矿硫的测定结果,用差减法求出煤中有机硫含量。

$$S_{o,ad} = S_{t,ad} - (S_{s,ad} + S_{p,ad}) \tag{8-22}$$

第七节 现代分析技术

煤的工业分析是电力用煤的重要检测项目,既用于入厂煤的计价,又用于指导锅炉燃烧。各指标值的国标检测方法准确可靠,但耗费时间较长,往往滞后于煤质控制的需要。近年发展起来的工业分析自动检测技术因具有自动化程度高、检测速度快、检测精密度高等特点,受到电厂燃煤技术管理各级人员的普遍重视。传统的元素炉法测定碳氢含量、开氏法测氮的操作十分繁琐,且检测时间长,易受环境条件影响,现已逐渐失去应用,取而代之的是检测速度快、精密度高的仪器法。

一、现代工业分析技术

近年发展起来的工业分析自动检测仪采用热重法,可实现工业分析组成水分、灰分、挥发分和固定碳的快速连续自动测定。

在电力系统应用较多的有某电力环保研究所开发研制的 C951 型智能快速分析仪和美国力可公司生产的 MAC-500 型工业测定仪。它们均采用热重法,在一台仪器上完成工业分析特性指标的检测。热重法将加热与称量设备结合在一起,俗称热天平。物质在某种特定温度及气氛条件下受热,其质量发生变化,热重法依据此原理测出其含量。

1. C951 型智能快速分析仪

该仪器的快速分析系统是依据称重分析原理并参照 GB 212《煤的工业分析方法》

中的主要参数设计的。仪器主要由特殊设计的多温区炉、电子天平、自动进样盘及其旋转机构、电子控制系统、电子计算机和打印机等构成。测定时，称取 10 个试样（每试样量 0.4~0.5g）放置在进料盘的固定孔上，可实现连续自动进料，当仪器炉温达到预定要求时，多温区炉开始下降，使试样位于低温区（110℃）中心处进行空气干燥基水分的检测，等到质量恒定时，检测结束。这时，多温区炉再次下降，使试样位于高温区（900℃）中心处，检测挥发分，同样待到质量恒定时，检测结束。此时，多温区炉开始降温，当炉温降到 815℃ 时，开始检测灰分，直到质量不变为止。试样整个检测过程宣告结束，同时多温区炉上升恢复到原来位置。整个检测过程的炉温控制和多温区炉升降操纵，全部由微机控制。当第一个试样检测完后，第二个试样自动被顶入炉内开始检测，依此循环直到全部试样检测完毕为止。

2. MAC 型工业分析仪

MAC-500 型工业分析仪参照 ASTM D3173～ASTM D3175 标准选定分析参数。仪器主要由加热炉（1 台或 2 台）、微机控制系统、自动试样圆盘、电子天平、键盘和打印机等组成。测定时，首先从提供的菜单上选定检测程序，把空坩埚置于可旋转的试样圆盘上，由程序控制试样圆盘操作、设置坩埚位置（编号）和坩埚去皮。当完成坩埚去皮后，操作人员给每只坩埚装上试样，开始称量试样质量并自动存储，然后以 99℃/min 速度升温到 106℃，并维持在氮气环境气氛下测定水分。水分检测结束后，以同样速度升温到 950℃，仍维持氮气气氛以测定挥发分。挥发分测定一旦结束，立刻按 99℃/min 的速度降温到 750℃，并更换气源，即将氮气环境气氛转换为氧气环境气氛，以测定灰分。从挥发分阶段所得结果（遗留下来）和灰分阶段所得结果之间的差可得出固定碳，由残留在坩埚内的物质质量可计算出灰分。整个检测过程宣告结束。

二、现代元素检测技术

现代元素测定仪是依据高温燃烧红外吸收或热导原理设计而成的一体化仪器，可同时测定碳氢氮元素。部分仪器可同时测定硫，但是常因误差较大而应用很少。元素测定仪中 CHN-1000（CHN-2000 型）型自动仪在电力系统的科研院所使用较多，原电力工业部特制定了电力行业标准《燃料元素的快速分析法》（高温燃烧红外热导法）规范该类设备的应用。

测定原理是一定量的煤样在高纯氧气中及高温下燃烧，燃烧产物中的 SO_2 和氯用炉内填充剂于高温下除去；而 H_2O、CO_2 和 NO_x 进入储气筒中混合均匀。定量抽取一份混匀的气体送入红外检测室，分别分析 CO_2 和 H_2O 的含量，从而计算出碳和氢元素含量。定量抽取另一份混合气由高纯氦载气带动经热铜把 NO_x 还原为 N_2、经烧碱石棉和高氯酸镁分别除去 CO_2 和 H_2O 进入热导池，分析 N_2 含量，从而计算出氮元素含量。

思 考 题

1. 什么是外在水分，什么是内在水分？
2. 收到基水分和空气干燥基水分分别与煤中哪种水分含量相对应？

3. 测定煤样全水分的方法有哪些？分别适用于哪些煤种？
4. 测定分析煤样水分的几种不同方法分别适用于哪些煤种？
5. 测定水分为什么要进行检查性干燥试验？
6. 煤中灰分的含义是什么？
7. 煤在灰化中，矿物质发生的变化有哪些？
8. 缓慢灰化法和快速灰化法有何不同？为什么缓慢灰化法比快速灰化法准确？
9. 测定灰分时需进行检查性试验吗？为什么？
10. 什么是煤的挥发分？它的主要化学成分是什么？
11. 测定挥发分时，如何更为准确地控制 7min 的加热时间？
12. 测定挥发分时需进行检查性试验吗？为什么？
13. 计算挥发分测定结果时要注意些什么？
14. 挥发分焦渣特征有哪几种？如何进行区分？
15. 煤的固定碳怎样计算？
16. 称取分析试样质量为 1.0030g，置于恒重灰皿中，经灼烧后恒重称量为 16.5060g，空灰皿质量为 16.3517g，测得该煤样空气干燥基水分为 1.80%。求煤样的空气干燥基、干燥基灰分。
17. 已知空挥发分坩埚质量为 15.5320g，加入煤样后质量为 16.5405g，在 900±10℃ 下，加热 7min 后称量为 16.3520g，该煤样的空气干燥基水分为 2.85%，问煤样的空气干燥基挥发是多少？
18. 某电厂入炉煤测得：M_{ar} 为 4.50%，M_{ad} 为 1.03%，A_{ad} 和 V_{ad} 分别为 24.82% 和 15.13%。根据上面实测记录，求煤样的干燥基、干燥无灰基、收到基挥发分各是多少？
19. 简述三节炉法（经典）测定煤中碳、氢元素的原理，并写出相关的化学反应式。
20. 国标三节炉法测定煤中碳、氢元素时采用了哪些方法消除干扰？写出相关的化学反应式。
21. 国标二节炉法测定碳氢元素时高锰酸银的作用是什么？
22. 为什么测定碳、氢元素时要净化氧气？净化系统所用的净化剂是什么？
23. 怎样检验碳、氢测定试验装置的可靠性？
24. 为什么国标法测定碳、氢元素的吸收系统中要加除氮管？
25. 简述高温法测定碳、氢元素的原理。它与国标元素炉法有何异同点？
26. 简述开氏法测定煤中氮元素的原理，并写出相关的化学反应式。
27. 煤中硫元素有哪几种存在形态？各有何特点？
28. 简述艾士卡法测定全硫的原理，并写出相关的化学反应式。
29. 为什么艾士卡法测定全硫时要进行空白试验？
30. 高温燃烧中和法中测定全硫的原理是什么？试用化学反应式表示主要试验过程。
31. 高温燃烧中和法中测定全硫为何要对氯进行修正？如何进行修正？
32. 简述库仑滴定法测定全硫的原理，并写出相关的化学反应式。

33. 煤中硫酸盐硫的测定原理是什么？
34. 煤中硫铁矿硫的测定原理是什么？
35. 怎样计算煤中有机硫和氧的含量？
36. 试以称取煤样质量为 0.2000g，M_{ad} 为 0.83%，试验后吸水瓶增量为 0.0595g，二氧化碳吸收瓶增量为 0.4472g，$(CO_2)_{ad}$ 为 5.80% 的试验结果计算煤中碳、氢含量。
37. 高温燃烧红外热导法测定煤中碳、氢、氮三元素的原理是什么？

第九章 煤的发热量检测与应用

发热量的高低是煤炭计价的主要依据，是计算电厂经济指标的主要参数，是锅炉得以稳定燃烧的必要条件，故发热量的检测与应用在电厂中占有十分重要的地位。

发热量的测定，国内外普遍采用氧弹热量计。该法沿用至今已有一个多世纪的历史。随着科学技术的发展，热量计的性能不断有所改善，特别是微机热量计的出现，发热量测定的自动化程度大为提高，但是测热的基本原理并未改变。本章主要介绍发热量的基本概念、测定的原理与校正方法、我国普遍使用的恒温式微机热量计等内容。

第一节 发热量的基本概念

一、发热量的含义

所谓煤的发热量，是指单位质量的煤完全燃烧所放出的热量，单位是焦耳/克(J/g)或兆焦/千克（MJ/kg）。

关于发热量的概念，应注意以下两点：

① 发热量是对单位质量的煤而言的，非单位质量的煤完全燃烧所放出的热量不能称为发热量。因此，一定的煤质，不管其数量多少，都具有固定的发热量。

② 发热量是在完全燃烧条件下测得的。当试样煤燃烧不完全时，实际测得的发热量将小于理论值。

二、发热量的表示方法

煤的发热量高低，主要取决于煤中可燃物（挥发分与固定碳）的化学组成，同时也与燃烧条件有关。根据不同的燃烧条件，可将煤的发热量分为弹筒发热量、高位发热量及低位发热量三种。

1. 弹筒发热量

弹筒发热量，是指试验室用热量计实测的发热量，用符号 Q_b 表示。试验室使用的热量计为氧弹。单位质量的煤样在充有过量氧的氧弹中完全燃烧后所产生的热量，称为弹筒发热量。在此条件下，煤中碳完全燃烧，生成二氧化碳；氢完全燃烧生成水汽，在氧弹中冷凝成水；煤中硫在高压氧气下燃烧生成三氧化硫，少量氮转为氮氧化物，它们溶于水分别生成硫酸与硝酸；除有上述燃烧产物外，还有残存的固态灰渣及剩余的氧气。

由于上述各反应均为放热反应，故弹筒发热量要高于煤在实际燃烧时放出的热量。

2. 高位发热量

电厂评价煤的质量时，多采用高位发热量，以符号 Q_{gr} 表示。单位质量煤样置于氧弹中，在充足空气条件下完全燃烧所产生的热量称为高位发热量。在此条件下，煤中碳完全燃烧产生二氧化碳；煤中氢完全燃烧产生水汽，又冷凝成水；煤中硫燃烧仅能产生二氧化硫，而不能形成三氧化硫，氮转变为氮气，不能形成氮氧化物，故不可能产生硫酸与硝酸。除上述燃烧产物外，还有残存的灰渣及剩余的氧气及氮气。

将弹筒发热量减去硫酸与二氧化硫生成热之差及硝酸的生成热，即得到高位发热量。

$$Q_{gr,ad} = Q_{b,ad} - 94.1 S_{b,ad} - \alpha Q_{b,ad} \tag{9-1}$$

式中：$Q_{gr,ad}$——空气干燥基煤样的高位发热量，J/g；

$Q_{b,ad}$——空气干燥基煤样的弹筒发热量，J/g；

$S_{b,ad}$——空气干燥基煤样的弹筒含硫量（当 $S_{b,ad} < 4\%$ 时，可用 $S_{t,ad}$ 代替 $S_{b,ad}$），%；

94.1——煤中每1%的硫的校正热，J；

α——硝酸的校正系数，当 $Q_{b,ad} \leq 16.70 \text{MJ/kg}$ 时，$\alpha = 0.0010$；$16.70 \text{MJ/kg} < Q_{b,ad} \leq 25.10 \text{MJ/kg}$ 时，$\alpha = 0.0012$；$Q_{b,ad} > 25.10 \text{MJ/kg}$ 时，$\alpha = 0.0016$。

3. 低位发热量

单位质量的煤在锅炉中完全燃烧时所产生的热量，称为低位发热量，又称有效发热量或净热值，用符号 Q_{net} 表示。在此条件下，煤中碳完全燃烧产生二氧化碳；煤中氢完全燃烧产生水汽随烟气排出；煤中硫燃烧产生二氧化硫；氮转变为氮气。除上述燃烧产物外，还有残存的灰渣及剩余的氧气及氮气。

将高位发热量减去水的汽化热，就得到低位发热量。应当注意的是水的汽化热为煤中水、氢燃烧后生成的水的汽化热之总和。

$$Q_{net,ar} = Q_{gr,ad} \times \frac{100 - M_t}{100 - M_{ad}} - 22.9(9H_{ar} + M_t) \tag{9-2}$$

式中：$Q_{net,ar}$——煤的收到基低位发热量，J/g；

$Q_{gr,ad}$——煤的空气干燥基高位发热量，J/g；

M_t——煤中全水分，%；

M_{ad}——煤中空气干燥基水分，%；

H_{ar}——煤中收到基氢含量，%；

9——为煤中氢折算成水的含量（即1个 H_2 生成1个 H_2O 分子，其质量比为 2∶18，即 1∶9），%；

22.9——为每1%水的汽化热，J。

式（9-2）经适当变换，成为

$$Q_{net,ar} = (Q_{gr,ad} - 206 H_{ad}) \times \frac{100 - M_t}{100 - M_{ad}} - 23 M_t \tag{9-3}$$

该式是 GB/T 213 中规定的收到基低位发热量 $Q_{net,ar}$ 的计算式。式中 H_{ad} 是煤中空气干燥基氢含量，%。

4. 恒容和恒压发热量

发热量有恒容发热量与恒压发热量之分，这是因为煤样在不同条件下燃烧所致。

① 恒容发热量。它是指单位质量的煤样在恒定容积下完全燃烧，无膨胀做功时的发热量。煤在氧弹中燃烧，即在恒定容积下进行，由此计算出的高位发热量，称为空气干燥基恒容高位发热量，用符号 $Q_{gr,V,ad}$ 表示。

② 恒压发热量。它是指单位质量的煤样在恒定压力下完全燃烧，有膨胀做功时的发热量。煤在锅炉中燃烧，就是在恒压下进行的，由此计算出的低位发热量，称为收到基恒压低位发热量，用符号 $Q_{net,p,ar}$ 表示。

上述弹筒发热量和由弹筒发热量计算出的高位、低位发热量均为恒容发热量，而实际煤在锅炉中燃烧应为恒压低位发热量，它与恒容低位发热量之间具有以下关系：

$$Q_{net,p,ar} = [Q_{gr,V,ad} - 212H_{ad} - 0.8(O_{ad} + N_{ad})] \times \frac{100 - M_t}{100 - M_{ad}} - 24.4M_t \quad (9-4)$$

式中：H_{ad}——煤中空气干燥基氢含量，%；O_{ad}——煤中空气干燥基氧含量，%；N_{ad}——煤中空气干燥基氮含量，%；其他符号同前。

由于恒压与恒容低位发热量之间的差值甚微，可忽略不计，故一般情况下，低位发热量不标注恒容 V 及恒压 P 的符号，并且常以计算出的恒容低位发热量表示锅炉用煤的恒压低位发热量。在表示时常按数字修约规则修约到最接近的 10J/g 的倍数，并按 MJ/kg 的形式报出。

三、发热量的基准换算

除低位发热量以外，其他各种不同基的煤的发热量符合基准换算公式，即

$$Q_{ar} = Q_{ad} \times \frac{100 - M_t}{100 - M_{ad}} \quad (9-5)$$

$$Q_d = Q_{ad} \times \frac{100}{100 - M_{ad}} \quad (9-6)$$

$$Q_{daf} = Q_{ad} \times \frac{100}{100 - M_{ad} - A_{ad} - (CO_2)_{ad}} \quad (9-7)$$

式中：Q——弹筒发热量或高位发热量，J/g；A_{ad}——分析试样的灰分，%；$(CO_2)_{ad}$——分析试样的碳酸盐二氧化碳含量，%，不足 2% 时可忽略不计。

虽然低位发热量的各基准间不符合换算公式，但是它们与高位发热量具有一定的换算关系。收到基低位发热量 $Q_{net,ar}$ 与空气干燥基高位发热量之间的关系符合式 (9-3)；其余各基准低位发热量与空气干燥基高位发热量的关系为：

$$Q_{net,ad} = Q_{gr,ad} - 206H_{ad} - 23M_{ad} \quad (9-8)$$

$$Q_{net,d} = (Q_{gr,ad} - 206H_{ad}) \times \frac{100}{100 - M_{ad}} \quad (9-9)$$

$$Q_{net,daf} = (Q_{gr,ad} - 206H_{ad}) \times \frac{100}{100 - M_{ad} - A_{ad} - (CO_2)_{ad}} \quad (9-10)$$

第二节　发热量的测定

测定煤的发热量，国内外普遍采用氧弹热量计。随着科学技术的发展，热量计的性

能不断有所改善，特别是微机热量计的出现，发热量测定的自动化程度大为提高，但是测热的基本原理并未改变。

一、测定原理

测定煤的发热量，是将一定量的试样置于密封的氧弹中，在充足的氧气条件下，令试样完全燃烧，燃烧所放出的热量被量热系统所吸收，量热系统的温升与试样燃烧所放出的热量成正比，即

$$Q = \frac{E(t_n - t_0)}{m} \tag{9-11}$$

式中：Q——煤的发热量，J/g；

m——试样量，g；

t_0——量热系统的起始温度，℃；

t_n——量热系统吸收煤燃烧放出的热量后的最终温度，℃；

E——热量计的热容量，J/℃。

所谓量热系统，就是指发热量测定过程中，试样放出的热量所能到达的各个部件。除了内筒水外，还包括内筒、氧弹、搅拌器和温度计浸没于水中部分。

对于热量计而言，当其量热系统条件固定，即内筒水量、温度计、搅拌器的浸没深度以及环境温度等试验条件确定时，其热容量 E 为一常数值。从式（9-11）可以看出，当热量计的热容量 E 已知时，就可以根据测得的温升值计算出煤的发热量。

热量计的热容量 E，通常用已知准确发热量的物质（例如苯甲酸）作为试样，使用热量计在与煤样测定相同的条件下测定量热系统的温升值，根据式（9-11）的变形式

$$E = \frac{Qm}{t_n - t_0} \tag{9-12}$$

计算得到。由式（9-12）可以看出，热容量就是指量热系统每升高1℃时所吸收的热量。

二、热量计

热量计是测定发热量的专用仪器，它是氧弹热量计的简称，根据测热原理的差异可分为恒温式热量计及绝热式热量计两大类。因为冷却水问题不易解决，在我国绝热式热量计很少使用，故本书主要介绍恒温式热量计。

1. 仪器结构与性能

各种类型的氧弹热量计均由氧弹、内筒、外筒（或称外套）、量热温度计、搅拌器、点火装置等主要部件组成，其基本构造参见图9-1所示的传统恒温式热量计结构图。

（1）氧弹。无论什么类型的热量计，也无论其自动化程度如何，氧弹都是热量计的核心部件。

在测定试样时，样品必须置于氧弹中。为了保证试样燃烧完全，氧弹中必须充有一定压力（2.5～3.0MPa）的氧气，故氧弹应能承受氧气压力及煤样燃烧过程中产生的瞬时高压，并保持良好的气密性。此外，氧弹应不受燃烧过程中出现的高温及燃烧产物的影响而产生热效应，所以氧弹通常由耐热、耐腐蚀的优质不锈钢加工而成。

氧弹的构造大同小异，目前自动热量计多配用独头氧弹，结构如图9-2所示。氧弹通常由弹头、连接环及弹筒（体）三大部分组成。供充氧及排气的阀门、点火电极、燃烧皿架等都装在弹头上。弹头与连接环之间借助于弹簧环将其组合在一起，它们与弹筒之间有金属或橡胶垫圈密封。当氧弹充入高压氧气后，垫圈与弹筒接触处更加密合，从而保证氧弹具有良好的气密性。

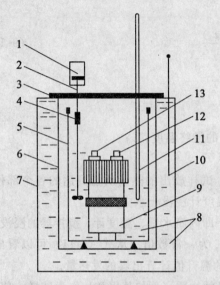

1—电动机；2—搅拌器轴；3—外筒（套）盖；4—绝热轴；5—内筒；6—外筒内壁；7—外筒；8—纯水；9—氧弹；10—水银温度计；11—贝克曼温度计；12—氧弹进气阀；13—氧弹排气阀

图9-1 传统恒温式热量计结构图

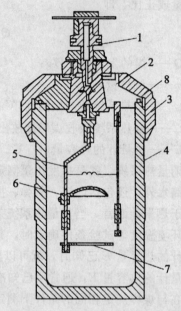

1—进气口；2—弹头；3—连接环；4—弹筒；5—电极；6—遮火罩；7—燃烧皿架；8—橡胶垫圈

图9-2 独头氧弹结构图

为确保使用安全，标准规定新氧弹和新换部件（弹筒、弹头、连接环）的氧弹应经20.0MPa的水压试验，证明无问题后方能使用。如氧弹出现磨损与松动，应进行维修，并经水压试验合格后再用。在一般情况下，氧弹还应定期进行水压试验，试验周期不应超过2年。

氧弹在使用时还应注意：

①氧弹容积约300mL，每毫升容积约能承受100J的热量，即氧弹一般可承受30 000J的热量。因此，在测定高热值的样品时，称样量应酌量减少。例如，测定燃油发热量时，称样量不是1g，而是0.5～0.6g。

②氧弹严禁与油脂接触。进行耐压试验或维修后的氧弹，使用前一定要用热碱水浸泡除油，并用清水冲洗干净。

③同一台热量计配有多个氧弹时，各氧弹部件不能混用，每个氧弹必须作为一个完整的单元使用，否则可能导致安全事故的发生。

(2) 内外筒。内筒由紫铜、黄铜或不锈钢加工而成，断面多为椭圆形、菱形或其他适当形状，以与外筒形状和结构相匹配。内筒装水量为 2 000～3 000mL，以能浸没氧弹（进出气阀及电极除外）为准。内筒外壁应电镀抛光，以减少与外筒间的热辐射作用。

外筒为金属材料加工的双壁容器，故有时也称为外套。内、外筒之间要有适当距离，采取空气隔热，其间距通常为 10～12mm。外筒底部有绝缘支架，以便放置内筒。恒温式热量计配置恒温式外筒。外筒容积必须足够大，至少为内筒装水容积的 5～6 倍，以保持在测热过程中外筒水温恒定。绝热式热量计配置绝热式外筒，在绝热外筒内装有加热电极及冷却管，外筒水可在水泵作用下高速循环。在整个测热过程中，外筒温度能自动跟踪内筒温度的变化，从而达到绝热的目的。在一次测热升温过程中，内、外筒的热交换量不应超过 20J。

近几年国内生产的各种型号的自动热量计，内筒与外筒实施一体化，即：内外筒水相通。向内筒供水的定容容器可分为内置式及外置式两类。国内生产的多为内置式。内置式是内筒水直接取自外筒，测热后的内筒水又排至外筒，实现循环使用，内筒水量按容积确定（水位计控制），其水系统如图 9-3 所示。外置式是将外筒水引至一固定容积的水瓶中，测热时将此瓶中的水转入内筒；测热后，已升温的水又转入系统中令其循环。它与内置式定容容器的热量计水系统基本相似。与内置式相比，它可方便观测内筒水质变化情况，同时定容容器随时注满水，可在室温环境下令其与环境温度平衡。但是外置定容容器与热量计很不协调，操作不及内置式方便，二者各有所长。

(3) 量热温度计。用于测量内筒水温的精密量热温度计是热量计的最重要部件之一。由发热量测定原理可知，测准发热量的关键就在于测准内筒水的温升。因此，量热温度计的精度及其正确使用，有着特别重要的意义。

用于测定内筒温升的温度计有贝克曼温度计和铂电阻温度计两种。在微机热量计问世以前普遍使用贝克曼温度计。该温度计的最小分度为 0.01℃，借助于放大镜可估读到 0.001℃。随着微机热量计的广泛应用，贝克曼温度计已经逐渐被铂电阻温度计所取代。国标规定，铂电阻温度计需经计量机关检定，在校正后，其测温准确度至少应达到 0.002K，方可使用。

大多数金属导体的电阻随温度而变化，铂电阻温度计测定温度利用的就是这一特点。首先铂电阻值与温度关系近乎线性，便于分度与读数；其次，铂电

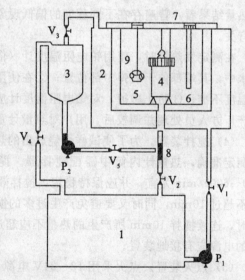

1—下水箱；2—热量计外筒；3—定容水箱；4—氧弹；5—搅拌器；6—温度计；7—热量计上盖；8—三通；9—热量计内筒；P_1、P_2—循环水泵；V_1～V_5—控水阀门

图 9-3 内置式定容容器的热量计水系统图

阻的电阻率较大，为 0.098 1 $(\Omega \cdot m^2)/m$，对温度的变化响应较快。在氧化气氛中，甚至在高温下铂的物理及化学性能稳定。因此，使用铂电阻测温准确度高、稳定性好、性能可靠。

铂电阻温度计由铂电阻、显示仪表及连接导线所组成。其中铂电阻体是将铂丝绕在云母、石英或陶瓷支架上做成的。之所以用上述材料做支架，是因为它们的体积膨胀系数小，绝缘性能好，能耐高温，并有一定的机械强度。从电阻体通向接线盒的导线称为引出线。工业上所用的铂电阻，通常用1mm的银线做引出线。当使用电桥做测量仪表时，引出线为3根，以便采用三线制测量电路。引出线上装有绝缘套管，以防引出线之间短路。为了防止电阻体受外界影响以延长使用寿命，一般外面均有保护套管。

铂电阻使用前需进行校验。工业上常用标准玻璃温度计或标准铂电阻温度计采用比较法校验其是否合格。此外，还可用 R_0 和 R_{100} 来判断铂电阻是否合格（R_{100} 和 R_0 分别为100℃及0℃时铂电阻的阻值）。如果这两个参数的误差不超过允许的误差范围，则认为铂电阻合格，也就是说，只要校验0℃及100℃的电阻阻值即可。

使用中的铂电阻温度计理应定期进行计量检定。由于铂电阻阻值随温度的变化并非严格线性，即铂电阻温度计指示1℃所相当的实际温度并不一定是1℃，因此与贝克曼温度计一样，它也存在在测温条件下电阻与温度之间的线性度及平均分度值的校正问题。所谓平均分度值，是指铂电阻温度计经线性修正后温度变化1℃时所相当的实际温度。然而现在各电力部门使用的铂电阻温度计均由生产厂商配套供给，使用过程中不进行任何校验，这是微机热量计使用中存在的问题之一。从多种型号的微机热量计测定的发热量结果看，普遍存在不同程度的偏低现象，这可能与铂电阻温度计的出厂质量和校验有关。

在测定发热量时，使用铂电阻温度计（俗称测温探头）应注意：①它应垂直置于内筒水中，其端部位于氧弹中部位置；②在使用前，将其保护套管中的积水甩净，以防所测温度不准；③防止碰掉，对铂电阻温度计应妥善保管；④更换铂电阻温度计时，应由生产厂方人员处理并调校后，用户对热量计重新标定热容量后使用。

（4）搅拌装置。为了使试样燃烧放出的热量尽快在量热系统内均匀散布，以保持水温测定准确，热量计内筒中需配搅拌器。搅拌器可采用螺旋桨式或电磁式，转速以400～600r/min为宜，并应保持稳定。搅拌效率应能使热容量标定中由点火到终点的时间不超过10min，同时又要避免产生过多的搅拌热。标准规定，当内外筒温度与室温一致时，连续搅拌10min所产生的热量不应超过120J。搅拌器的电压为220V，因此热量计的电源应有接地装置。

（5）点火装置。点火采用12～24V电源，一般由220V交流电源变压后供给。点火电压应预先试验确定。方法：接好点火丝，在空气中通电试验。在熔断式点火的情况下，调节电压使点火丝在1～2s内达到亮红，点火丝在空气中烧红，在纯氧中就会熔断，从而达到点燃试样的目的。在棉线点火情况下，调节电压使点火丝在4～5s内达到暗红。确定了点火电压 V 后，还应准确测出通电电流 I 和点火时间 t，根据式（9-13）计算点火时电能所产生的热量。

$$Q = VIt \tag{9-13}$$

如采用棉线点火，则在遮火罩以上的两电极柱间连接一段直径约 0.3mm 的镍铬丝，丝的中间预先绕成数圈螺旋形，以便集中发热；并根据试样点火的难易，调节棉线搭接的多少。

（6）压力表和氧气导管。压力表由 2 个表头组成：一个指示氧气瓶的压力，另一个指示充氧时氧弹内的压力。表头上应装有减压阀和保险阀。压力表每 2 年应由计量机关检定一次，以保证指示正确和操作安全。压力表通过内径 1～2mm 的无缝铜管与氧弹连接，或通过高强度尼龙管与充氧装置连接，以便导入氧气。压力表和各连接部分禁止与油脂接触或使用润滑油，如不慎沾污，必须依次用苯和酒精清洗，并待风干后再用。

（7）燃烧皿。燃烧皿一般选用镍铬钢或其他合金钢，形状为盆状，底部直径为 19～20mm，上部直径为 25～26mm，高为 17～18mm，厚为 0.5mm，坩埚内壁与底面夹角为圆角，质量以不超过 6～7g 为宜，太厚太重的坩埚不利于燃烧完全。燃烧皿也可选用铂坩埚或石英坩埚，以铂制品最为理想。

2. 热量计类型

前已述及，热量计根据测热原理的不同分为绝热式和恒温式热量计两类。在测热过程中能够保持外筒水温基本恒定的热量计称为恒温式热量计。在测热过程中外筒水温能够紧紧跟上内筒水温的变化，从而保证量热系统与外筒水之间无热量交换的热量计称为绝热式热量计。目前国内使用最多的是恒温式微机热量计，而国外生产的热量计则多为绝热式微机热量计。

（1）恒温式微机热量计。恒温式微机热量计由恒温式热量计与微机数据处理装置、打印机等部件组合而成，并配有专门的测试软件，热量计与微机之间通过铂电阻温度计将二者联系起来。铂电阻温度计不仅可以测温，而且可以将铂电阻阻值随温度的变化转为电压的变化，再通过放大器及 A/D 转换器转换为数字的变化，从而转变为微机可以接收的信号。除了温度的观测和数据的记录处理借助微机系统来完成以外，氧弹热量计仍是微机热量计的主机，氧弹仍是核心部件。称量试样、连接点火丝、氧弹充氧、调节水温等操作与传统恒温式热量计中的相同。微机热量计工作时，由微机控制向内筒中注进一定量的水，氧弹置于内筒水中（仅是电极的最上端露出水面）；点火后，煤样在氧弹中燃烧，内筒水温不断上升，通过搅拌器将水温搅匀，借助于精密的量热温度计（铂电阻温度计）准确地测量水的温升；微机数据处理装置根据温升值计算煤样的发热量。内筒与外筒留有一定的间隔，并且外筒装水足够多，一般为内筒装水量的 5～6 倍，甚至更多，以力求在测温过程中外筒水温保持恒定。显然，外筒水量越大，则外筒水温受内筒水温升高的影响越小，从而外筒的水就能更好地实现处于恒温状态的要求。当今某些型号的自动热量计，将外筒水量设计成内筒水量的 40 倍以上，目的就是尽可能减少内筒水在测热过程中的温升对外筒水温的影响，力求保持测热环境的稳定，有助于提高测热精密度与准确度。

（2）绝热式微机热量计。绝热式微机热量计其结构要比恒温式微机热量计复杂一些，价格也较高，特别是它要使用冷却水。而不少单位冷却水源又不能满足绝热式微机热量计常年使用的要求，故在电力系统中，使用绝热式热量计的单位并不多。

与恒温式热量计相同，氧弹热量计仍是绝热式微机热量计的主机，氧弹是核心部件。绝热式微机热量计量热系统的工作与恒温式热量计的相同,也是通过测定量热系统的温升确定发热量的,不同之处主要存在于外筒(外套)结构方面。

绝热式微机热量计的绝热外套和双层顶盖装有连通的循环冷却水,在水泵作用下高速循环;在绝热外套内装有加热电极和冷却管,通过自动控温装置,外套温度能自动地跟踪内筒温度的变化,从而实现内外筒温度平衡之目的。由于内筒完全被相同温度的冷却水所包围,所以没有热量的散失,从而达到了绝热的目的。

第三节 冷却校正和热容量标定

使用式(9-11)计算发热量,必须保证量热体系与环境(外筒)之间没有热量交换,量热体系的温度变化不受环境温度的影响,即保证热量计处于理想的绝热状态下,才能得到准确的结果。然而,通常使用的恒温式热量计,其外筒温度在测热过程中一般保持不变,内筒温度由于试样燃烧放热而不断上升,致使内、外筒之间存在温差。因此,恒温式热量计的内外筒之间存在热的传导、辐射、对流、蒸发等作用,具有热量交换,从而影响式(9-11)中温升值(t_n-t_0)的准确性。只有对温升值加以校正后才能得到与绝热状态下相同的温升值。由于在测热过程中,内外筒之间的热交换以量热体系(内筒组件)向外筒放热为主,即外筒对量热体系具有冷却效应,所以该校正称为冷却校正。冷却校正是热容量标定及发热量测定中的重要内容。它的正确计算是获得准确的热容量标定及发热量测定结果的必要条件。

由热量计的测热原理可知,为了测定燃料发热量,必须先对热量计的热容量 E 加以标定,即测出量热体系升高1℃时所吸收的热量。然后再称取一定量的试样,在与标定热容量完全相同的条件下,测出内筒水的温升,才能求得试样的发热量。可见,热容量的标定是测定发热量的重要内容之一。

一、冷却校正

1. 冷却校正值的含义

用恒温式热量计测定发热量的过程中,内外筒水温之间始终存在着一定的温度差,此差值随时间的改变而改变。在一般情况下,点火前内筒温度总是低于外筒温度,这时内筒是吸热的;但是在点火以后,随着试样热量的释放,内筒水温升高,它将越过吸热与散热的分界线而高于外筒温度,此时内筒是散热的。当内筒水温出现下降时,测热到达终点。典型的升温曲线如图9-4所示。

在绝大多数情况下,内筒水的散热要大于吸热,故量热温度计所测出的终点的内筒水温 t_n 是偏低的。为了消除内、外筒热交换对温升的影响,就必须加上一个温度校正值,该值称为冷却校正值,用符号 C 表示。相应地,发热量的计算式(9-11)应改写成:

$$Q=E\frac{(t_n-t_0)+C}{m} \tag{9-14}$$

对绝热式热量计来说,冷却校正值 $C=0$。

2. 冷却校正值的计算

(1) 牛顿冷却定律。冷却校正值的计算,其理论基础为牛顿冷却定律,即一个物体

的冷却速度 V 与该物体的温度 t 和其所处环境温度 t_j 之差成正比，即

$$V = k(t - t_j) \quad (9\text{-}15)$$

式中：k——冷却常数，$\min^{-1}$；
V——冷却速度，℃/min。

对热量计来说，除了考虑温差引起的热效应以外，还应考虑搅拌热、蒸发热等各种产生热效应的因素，故对上式还应加以修正，即加上一个常数项 A。

$$V = k(t - t_j) + A \quad (9\text{-}16)$$

式中：A——综合常数，℃/min。

冷却校正值 C，应等于冷却速度 V 按时间累积的总和。由于 V 是随时间 τ 而改变的变量，所以应用积分来表示，即

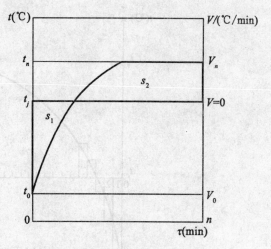

图 9-4 测热升温曲线

$$C = \int_0^n V d\tau \quad (9\text{-}17)$$

将式 (9-15) 代入，得

$$C = k \int_0^n (t - t_j) d\tau \quad (9\text{-}18)$$

式中温度的变化 $t - t_j$ 是时间 τ 的函数，如图 9-4 所示。图中，左方纵坐标表示内筒水温 t（℃），右方纵坐标表示内筒温度下降速度 V（℃/min），横坐标表示时间 τ（min）。t_0 及 t_n 分别为点火及终点温度，V_0 及 V_n 分别为点火及终点时的冷却速度，即温度下降速度。在终点，内筒温度高于环境温度，对环境放热，温度下降速度为正值；而在点火前，内筒处于吸热阶段，内筒温度不是下降而是上升，故温度下降速度为负值。由于图 9-4 所示的 $t - t_j$ 与 τ 的关系曲线的函数式未知，因此，上述积分只能用求近似面积的方法求解。

如图 9-5 所示，将时间等分成 n 段，相应可做得 n 个矩形（或梯形），式 (9-18) 的积分值等于这 n 个矩形（或梯形）的面积和。即

$$C \approx k \sum_{i=1}^{n} (t_i - t_j) d\tau = k \sum_{i=1}^{n} A_i \quad (9\text{-}19)$$

式中：t_i——第 i min 的温度，℃；A_i——第 i 个矩形（或梯形）的面积。

(2) 常用冷却校正公式。在煤质分析中，应用较多的冷却校正公式有三种：煤研公式、瑞-方公式和本特公式。计算时，常将测热全过程分为三个阶段，即初期、主期和末期。初期是试样燃烧前（即点火前），内筒与外筒进行热量交换的阶段。主期是试样在氧弹中燃烧、释放热量，内筒温度迅速上升到最高温度的阶段，即从点火到出现第一个温度降时的阶段。其中内筒水温上升至最高、开始出现下降的时间，称为终点，常将测热过程中出现的第一个下降温度对应的时间作为终点。末期为试样燃烧终了，内筒水

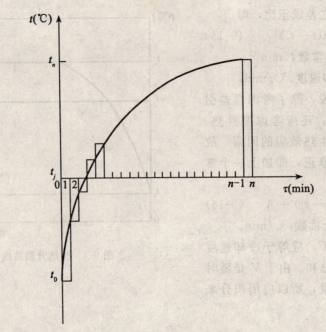

图 9-5　冷却校正值计算图解

温逐渐降低的阶段。

① 煤研公式。又称国标公式,由煤炭科学研究院提出。该公式将升温曲线分成 2 个矩形进行求解,如图 9-6 所示。

$$C=(n-\alpha)V_n+\alpha V_0 \tag{9-20}$$

式中:V_0——初期内筒降温速度,℃/min;

V_n——末期内筒降温速度,℃/min。

α 为与升温率的倒数有关的时间参数,min。其取值为:

当 $\Delta/\Delta_{1'40''} \leqslant 1.20$ 时,$\alpha = \Delta/\Delta_{1'40''} - 0.10$;

当 $\Delta/\Delta_{1'40''} > 1.20$ 时,$\alpha = \Delta/\Delta_{1'40''}$

(Δ 为总温升,$\Delta = t_n - t_0$;$\Delta_{1'40''}$ 为点火 $1'40''$ 时的温升,$\Delta_{1'40''} = t_{1'40''} - t_0$)

该公式计算简单、使用方便,但精确度稍差。

② 瑞-方(Regnault-Pfandler)公式。该公式将时间分成 n 段,按梯形面积求解,其表达

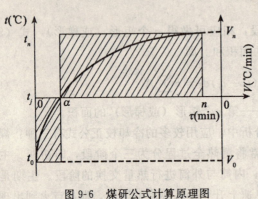

图 9-6　煤研公式计算原理图

式如下

$$C = nV_0 + \frac{V_n - V_0}{\bar{t}_n - \bar{t}_0}\left[\frac{1}{2}(t_0 + t_n) + \sum_{i=1}^{n-1} t_i - n\bar{t}_0\right] \tag{9-21}$$

式中：t_i——主期内第 i min 时的内筒温度，℃；$\bar{t}_0$——初期平均温度，℃；$\bar{t}_n$——末期平均温度，℃。

应用瑞-方公式，在操作上要求点火后至少 1min 读温一次，直至终点。该公式准确度高，但计算较麻烦，特别适合于用恒温式微机热量计测热时冷却校正值的计算。

③ 本特（Bwnte）公式。该公式虽不是国家标准规定的公式，但在电力系统曾使用很长时期，其表达式为

$$C = \frac{m}{2}(V_0 + V_n) + (n - m)V_n \tag{9-22}$$

式中：m——升温速度大于等于 0.3℃的半分钟数；第一个半分钟不论快慢均计入 m 中；若升温速度均小于 0.3℃，则 $m=4$；n——点火到终点的半分钟数。

该式计算出的冷却校正值 C 的准确度与煤研公式大体相同。

二、热容量的标定

热容量是计算燃料发热量的最基本参数，需要通过标定确定。热容量的标定操作与发热量的测定操作基本相同。可以说，掌握了热容量的标定技术，也就掌握了发热量的测定技术。

1. 对量热基准物质苯甲酸的要求

标定热容量普遍采用精制的标准苯甲酸，因为苯甲酸是由碳、氢、氧三种元素组成的有机物，易于提纯，不易吸水，燃烧性能稳定。用于标定热容量的苯甲酸，必须经国家计量机关检定或标有精确热值，并满足以下要求：

(1) 热值必须精确到 J，没有精确热值的苯甲酸不能用；

(2) 预先经浓硫酸或在 60~70℃下干燥，受潮的苯甲酸不能用；

(3) 最好使用市售片剂，否则必须人工压饼，并将试饼表面刮净。

2. 微机热量计热容量的标定

(1) 准确称量苯甲酸，准确到 0.000 2g，但无需将苯甲酸试饼称到恰为 1g（测煤样时也是如此）。

(2) 结点火丝及棉纱线。选用原色纯棉纱线，且需准确称量，从而计算出棉纱线的热量。如不用棉纱线，只用点火丝引火，操作略方便，但易造成二者接触不良，致使点火失败。

(3) 氧弹充氧。借助于带有刻度的量管向氧弹中加入 10mL 水，上紧氧弹；然后往氧弹中充入 2.6~2.8MPa 的氧气，当达到规定压力后，一般维持 15~30s。充氧时间随钢瓶内的压力降低而适当延长。如充氧压力超过 3.0MPa，应将氧弹中氧气排出，重新充氧。严禁使用电解氧及漏气的氧弹；氧气压力表、导管、充氧器、氧气钢瓶及氧弹等一切用氧仪器设备，严禁与油脂接触，以确保安全。

(4) 调节水温与测热。对于内筒水取自外筒的微机热量计，不需调节内筒水温，自

动计量内筒水量,外筒水温的平衡由定容器内的自动加热器控制。根据定容器的设定温度,仪器可自动调节定容器的加热时间,从而调节外筒水温。水温调节平衡后,仪器准备就绪,可进行测试。将氧弹放入内筒中,关紧筒盖,若氧弹接触良好则自动进入测试阶段。测试时,微机控制自动定容水量、自动进行内筒进水、自动启动搅拌、自动点火,进入测热状态。

按热量计说明书要求输入相关参数,直至标定结束。热容量标定结果由计算机(或单片机)按式(9-23)自动计算,并直接打印出来。

$$E = \frac{Qm + q_1 + q_n}{t_n - t_0 + C} \tag{9-23}$$

式中:q_n——硝酸生成热,计算式为 $q_n = Q \cdot m \cdot 0.0015$,单位 J;
  q_1——点火热,J;
  Q——苯甲酸的标准热值,J/g;
  m——苯甲酸用量,g。

3. 传统热量计热容量的标定

传统热量计热容量标定步骤的(1)、(2)、(3)与微机热量计相同。然后将内筒温度调节到较外筒低 0.8~1.1℃,用感量 0.1g、称量 5kg 的电子工业天平准确称量内筒水量,按要求进行测热。测热结束后,按下式计算热容量:

$$E = \frac{Qm + q_1 + q_n}{H[(t_n + h_n) - (t_0 + h_0) + C]} \tag{9-24}$$

式中:H——贝克曼温度计的平均分度值;h_0——t_0 时毛细管孔径修正值,℃;h_n——t_n 时毛细管孔径修正值,℃。

4. 热容量标定结果合格性的判断

GB/T 213 中规定,热容量一般进行 5 次重复标定。计算 5 次重复试验结果的平均值 $\bar{E}$ 和标准差 S,其相对标准差不超过 0.20% 即判为合格。如超过 0.20%,再补做一次试验,取符合要求的 5 次结果的平均值,修正至 1J/℃ 作为该仪器的热容量。如果任何 5 次结果的相对标准差都超过 0.20%,则查找原因并纠正存在问题,重新进行标定,舍弃已有的全部结果。

热容量标定值的有效期为 3 个月,超过此期限时应重新标定。标准还规定在下述情况下,应立即重新标定热容量:(1) 更换量热温度计;(2) 更换热量计大部件,如氧弹头、连接环等;(3) 标定热容量与测定发热量时内筒水温相差 5℃;(4) 热量计经较大的搬动之后。

三、冷却速度的确定(仪器常数标定)

对于恒温式热量计而言,必须进行冷却校正。经校正得到冷却校正值 C 以后才能计算热容量,并进一步计算发热量。

前已述及,计算 C 可采用煤研公式、瑞-方公式或本特公式等。使用这些公式时,需要已知冷却速度 V_n 和 V_0,据式(9-16)可知,V 与 $(t-t_j)$ 具有线性关系,其斜率为 k,截距为 A。只要求得 k 和 A,便可由下式

$$V_0 = k(t_0 - t_j) + A \tag{9-25}$$
$$V_n = k(t_n - t_j) + A \tag{9-26}$$

计算得到 V_n 和 V_0。

k 和 A 是仪器常数,通常由对热容量标定的试验数据进行线性回归确定。因此,标定热容量的试验应不少于 5 次,对 5 次试验数据作以下统计处理。

(1) 根据 5 次试验数据,计算每次的 V_0、V_n 和对应的 $(t_0 - t_j)$、$(t_n - t_j)$。

$$V_0 = \frac{T_0 - t_0}{\tau_1}; \quad t_0 - t_j = \frac{T_0 + t_0}{2} - t_j \tag{9-27}$$

$$V_n = \frac{t_n - T_n}{\tau_2}; \quad t_n - t_j = \frac{T_n + t_n}{2} - t_j \tag{9-28}$$

式中:T_0——开始搅拌 5min 后测得的内筒温度,℃;T_n——终点后继续搅拌 10min 测得的内筒温度,℃;τ_1——读取 T_0 至点火所需时间,min,本试验中的 $\tau_1 = 10$;τ_2——从终点至读取 T_n 所需时间,min;t_0——点火温度,℃;t_n——终点温度,℃;t_j——外筒温度,℃;V_0——初期内筒降温速度,℃/min;V_n——末期内筒降温速度,℃/min。

(2) 以 $t - t_j$ 为自变量(横坐标),以 V 为因变量(纵坐标),据两点确定一直线,用 5 次试验所得 5 组数据 $(t_0 - t_j, V_0)$、$(t_n - t_j, V_n)$ 作线性关系图(如图 9-7)或进行一元线性回归,从而确定该直线的斜率 k 和截距 A。

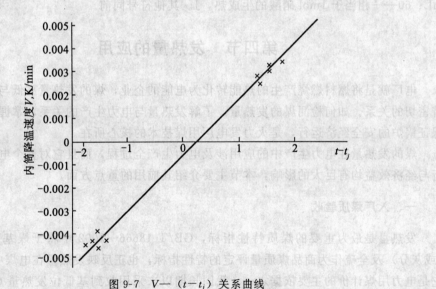

图 9-7 V—$(t - t_j)$ 关系曲线

四、煤的发热量的计算

煤样的发热量测定步骤与热量计热容量的标定步骤,除了试样和点火丝不同以外,其他完全相同。

测定完成后,对于恒温式微机热量计,弹筒发热量按下式计算,因煤样为空气干燥基试样,故

$$Q_{b,ad} = \frac{E[(t_n - t_0) + C] - q_1 - q_2}{m} \qquad (9\text{-}29)$$

式中，q_2——添加物所产生的总热量，J；q_1——点火丝产生的热量，J；其他符号同前。

如果用普通热量计，即应用贝克曼温度计作为量热温度计，弹筒发热量的计算应为

$$Q_{b,ad} = \frac{EH[(t_n + h_n) - (t_0 + h_0) + C] - q_1 - q_2}{m} \qquad (9\text{-}30)$$

将弹筒发热量 $Q_{b,ad}$ 代入式（9-1），可计算空气干燥基高位发热量 $Q_{gr,ad}$。但是，要确定 $Q_{gr,ad}$，还需已知空气干燥基煤样的弹筒含硫量 $S_{b,ad}$。$S_{b,ad}$ 的测定，在测定完煤样的发热量后进行。$S_{b,ad}$ 测定过程为：当煤样发热量测定完成后，停止搅拌，取出内筒和氧弹，开启氧弹排气阀，放出燃烧气，打开氧弹，用蒸馏水充分冲洗弹内各部分、排气阀、燃烧皿内外和燃烧残渣。把全部洗液（共约 100mL）收集在一个烧杯中。（注意：热容量标定的弹筒洗液是不需要收集的。）将洗液煮沸 1~2min，取下稍冷后，以甲基红（或相应的混合指示剂）为指示剂，用氢氧化钠标准溶液滴定，以求出洗液中的总酸量，然后按式（9-31）计算 $S_{b,ad}$（%）：

$$S_{b,ad} = (cV/m - \alpha Q_{b,ad}/60) \times 1.6 \qquad (9\text{-}31)$$

式中：c——氢氧化钠溶液的摩尔浓度，mol/L；V——滴定用去的氢氧化钠溶液体积，mL；60——相当于 1mol 硝酸的生成热，J。其他符号同前。

第四节 发热量的应用

电厂就是将燃料燃烧产生的热能转化为电能的企业，煤的发热量高低与电力生产有着密切的关系。如何检测煤的发热量，了解发热量与电力生产的关系，掌握节煤技术并保证锅炉的安全经济运行，是火力发电厂用煤技术的核心所在。

煤的发热量在电力生产中的应用涉及电力生产全过程，而且它对整个电厂的安全运行与经济效益均有巨大的影响，本节主要介绍其应用的重点方面。

一、入厂煤质验收

发热量是最为重要的煤质特性指标，GB/T 18666—2002 中将干燥基高位发热量（或灰分）及全硫作为商品煤质量评定的特性指标，也正反映发热量在电煤中的重要性，它是电力用煤计价的主要依据之一。我国长期以来采用收到基低位发热量 $Q_{net,ar}$ 作为计价依据，时至今日，仍有不少电厂仍沿用该老办法，值得注意的是 $Q_{net,ar}$ 受水分及含氢量影响很大，因此，以干燥基高位发热量计价更合理些。

二、煤耗的计算

在火力发电厂，煤是燃料，电是产品，发 1 千瓦时（度）电消耗多少煤，是衡量火力发电厂经济性的主要考核指标。

各电厂燃煤发热量各不相同，在生产上为了采取统一的标准作为计算煤耗的依据，

把收到基低位发热量 $Q_{net,ar}$ 为 29 271J/g 的煤定为标准煤。

所谓标准煤耗，是指发一千瓦时电所消耗的标准煤的质量。如果用符号 $m_{煤耗}$ 表示标准煤耗，则

$$m_{煤耗} = \frac{Q_{net,ar} \times m}{29271G} \tag{9-32}$$

式中：$m_{煤耗}$——标准煤耗，g/(kW·h)；

m——燃用煤的质量，g；

$Q_{net,ar}$——电厂燃用煤的收到基低位发热量，J/g；

G——燃用 mg 的煤所发电量，kW·h。

标准煤耗分为发电煤耗和供电煤耗两种。扣除电厂自身用电之后的煤耗，为供电煤耗，它应高于发电煤耗。

例 9-1 设某电厂装机容量为 1200MW，日燃用天然煤量为 11500t，电厂每天用电量为 8.8×10^5 kW·h，已知该煤的收到基低位发热量 $Q_{net,ar}$ 为 21240J/g，计算发、供电煤耗。

解：该电厂的每天发电量为：

$$120 \times 10^4 \times 24 = 28.8 \times 10^6 \text{ (kW·h)}$$

故发电标准煤耗为：

$$m_{煤耗} = \frac{Q_{net,ar} \times m}{29271G} = \frac{21240 \times 11500 \times 10^6}{29271 \times 28.8 \times 10^6} = 290 \text{g/(kW·h)}$$

该电厂的每天供电量为 $28.8 \times 10^6 - 8.8 \times 10^5 = 27.9 \times 10^6$ (kW·h)

则供电煤耗为：

$$m_{煤耗} = \frac{Q_{net,ar} \times m}{29271G} = \frac{21240 \times 11500 \times 10^6}{29271 \times 27.9 \times 10^6} = 299 \text{g/(kW·h)}$$

可见，在发电煤耗确定的条件下，减少厂用电量，可以降低供电煤耗。

此外，锅炉热效率的计算，与收到基低位发热量密切相关。

思 考 题

1. 什么是燃料的发热量？
2. 什么叫弹筒发热量、高位发热量和低位发热量？
3. 煤在氧弹中与在锅炉内燃烧的产物有什么区别？
4. 在计算高位发热量时对硝酸生成热是怎样校正的？
5. 测定发热量的基本原理是什么？
6. 使用氧弹时要注意哪些安全事项？
7. 发热量测定中常用的点火丝材料有哪几种？它们的燃烧热各是多少？
8. 为什么规定氧弹需进行不低于 20MPa 的水压试验？
9. 什么是热容量？为什么选用苯甲酸作为量热标准物质？
10. 目前常用的冷却校正公式有哪几种？

11. 绝热式热量计外筒水温是怎样自动跟踪内筒水温的？
12. 怎样用氢氧化钠滴定法测定弹筒硫？
13. 使用恒温式热量计时，如何确定冷却速度？
14. 什么是标准煤耗？它有何应用意义？
15. 根据某电厂入厂煤化验结果计算空气干燥基高、低位发热量，收到基、干燥基、干燥无灰基低位发热量各是多少？$M_{ar}=6.5\%$，$M_{ad}=2.00\%$，$H_{ad}=3.00\%$，$S_{b,ad}=1.50\%$，$Q_{b,ad}=20072J/g$，$A_{ad}=45.50\%$。

第十章 煤的物理特性与检测

对电厂用煤,除需要了解其化学组成外,还必须了解与其使用有关的物理特性,以便在选用燃烧设备,设计燃烧系统,改善或提高燃烧经济性和确保锅炉安全运行方面提供重要依据。电厂用煤的主要物理特性有:密度、煤粉细度、可磨性、煤灰熔融性等。

第一节 密 度

一、密度的概念

煤的密度是指单位体积煤的质量,其单位为 g/cm^3。在测定煤的密度时,常以同温度、同体积煤与水的质量比,即相对密度表示煤的密度。它是反映煤的性质和结构的重要参数。由于煤是具有孔隙的疏松结构的固体物料,因而必须考虑其孔隙所占体积对密度的影响。为此,煤的密度有三种表示法:真密度、视密度和堆积密度。

1. 真密度(TRD)

在 20℃时,不包括内、外表面孔隙的煤的质量与同温度、同体积水的质量比,称为真(相对)密度,无量纲。

2. 视密度(ARD)

在 20℃时,包括内、外表面孔隙的煤的质量与同温度、同体积水的质量比,称为视(相对)密度,无量纲。

根据煤的真密度和视密度定义,可由下式计算煤的孔隙率:

$$孔隙率 = \frac{真密度 - 视密度}{真密度} \times 100 \tag{10-1}$$

3. 堆积密度

在规定的条件下,容器内单位体积散装煤的质量称为堆积密度,又称堆密度或散密度,其单位为 t/m^3。

由于煤是古代植物经过质变而形成的一种可燃矿石,其组成和结构非常复杂而且极不均一,因而影响密度这一最基本的物理性质的因素也很多,其中主要是煤化程度、岩相成分和煤中矿物质的含量和种类等。煤的变质程度越深,堆积密度越大。

二、密度的测定

根据上述定义,在测定真(相对)密度时,为使水完全浸入煤的毛细孔内,应使用浸润剂,如十二烷基硫酸钠溶液。测定视(相对)密度时,应设法封闭煤的毛细孔防止水浸入，通常使用的方法是涂蜡，即在煤块的表面上涂上一薄层石蜡。堆积密度是在规定条件下测出的，所以只要严格规定装煤容器的容积和装煤的方式，准确称出所装煤的质量，就可换算成定义的堆积密度，即 t/m³。

1. 真（相对）密度的测定

按照国家标准 GB/T 217《煤的真（相对）密度测定方法》，真（相对）密度的测定方法如下：先准确称出分析煤样 2g，通过小漏斗全部仔细地投入密度瓶（见图 10-1）中。

然后用移液管向密度瓶中注入 2‰的十二烷基硫酸钠溶液 3mL，尽可能把附在瓶口内壁上的试样冲入瓶中，轻轻转动密度瓶，并放置 15min 使试样浸透。

再沿瓶加入约 25mL 蒸馏水，把密度瓶移入水浴中煮沸 20min，以排除吸附的气体。取出密度瓶，往瓶中加入新煮过的水至水面低于瓶口约 1cm 处，并冷至室温。然后置于 20±0.5℃恒温水槽中约 1h，仔细加入 20℃的蒸馏水至瓶口，盖上瓶盖，用滤纸吸去溢出的水，擦干后立即称重。

按照上述步骤，在密度瓶中不加煤样，不煮沸，其他相同，测出密度瓶、浸润剂和水的质量，按下式计算 20℃时煤的真（相对）密度：

$$\mathrm{TRD}_{20}^{20} = \frac{m_d}{m_d + m_2 - m_1} \quad (10\text{-}2)$$

式中：m_d——由空气干燥基试样换算为干燥基试样质量，g；
m_1——密度瓶、浸润剂、煤样、水样质量之和，g；
m_2——密度瓶、浸润剂、水的质量之和，g。

干燥煤样质量按式（10-3）计算：

$$m_d = m \frac{100 - M_{ad}}{100} \quad (10\text{-}3)$$

式中：m——空气干燥基煤样的质量，g；
其他符号同前。

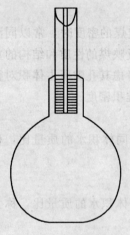

图 10-1 密度瓶

若测定不是在 20℃，而是在室温下进行的，则测定结果应按下式进行换算：

$$\mathrm{TRD}_{20}^{20} = \frac{m_d}{m_d + m_2 - m_1} K_t \quad (10\text{-}4)$$

$$K_t = d_t / d_{20} \quad (10\text{-}5)$$

式中：d_t——水在室温 t℃时的密度；d_{20} 为水在 20℃时的密度。

2. 视（相对）密度的测定

按照国家标准 GB/T 6949 煤炭视相对密度测定方法，取 10~13mm 粒级的煤样 20~30g，在 1mm 筛上筛去煤粉，准确称出筛上煤样的质量；将煤样浸入预先加热至 70~80℃的石蜡中，拨动煤粒使每个煤粒表面均匀涂一层石蜡，并不产生气泡；取出，稍冷，倒在塑料布上，冷却至室温，去掉蜡屑，称重；置入密度瓶中，加 0.1‰十二烷基硫酸钠溶液，摇动密度瓶使煤粒充分浸润，再加入十二烷基硫酸钠溶液至距瓶口 1cm 处；放入 20±0.5℃的恒温水中保持 1h；仔细加入 20℃的蒸馏水至瓶口，盖上瓶盖，用滤纸吸去溢出的水,擦净密度瓶,立即称重。同时测定空白值(不加涂蜡煤样),可得密度瓶和十二烷基硫酸钠水溶液的总质量。按下式计算20℃时煤的视(相对)密度:

$$\text{ARD}_{20}^{20} = \frac{m_1}{\left(\dfrac{m_2+m_4-m_3}{d_S} - \dfrac{m_2-m_1}{d_{\text{Wax}}}\right)d_{20}} \tag{10-6}$$

式中:m_1——煤样质量,g;
　　　m_2——涂蜡煤样质量,g;
　　　m_3——密度瓶、涂蜡煤样、十二烷基硫酸钠水溶液的质量之和;
　　　m_4——密度瓶、十二烷基硫酸钠水溶液的质量,g;
　　　d_{Wax}——石蜡的密度,g/cm³;
　　　d_S——在 t℃时十二烷基硫酸钠水溶液的密度,g/cm³;
　　　d_{20}——蒸馏水在20℃时的密度,可近似取1g/cm³。

3. 堆积密度的测定

真密度、视密度在生产上的实际应用远不及堆积密度,堆积密度是计量煤量的一种方便的方法。由于煤的堆积是自由堆积,不是人为压实,所以煤的堆积密度受装煤容器的形状、大小、煤的粒度及其水分含量、装样方式等诸多因素的影响,因此,对于它的测定没有一个统一的标准方法,多是由生产单位之间约定,以共同认可的方法进行测定。测定时对上述因素应作出严格的规定,这样测出的数据才有使用价值。测定所用的容器愈大,其准确性就愈高。因此,测定粒度偏大的煤块时,应使用较大的容器;测定粒度较小的煤块时,可用较小的容器,所用容器的规格和形状也应尽可能接近生产上使用的设备。

由于测定堆积密度的可变性较大,至今尚无国家标准方法,仅有煤炭行业标准和电力部在《火力发电厂按入炉煤量正平衡计算发供电煤耗的方法》中推荐的测定方法。

(1)煤炭行业标准 MT/T 739《煤炭堆密度小容器测定方法》。该法适用于粒度小于150mm的褐煤、烟煤及无烟煤。装煤用的是容积为200L(0.200m³)、内边长为585mm的正方体容器,台秤最大称量为500kg,称量准确度大于或等于0.1%。测定时,先称量装煤容器,准确至0.5kg;用铁铲将有代表性的煤样装于容器中,煤样下落高度应尽可能小,最大不能超过0.6m,煤样装至高出容器顶面约100mm,用硬直板将高出容器的煤样除去,使煤样面与容器顶部平齐。称量装有煤样的容器,从而计算出堆密度。对另一部分煤样进行重复测定,其精密度要求为0.03t/m³。测定结果为收到基堆密度;可按基准换算方法,在已知煤样水分条件下,换算出干基煤的堆密度,测定结果保留小数点后两位。

该方法与电力部规定方法较为接近,对电厂进行煤的堆密度测定具有指导与参考价值。

(2)电力部推荐方法。该法是使原煤或煤粉从1m高的空中自由落入一直径约0.4m、高约0.5m的容器中,勿敲打容器或捣实,然后称出其质量,再计算单位体积下的原煤或煤粉的量,即求出堆密度。

在现行的设计及计算中,对原煤的堆密度一般取0.9t/m³计算;而煤粉的堆密度,由于煤粉自身细度与聚结、疏松程度的不同,必须经计算或测量求出。

(3) 煤场盘煤时的堆密度测定方法。煤堆中的煤处于不同的高度,也就承受不同的压力,自然它们的堆密度将因受压不同而不同。对于存煤堆密度的测定,通常可采用模拟法与挖坑法。

① 模拟法。制作一个 80cm×50cm×30cm 的铁箱。首先,将此铁箱称重、装满煤并刮平,过磅后求出密度,称为不加压密度,用它来代表煤堆上层煤的密度。然后,在煤堆内挖一坑,将上述铁箱埋入,用推土机堆满煤并往返轧几次后将铁箱取出、刮平称重,求得的密度为压实密度,用它来代表煤堆下层煤的密度。

有抓吊的电厂因抓吊离地面的高度不等,故煤堆各部位的密度也不相同。为了准确地测得不同高度的密度,应把铁箱放在煤堆不同高度,以求出实际密度。

② 煤堆挖坑法。在煤堆顶面,挖一个 0.5m×0.5m×0.5m 的小坑,将挖出的煤称重,计算出堆密度。

各电厂不论采取何种方式,对煤场存煤堆密度都应分别采样,反复测定,并根据煤质分析结果,积累资料,以掌握煤质特性与堆密度之间的关系,从而为更准确地进行煤场存煤提供依据。

三、用途

由于密度是体积与质量关系的一项指标,因而凡是涉及由煤的体积计算质量的工作,都要使用它。例如:煤田地质勘探部门和生产矿井计算煤层平均质量,确定采区的含矸率;煤质研究部门确定煤的变质程度,进行煤的分类;以及试验室对煤样减灰,计算减灰重液的密度时,都需要掌握煤的真(相对)密度。

视(相对)密度主要在计算煤的储量、运输量及煤仓设计时使用。

堆积密度在商品贸易、燃料管理、生产应用等的计量上被采用。在电力生产中,堆积密度是设计储煤仓、估算煤场存煤量以及验收进厂煤量的一个基本参数,故掌握煤的堆积密度测试技术,有重要的意义。

第二节 煤粉细度

在燃煤电厂中,通常是将煤送入磨煤机磨成粉状,然后再送入锅炉内燃烧。煤粉越细,在锅炉内燃烧越完全,但磨制单位质量的煤所需的能量大;煤磨得粗一些,虽降低了单位能耗,但粗粒煤粉在燃烧过程中难以燃尽,从而增加了化学和机械未完全燃烧热损失。故锅炉煤粉应有一个合理的细度要求。煤粉细度的测定,成为煤粉炉运行中的一个主要监督项目。

一、煤粉细度的概念

煤粉细度是指煤粉中各种大小颗粒所占的质量百分数,用筛分分析方法确定,即使煤粉样通过一组一定孔径的标准筛,存留在筛子上面的煤粉质量占全部煤粉质量的百分数即为煤粉细度,符号为 R_x(也称筛余),符号中 x 代表煤粉粒径或筛网孔径。煤粉细度由下式求出：

$$R_x = \frac{a}{a+b} \times 100 \tag{10-7}$$

式中：a——筛子上面剩余的煤粉质量，g；
$\quad\quad b$——通过筛子的煤粉质量，g。

通常煤粉中 0.02～0.05mm 的颗粒最多。由于煤粉易吸附空气，所以它的堆积密度很小，且随煤种及其细度而变，平均在 0.7t/m³ 左右，这是设计储粉容积的主要参数。新制的煤处于膨松状态，像水一样，流动性强，故可采用气力输送。

二、煤粉细度的测定

1. 测定方法

测定煤粉细度需用 90μm 和 200μm 两个标准筛，用人工或机械方法筛分。测定方法为：将筛底孔径 90μm 和 200μm 的筛子，自下而上依次重叠在一起；称取煤样 25g（称准到 0.01g），置于孔径为 200μm 筛内，然后盖好筛盖；将已叠好的筛子装入振筛机的支架上，振筛 10min，取下筛子，刷孔径为 90μm 的筛底一次，装上筛子再振筛 5min；取下筛子，分别称量孔径为 200μm 筛和孔径为 90μm 筛上的煤粉质量（精确到 0.01g）。若再振筛 2min，筛下的煤粉量不超过 0.1g 时，则认为筛分完全。

2. 测定结果的计算

煤粉细度的计算如下：

$$R_{200} = \frac{a}{25} \times 100 \tag{10-8}$$

$$R_{90} = \frac{a+b}{25} \times 100$$

式中：a——未能通过 200μm 筛的煤粉质量，g；
$\quad\quad b$——未能通过 90μm 筛的煤粉质量，g。

注意：同一试验两次平行试验结果允许误差应小于 0.5%。

3. 试验要求

（1）用于煤粉细度测定的煤粉样必须达到空气干燥状态，由于称量多达 25g，称样前应将试样充分混匀或将其放置于浅盘中，按九点法取样并称重。

（2）测定中振筛一定时间后应刷筛底一次，以防煤粉堵塞筛网而导致测定结果产生较大误差。在刷筛底时，应用软毛刷刷试验筛的外底而不是内底，并注意不要使筛底受损。

（3）试验时必须按规定要求操作，筛分必须完全。所谓筛分完全，是指达到规定的筛分时间后再振筛 2min，若筛下的煤粉量不超过 0.1g 时，则认为筛分完全。

使用振筛机有助于达到筛分完全，又可轻减工作人员劳动强度。振筛机有各种不同的类型，其筛分效果是不一样的。DL/T 567.5 规定，应使用垂直振击次数 149 次/min、水平回转 220 次/min 或类似的其他振筛机。

（4）应该采用规定筛网孔径的标准筛，并配有底盘与筛盖。所谓标准筛，是指按照标准网目制作、用于小筛分（指粒度小于 0.5mm 物料进行的筛分试验）的套筛。网目是指单位长度或单位面积所包含的筛孔数。现在国内外制、修订的标准,一律以实际孔径作为试验筛筛级的名称,且以公制 mm 或 μm 来表示孔径的大小。特别需要指出,我国不少电厂以往较多使用德国工业标准筛,有的至今还在使用。德国工业标准筛是以每厘米长度内的筛孔数作为筛号的。用于煤粉细度测定的两个标准筛,一个为 30 号筛,孔边长 0.200mm,900 孔/cm²,相当于我国筛系中孔径为 200μm 的筛子;另一个为 70 号筛,孔边长 0.088 9mm,4 900 孔/cm²,相当于我国筛系中孔径为 90μm 的筛子。使用筛子前,应仔细检查筛子有无破损、筛网是否严重变形、筛底是否松弛、筛底与筛帮之间是否有过大的缝隙,如有上述缺陷者,则不能使用。无论是新购的筛子还是在用的筛子,都应定期送国家计量检定部门予以检定。检定周期为一年,合格者方可使用。要确定某一筛子的孔径,可参照下述方法进行:备齐不同孔径的一组标准筛,分别称取 25g 煤粉在不同孔径的筛子上筛分,根据各筛余物质量,计算出不同孔径筛上煤粉的筛余百分率。在同样条件下,利用待确定孔径的筛子筛分上述 25g 煤粉,其筛余百分率与哪一个标准筛的筛余百分率相当,则可确定该筛的孔径。

三、煤粉的经济细度

煤粉越细,在锅炉中燃尽度越高,灰渣未完全燃烧热损失 q_4 值越小,同时还有助于减少锅炉的结渣。然而,煤粉磨制越细,制粉系统能耗就越高。因此,煤粉细度并不是越细越好,而是要有一个合理的细度,使得磨煤机能耗及灰渣未完全燃烧热损失均处于较低的水平,这一细度称为经济细度。

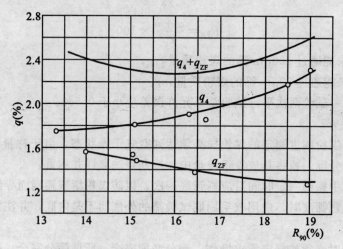

q_4—灰渣未完全燃烧热损失;q_{ZF}—磨煤机能耗折算的热损失

图 10-2 煤粉经济细度的确定

图 10-2 是以热损失 q 为纵坐标、以 R_{90} 为横坐标绘制成的曲线。其中,q_4 曲线表示的是灰渣未完全燃烧热损失随 R_{90} 变化的关系,q_{ZF} 曲线为由磨煤机能耗折算的热损失与 R_{90} 间的关系曲线,q_4+q_{ZF} 曲线表示总的热损失与 R_{90} 间的关系。可见,当 R_{90} 为 16%

时，总的热损失最小，此时磨煤机能耗及灰渣未完全燃烧热损失均较小。因此，图示煤粉的经济细度为 16%。

煤粉细度的测定是电厂锅炉运行的常规监督项目，它的测定结果不仅有助于锅炉燃烧系统的运行调整，而且也有助于提高电厂运行的经济性。

第三节 煤的可磨性

一、可磨性的基本概念

1. 可磨性含义

煤在磨煤机中磨制成粉时，其粒度要发生变化。可磨性是指煤在磨制成粉时，其粒度改变的一种物理性质。不同煤种有不同的可磨性。当煤受到研磨时，为使煤颗粒破碎而产生新的表面，必须消耗能量，所消耗的能量与新增加的表面积成正比，与煤的可磨性成反比，即：

$$E = k \frac{\Delta S}{G} \tag{10-9}$$

式中：E——研磨时所消耗的能量，$kW \cdot h/t$；

k——常数；

ΔS——研磨后增加的表面积，m^2；

G——可磨性。

据式（10-9）可知，煤研磨得越细，表面积越大，相应能量消耗也就越多；与可磨性大的煤相比，可磨性小的煤难磨，要研磨成相同的细度时，需消耗较多的能量。

要计算煤的可磨性大小，据式（10-9）可知，需要测定研磨时所消耗的能量、研磨后增加的新表面积，但是直接测定很困难。因此，通常将可磨性的值用一个无量纲的相对值、称为可磨性指数来表示。

2. 可磨性指数

所谓可磨性指数，是指在空气干燥条件下，把相同质量、相同粒度的试样与标准煤样放在相同的研磨设备中，研磨后两者可磨性的比值，即：

$$K = \frac{G_{待测煤}}{G_{标准煤}} = \frac{\Delta S_{待测煤}/E_{待测煤}}{\Delta S_{标准煤}/E_{标准煤}} \tag{10-10}$$

式中：K——可磨性指数。

如果将试样与标准煤研磨到相同的细度，即 $\Delta S_{待测煤} = \Delta S_{标准煤}$，则有

$$K = \frac{E_{标准煤}}{E_{待测煤}} \tag{10-11}$$

如果研磨时消耗的能量相同，即 $E_{待测煤} = E_{标准煤}$，则有

$$K = \frac{\Delta S_{待测煤}}{\Delta S_{标准煤}} \tag{10-12}$$

式中，标准煤研磨后增加的表面积为常数，因此可磨性指数 K 与待测煤的 ΔS 成正比，即与研磨后的细度具有一定的对应关系。所以可磨性指数 K 可用待测煤研磨后的细度

表示。

目前国际上（除东欧几个国家外）大多数国家都采用哈氏可磨性指数表示煤的可磨性指数。哈氏可磨性指数是哈德格罗夫于1930年根据雷廷吉尔定律提出来的。哈氏可磨性指数是指将一定质量、粒度的空气干燥煤样置于哈氏磨中在给定能量下研磨后，用给定的公式据其细度计算出的可磨性指数，符号为HGI。哈氏可磨性指数的计算公式为：

$$HGI = 13 + 6.93W \tag{10-13}$$

式中：W——通过孔径为0.071mm筛的试样重，g。

二、可磨性指数的测定

1. 哈氏法

（1）哈氏可磨性测定仪。哈氏法所用的研磨机如图10-3所示。在研磨机的下部有一个挂在机座并用螺栓固定的研磨碗，研磨碗内置有8个直径为25.4mm的钢球，这些球被研磨环压紧，并承受一定的质量。研磨碗与研磨环要用相同的材料制成，其几何形状有严格要求。

筛分所用的标准筛孔径分别为0.071mm、0.63mm、1.25mm的试验筛。筛分时要用振筛机，要求振筛机的垂直振击次数为149次/min，水平回转数为220次/min，回转半径为12.5mm。

（2）煤样的制备。取破碎到6mm的煤样，缩分出约1kg后，放入盘子内摊开，使煤层厚度不大于10mm，空气中干燥24~48h，称量，精确到1g。把1kg的空气干燥基煤样分批（每批约200g）置于1.25mm筛上，

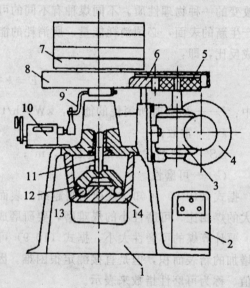

1—机座；2—电气控制盒；3—蜗轮盒；4—电动机；5—小齿轮；6—大齿轮；7—重块；8—护罩；9—拨杆；10—计数器；11—主轴；12—研磨环；13—钢球；14—研磨碗

图10-3 哈氏可磨性测定仪

筛下面接以0.63mm筛及筛底，用振筛机或人工筛分2min。然后把余下的在1.25mm筛上的煤样不断加以破碎和筛分，直到全部煤样都通过1.25mm筛为止。破碎时注意不能破碎过细。取通过1.25mm、而留在0.63mm筛上的煤样作为哈氏法的试验煤样。将此煤样称重，称准至1g。若其质量小于破碎前质量的45%，则此煤样作废，必须重新制样。

（3）测定步骤。将上述制备好的试样彻底掺匀，缩分出120g，用0.63mm筛在振筛机上筛5min，以除去小于0.63mm的煤粉，再缩分出每份不少于50g的两份煤样。

称取 50±0.01g 试样，均匀地倒在研磨碗中，并平整表面，然后将研磨环放在研磨碗内。研磨环的十字槽应对准主轴下端的十字头，把研磨碗挂在机座两侧的螺栓上，并使其固定，不得偏斜，以确保总质量均匀加在 8 个钢球上。预先将转数计数器调整到零，然后开动电动机，研磨装置转动 60 转后自动停止。卸下研磨碗，把全部煤样连同钢球刷入叠在 0.071mm 筛上的保护筛内。仔细将黏在研磨碗和钢球上的煤粉刷到保护筛上，再把保护筛上的煤粉全部刷到 0.071mm 筛子内。取下保护筛，并把钢球放回研磨碗内。在 0.071mm 筛子上盖上筛盖并与筛底叠在一起，在振筛机上筛 10min 取下，用毛刷仔细刷筛底一次；再装在振筛机上筛 5min，再刷筛底一次，然后再振筛 5min，刷筛底一次，筛分的总时间为 20min。最后把筛上和筛下的煤样分别进行称重（准确至 0.01g）。筛上和筛下试样的质量之和与原质量相差不得大于 0.5g。

（4）测定结果的处理。根据 0.071mm 筛下物的质量，代入式（10-13）可求出可磨性指数。

2. 校准图法

哈氏法操作简单，计算容易。但由于它的规范性很强，试验时必须在严格遵守哈氏法所规定的实验条件下进行，才能得到具有可比性的试验数据。

为使试验结果不失去可比性，国家标准及 ASTM 标准方法都采用校准图法处理数据而不使用式（10-13）计算。我国国家标准 GB/T 2565《煤的可磨性指数测定方法（哈德格罗法）》也作出了相同的规定。

（1）校准图的绘制。① 取 4 个可磨标准煤样分别按上述测定步骤，使用本单位的哈氏仪，由同一操作人员重复测定 4 次；②计算出 0.071mm 筛下煤样的质量，取其算术平均数；③在直角坐标纸上，以哈氏可磨性指数值为横坐标，以标准煤样筛下物质量的平均数为纵坐标，根据最小二乘原则对以上四个标准煤样的试验数据作图，所得的直线就是试验所用的校准图。

例如：用一组 4 个哈氏指数标准值分别为 36、63、85、111 的标准煤样，用某台哈氏仪进行试验。每个煤样测定 4 次，其 0.071mm 筛下物质量的平均值分别为 3.75、7.65、10.68、14.43。据此结果绘制出校准图，如图 10-4 所示。

（2）煤样可磨性指数的测定。使用绘校准图所用的哈氏仪按相同的测定步骤测出煤样的筛下物质量，然后从校准图上查得煤样的哈氏可磨性指数值。

例如一煤样经试验获得筛下物质量为 6.85g，从图 10-4 查得与 6.85g 对应的哈氏指数为 57.6，修约后得出该煤的可磨性指数为 58。

三、可磨性在电力生产中的应用

从以上讲述可知，哈氏可磨性指数越大，在消耗一定能量的条件下，磨煤机出力越大。在电力生产中，由于煤粉制备是电力生产的重要一环，因此煤的可磨性指数也就成了一项特性指标。

哈氏可磨性指数可以用来计算磨煤机的能量消耗，也可用于计算当煤种改变时，磨煤机在同一功率下的煤粉产量。它是设计和改进制粉系统，估算磨煤机的出力和耗电率不可缺少的参数。不同煤种的可磨性指数若相差 10 个 HGI 单位，则磨煤机的出力约相差 25%。

煤的可磨性指数具有加和性，即混合煤的可磨性指数，可由混合煤中各种煤的可磨指数按加权平均法计算出来，这是很有实际意义的。

第四节 煤灰熔融性

电力用煤的灰渣特性，特别是它们的高温特性对锅炉的运行有着重要的影响。高温特性，主要是指其熔融性。了解高温下灰渣的熔融性，对锅炉的设计和运行，解决固态排渣炉的结渣和液态排渣炉的流渣等问题是非常重要的。

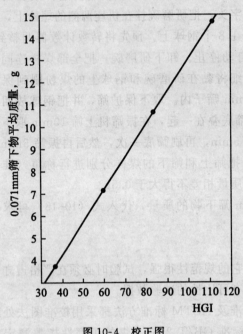

图 10-4　校正图

一、煤灰熔融性的概念

由于煤灰不是一种纯净的物质，所以它没有固定的熔点，而是在一定温度范围内熔融。其熔融温度的高低，取决于煤灰的化学组成及结构。

煤灰的化学组成是比较复杂的，通常以各种氧化物的百分含量来表示。其组成的百分含量可按下列顺序排列：SiO_2、Al_2O_3、Fe_2O_3+FeO、CaO、MgO、Na_2O+K_2O。

煤灰中的主要组分，虽然在纯净状态时熔点都较高，但是在煤灰中，由于各种氧化物相互作用，高温下生成了有较低熔点的共熔体，熔化的共熔体还有溶解灰中其他高熔点矿物质的性能，从而改变了共熔体的成分，使其熔化温度降低。多数煤灰的熔融温度在 1 200～1 400℃范围内，但高于 1 500℃的也不少见。

煤灰在熔融过程中，形态逐步发生变化。煤灰熔融性就是表征在规定条件下随温度提高使煤灰发生变形、软化、半球和流动的特征物理状态，通常用与这四种形态相对应的特征温度来表示，如图 10-5 所示：

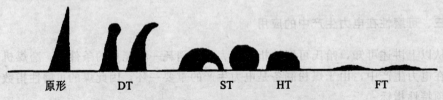

DT—变形温度；ST—软化温度；FT—流动温度

图 10-5　灰熔点示意

(1) 变形温度 (DT)。灰锥尖端开始变圆或变弯曲时的温度。

(2) 软化温度 (ST)。灰锥弯曲至锥尖触及托板或灰锥体变成球形（高等于底宽）时的温度。

(3) 半球温度 (HT)。灰锥形变至近似半球（高约等于底长一半）时的温度。

(4) 流动温度 (FT)。灰锥熔化展开成高度在 1.5mm 以下的薄层时的温度。

其中，最为重要的是软化温度，它往往作为煤灰熔融性的标志性温度。在工业上多用软化温度作为煤灰熔融性的指标，通常称之为灰熔点。

煤灰熔融性是动力用煤的重要指标，它反映煤中矿物质在锅炉中的动态变化。测定煤灰熔融性温度在工业上特别是火电厂中具有重要意义。

二、煤灰熔融性的测定

1. 测定原理

测定煤灰的熔融性，国内外普遍采用角锥法，即测定灰锥试样在熔融过程中四个特征温度来反映煤灰的熔融性。我国国家标准也采用国际上广泛采用的角锥法。将煤灰制成一定尺寸（高 20mm，底边为 7mm）的正三角形锥体，将此锥体置于一定的气体介质中，以一定的升温速度加热，观察灰锥在受热过程中的形态变化，观测并记录变形温度、软化温度、半球温度和流动温度 4 个特征熔融温度。

2. 仪器设备

煤灰熔融性测定要用硅碳管高温炉，如图 10-6 所示。高温炉应满足下述条件：①有足够的恒温带，其各部温差小于或等于 5℃；②能按规定的升温速度加热到 1 500℃；③能随时观察试样在受热过程中的变化情况；④能控制炉内气氛为弱还原性和氧化性。

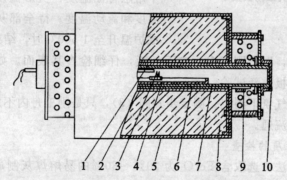

1—热电偶；2—硅碳管；3—灰锥；4—刚玉舟；5—炉壳；6—刚玉外套管；7—刚玉内套管；8—泡沫氧化铝保温砖；9—电极片；10—观察孔

图 10-6 硅碳管高温炉

此炉的高温加热元件为硅碳管，管外有刚玉外套管，在外套管和炉壳之间填充有泡沫氧化铝保温材料，硅碳管的内部衬以刚玉内套管。灰锥托板及其上面的灰锥试样放在刚玉舟内，刚玉舟则放在刚玉内套管中，用热电偶和测量范围为 0~1 600℃ 高温计测量温度。用接于电极片上的调压变压器控制温度。从观测孔观察灰锥的形态变化。

3. 测定步骤

(1) 灰锥的制备。取煤样按煤的灰分测定方法进行灰化,并用玛瑙研钵研细至粒度为0.1mm以下。取1~2g煤灰放在干净的瓷板上,加10%的糊精溶液数滴,调成可塑状。然后用小刀铲入灰锥模子(见图10-7)中挤压成型。再用小刀将模内灰锥小心地推到瓷板或玻璃板上,在空气中风干或在60℃下烘干备用。

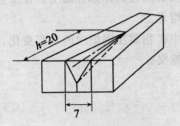

图10-7 灰锥模子

(2) 灰锥的固定。将已硬化的灰锥固定在灰锥托板(图10-8)的三角形坑内,并使灰锥垂直于底面的侧面与托板表面相垂直。

(3) 在弱还原性气氛下测定。将带灰锥的托板置于刚玉舟上。如用封碳法产生弱还原气氛,则预先在舟内放置足够量的碳物质。打开高温炉炉盖,将刚玉舟徐徐推入炉内,至灰锥位于高温带并紧邻热电偶热端(相距2mm左右)。关上炉盖,开始加热并控制升温速度为:900℃以下,15~20℃/min;900℃及以上,5±1℃/min。

如用通气法产生弱还原气氛,则从600℃开始通入氢气(或一氧化碳)和二氧化碳混合气体,通气速度以能避免空气渗入为准。

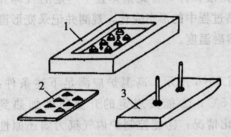

1—模座;2—垫片;3—顶板

图10-8 灰锥托板模子

随时观察灰锥的形态变化,记录灰锥的4个熔融特征温度:变形温度、软化温度、半球温度和流动温度。待全部灰锥都达到流动温度或炉温升至1 500℃时,结束试验。

待炉子冷却后,取出刚玉舟,拿下托板,仔细检查其表面。如发现试样与托板作用,则另换一种托板重新试验。

(4) 在氧化性气氛下测定。测定步骤同(3),只是刚玉舟内不放任何含碳物质,并使空气在炉内自由流通。

4. 炉内气氛性质的检查

(1) 参比灰锥法。选取含Fe_2O_3为20%~30%的易熔煤灰制成灰锥,按上述测定步骤,预先在强还原性、弱还原性和氧化性气氛中分别测出其熔融特征温度,将其作为参比值;然后以这种煤灰作为参比灰,制成灰锥,把它和试验灰锥一起放入炉内,在试验条件下测定该参比灰锥的实际值。若参比灰锥的实际测定值与弱还原性气氛中的参比值相差不超过40℃,则证明试验条件下炉内气氛为弱还原性;若超过40℃,则根据它们与强还原性或氧化性气氛下的参比值的接近程度以及刚玉舟中碳物质的氧化情况来判断炉内气氛。如果用这种方法判断不出,则应取气体分析。

(2) 取气分析法。用一根气密刚玉管从炉内高温带以6~7mL/min的速度取出气体并进行成分分析。如在 1 000~1 300℃范围内，还原性气体（CO、H_2、CH_4 等）的体积百分含量为 10%~70%，同时 1 100℃以下它们的总体积和二氧化碳的体积比不大于 1∶1，氧含量低于 0.5%，则炉内气氛为弱还原性。

5. 试验记录与精度要求

记录灰锥的四个特征温度 DT、ST、HT 和 FT，计算重复测定值的平均值，并修约到 10℃报出。对特殊试样在熔融过程中产生烧结、收缩膨胀和鼓泡现象及其相应温度也加以记录。

同一实验室两次重复测定结果的允许差为 DT≤60℃、ST≤40℃、HT≤40℃ 和 FT≤40℃，不同实验室测定结果的允许差为 ST≤80℃、HT≤80℃ 和 FT≤80℃。

三、应用

煤灰的熔融性是动力用煤高温特性的重要测定项目之一，是动力用煤的重要指标，它反映煤中矿物质在锅炉中的变化动态。测定煤灰熔融性温度在工业上特别是火电厂中具有重要意义。

第一，可以提供锅炉设计选择炉膛出口烟温和锅炉安全运行的依据。在设计锅炉时，炉膛出口烟温一般要求比煤灰的软化温度低 50~100℃。在运行中也要控制在此温度范围内，否则，会引起锅炉出口过热器管束间灰渣的"搭桥"，严重时甚至发生堵塞，从而导致锅炉出口左右侧过热蒸汽温度不正常。

第二，可以预测燃煤的结渣。因为煤灰熔融性温度与炉膛结渣有密切关系。根据煤粉锅炉的运行经验，煤灰的软化温度小于 1 350℃就有可能造成炉膛结渣，妨碍锅炉的连续安全运行。因此，常将软化温度低于 1 350℃的煤称为结渣煤，高于 1 350℃的煤称为不结渣煤。

第三，可为不同锅炉燃烧方式选择燃煤。不同锅炉的燃烧方式和排渣方式对煤灰的熔融性温度有不同的要求。煤粉固态排渣锅炉要求煤灰熔融性温度高些，以防炉膛结渣；相反，对液态排渣锅炉，则要求煤灰熔融性温度低些，以避免排渣困难。因为煤灰熔融性温度低的煤在相同温度下有较低的黏度，易于排渣。

第四，可判断煤灰的渣型。根据 ST 和 DT 之间温度差的大小，可粗略判断煤灰属于长渣还是短渣。一般认为当两者之间的温差为 200~400℃时为长渣；100~200℃时为短渣。通常锅炉燃用长渣煤时运行较安全。因为燃用短渣煤时，由于炉温增高，固态排渣炉可能在很短的时间内就出现大面积的严重结渣情况；而燃用长渣煤时，固态排渣炉的结渣相对进行得较为缓慢，一旦产生问题，也常常是局部性的。

综上所述，由于煤灰熔融性对电力生产十分重要，必须掌握煤灰熔融性的准确测定方法，以达到确保锅炉安全经济运行的目的。

思 考 题

1. 煤的密度的表示方法有哪几种？各自的含义是什么？
2. 堆积密度在电力生产中有什么实际意义？储煤场煤的堆积密度是如何测定的？

3. 什么叫煤粉细度？如何测定煤粉细度？
4. 什么是煤粉经济细度？在电力生产中测定煤粉细度有何意义？
5. 什么是哈氏可磨性指数？简述哈氏可磨性指数的测定方法。
6. 煤的可磨性在电力生产中有什么实际意义？
7. 煤灰熔融性的含义是什么？灰熔点指的是什么？
8. 测定煤灰熔融性时判断炉内气氛的方法有哪几种？它们分别是如何判断炉内气氛的？
9. 何谓结渣煤和不结渣煤？
10. 长渣煤和短渣煤各有何特点？使用哪种煤较安全？为什么？

参 考 文 献

[1] 罗竹杰，吉殿平. 火力发电厂用油技术 [M]. 北京：中国电力出版社，2006.
[2] 国家经济贸易委员会电力司，中国电力企业联合会标准化中心 [M]. 电厂化学. 北京：中国电力出版社，2002.
[3] 温念珠. 电力用油实用技术 [M]. 北京：中国水利水电出版社，1998.
[4] 靳智平. 电厂汽轮机原理及系统 [M]. 北京：中国电力出版社，2004.
[5] 王川波，王岷. 高压电气绝缘及测试 [M]. 北京：中国水利水电出版社，1997.
[6] 姚志松，姚磊等. 新型配电变压器结构、原理和应用 [M]. 北京：机械工业出版社，2006，12.
[7] 孙才新，陈伟根，李俭等. 电气设备油中气体在线监测与故障诊断技术 [M]. 北京：科学技术出版社，2003.
[8] 何志. 电力用油 [M]. 北京：水利电力出版社，1986.
[9] 黎明，黄维枢. SF_6气体及SF_6气体绝缘变电站的运行 [M]. 北京：水利电力出版社，1993.
[10] 曹长武. 火力发电厂用煤技术 [M]. 北京：中国电力出版社，2006.
[11] 林永华. 电力用煤 [M]. 北京：中国电力出版社，2000.
[12] 尹世安. 电厂燃料 [M]. 北京：水利电力出版社，1991.
[13] 方文沐，杜惠敏，李天荣. 燃料分析技术问答. 第3版 [M]. 北京：中国电力出版社，2005.
[14] 朱银惠. 煤化学 [M]. 北京：化学工业出版社，2004.
[15] 刘文福等. 电气设备 [M]. 北京：中国石化出版社，2005.
[16] 方向晨. 加氢精制 [M]. 北京：中国石化出版社，2006.
[17] GB/T 213—2008，煤的发热量测定方法 [S].
[18] SH/T 0193—2008，润滑油氧化安定性的测定（旋转氧弹法）[S].
[19] SH/T 0196—1992，润滑油抗氧化安定性测定法 [S].
[20] SH/T 0124—2000，含抗氧剂的汽轮机油氧化安定性测定法 [S].
[21] Scatiggio F, Tumiatti V, Maina R, et al. Corrosive Sulfur in Insulation Oils: Its Detection and Correlated Power Apparatus Failures [J]. IEEE Transactions on Power Delivery, 2008, 23 (1): 508-509.
[22] GB/T 211—2007，煤中全水分的测定方法 [S].
[23] GB/T 212—2008，煤的工业分析方法 [S].
[24] GB/T 214—2007，煤中全硫的测定方法 [S].

[25] GB/T 215—2003,煤中各种形态硫的测定方法 [S].
[26] GB/T 219—2008,煤灰熔融性的测定方法 [S].
[27] GB/T 474—2008,煤样的制备方法 [S].
[28] GB/T 476—2008,煤中碳和氢的测定方法 [S].
[29] GB/T 217—2008,煤的真相对密度测定方法 [S].
[30] GB/T 19227—2008,煤中氮的测定方法 [S].
[31] GB 5751—86,中国煤炭分类 [S].
[32] GB/T 7631.1—2008,润滑剂、工业用油和有关产品(2类)的分类,第1部分:总分组 [S].
[33] GB/T 7595—2008,运行中变压器油质量 [S].
[34] GB/T 7596—2008,电厂运行中汽轮机油质量 [S].
[35] DL/T 571—2007,电厂用磷酸酯抗燃油运行与维护导则 [S].
[36] GB/T 14541—2005,电厂用运行矿物汽轮机油维护管理导则 [S].
[37] GB/T 14542—2005,运行变压器油维护管理导则 [S].
[38] GB/T 3715—2007,煤质及煤分析有关术语 [S].
[39] GB/T 475—2008,商品煤样人工采取方法 [S].